Einzelschriften

zur

Elsässischen Geistes- und Kulturgeschichte.

Herausgegeben von der

Gesellschaft für elsässische Literatur.

1.

Die volkstümlichen Stilelemente in Murners Satiren

von Joseph Lefftz.

Straßburg.
Verlag von Karl J. Trübner.
1915.

Die volkstümlichen Stilelemente in Murners Satiren.

Von

Joseph Lefftz

Straßburg.
Verlag von Karl J. Trübner.
1915.

Druck von M. DuMont Schauberg, Straßburg.

Franz Schultz

in herzlicher Verehrung und Dankbarkeit

zugeeignet

Vorwort.

Die ersten beiden Kapitel dieses Buches sind 1914 als Straßburger Dissertation erschienen, nachdem am 1. August 1913 die Abhandlung von der Philosophischen Fakultät genehmigt worden war. Die Anregung und Schulung zu einer Untersuchung des volkstümlichen Charakters von Murners Satirenstil habe ich im Seminar von Herrn Prof. Dr. Franz Schultz in Straßburg empfangen. Dank freundlichem Entgegenkommen des Herrn Prof. Dr. Henning durfte ich auf meinen Wunsch hin im Sommer 1912 zur Prüfung für das Lehramt an höheren Schulen als Facharbeit eine Untersuchung von Murners volkstümlichem Satirenstil einreichen, aus der nach umfassenden Erweiterungen und Umarbeitungen meine Doktorarbeit herausgewachsen ist, deren Ausgestaltung Herr Prof. Dr. Franz Schultz mit Rat und Hilfe begleitet hat.

Nach Abschluß des Ganzen erfülle ich die angenehme Pflicht, in dankbarer Gesinnung des fördernden Interesses zu gedenken, das mir meine beiden hochverehrten Lehrer zuteil werden ließen. Der wärmste Dank gebührt Herrn Prof. Dr. Franz Schultz, von dessen lebendiger Wirkung auf die Richtung meines germanistischen Studiums diese Erstlingsarbeit freudig Zeugnis ablegt. Dankbares Andenken bewahre ich dem verstorbenen Luzerner Staatsarchivar, Dr. Freiherrn Theodor von Liebenau, der mir seine Kopie einer verschollenen Streitschrift Murners bereitwilligst zur Verfügung gestellt und mich beim Suchen nach einem Originaldruck eifrig unterstützt hat. Herrn Oberbibliothekar Prof. Dr. Schorbach in

Straßburg sei gedankt für den Hinweis auf die Collectanea Murneriana aus dem Nachlasse von G. E. Waldau, ferner Herrn Staatsarchivar G. Kurz in Bern und dem Stiftsbibliothekar P. Gabriel Meier in Einsiedeln für freundlichst erteilte Auskunft.

Der Leipziger Universitätsbibliothek und der Klosterbibliothek der Kapuziner in Rapperswil bin ich für das Herleihen alter Murnerdrucke verpflichtet. Das reiche Büchermaterial, das ich für meine Arbeit benötigte, hat mir die Kaiserliche Universitäts- und Landesbibliothek in Straßburg stets in entgegenkommender Weise zur Verfügung gestellt.

J. L.

Inhalt.

Viertes Kapitel:

Volkstümliche Anschaulichkeit und Bildhaftigkeit des Stils.

Fünftes Kapitel:

Gefühlston und Stimmungsgehalt der Sprache Murners.

Verzeichnis der untersuchten Texte.

NB = Thomas Murners Narrenbeschwörung, herausgegeben von M. Spanier, Halle 1894. (Neudrucke deutscher Literaturwerke des XVI. und XVII. Jahrhunderts, Nr. 119—124.)

SZ = Thomas Murners Schelmenzunft nach den beiden ältesten Drucken. Zweite Ausgabe von M. Spanier, Halle 1912. (Neudrucke deutscher Literaturwerke des XVI. und XVII. Jahrhunderts, Nr. 85.)

MS = Die Mühle von Schwindelsheim, herausgegeben von [Paul] Albrecht in: Straßburger Studien II (1884), S. 1 ff.

GM = Thomas Murner, Die Gäuchmatt, herausgegeben von W. Uhl, Leipzig 1896.

LN = Thomas Murners Gedicht vom großen Lutherischen Narren, herausgegeben von H. Kurz, Zürich 1848.

BT = [Thomas Murner], Des alten Christlichen beeren Testament, [Luzern 1528] [1]).

BZ = [Thomas Murner], Von des iungen Beren zen we im mundt, [Luzern 1528].

---

[1]) Zu BT und BZ vgl. weiter unten S. 2.

Einleitung.

Seitdem Männer wie Heinrich Kurz, Karl Goedeke und Charles Schmidt eine objektive Beurteilung Thomas Murners angebahnt haben, ist die Murnerforschung, die lange Jahre hindurch vernachlässigt worden war, in ein Stadium intensiver Arbeit getreten.[1]) Die gehässige Verdammung hat endlich aufgehört. Das Urteil schwankt aber immer noch. Eine Einigung wird so schnell nicht erzielt werden können, da es schwer ist, ohne Vorurteile an einen Ordensmann heranzutreten, der mitten in einer Bewegung steht, welche die Geister so sehr gespalten hat wie die deutsche Reformation. Bei Murner ist es doppelt schwer wegen der vielen Unwahrheiten und Verleumdungen, die über ihn in Umlauf gesetzt wurden und in der Literaturgeschichte festgewurzelt sind. Sie stammen meist aus dem 16. Jahrhundert, das blind war für die Verdienste dieses bestgehaßten Mönches und äußerst scharfsichtig für seine Schwächen, die ins Maßlose gesteigert wurden. Mehr als durch Gesamtdarstellungen[2]) scheint mir die Murnerforschung durch Spezialarbeiten gefördert werden zu können. Der heutige Stand der Forschung gestattet ein festes, zusammenfassendes Urteil noch nicht. Vor allem fehlen uns Untersuchungen, die zu einem tieferen Verständnis von Murners problematischer Natur verhelfen. Der Weg hierzu wird uns versperrt bleiben, wenn es nicht gelingt, das Fremde an diesem merkwürdigen Franziskanerschriftsteller, seine seltsam schillernde Gedankenwelt und ihre eigentümliche sprachliche Umhüllung in seinen Geist und seine Umwelt zurückzulenken und zurückzudenken.

---

[1]) Vgl. R. Bethge, Ergebnisse und Fortschritte der germanistischen Wissenschaft im letzten Vierteljahrhundert, Leipzig 1909, S. 316.

[2]) Eine fleißige, als Materialsammlung wertvolle Biographie veröffentlichte nach jahrzehntelanger Arbeit der Luzerner Staatsarchivar Th. von Liebenau: Der Franziskaner Dr. Thomas Murner, Freiburg i. Br. 1913 (Erläuterungen und Ergänzungen zu Janssens Geschichte des deutschen Volkes, Bd. IX, Heft 4 und 5).

Die vorliegende Arbeit befaßt sich mit dem Stil, sie untersucht die gereimten Satiren didaktischen und gegenreformatorischen Charakters. Neben den größeren, in Neudrucken[1]) zugänglichen Satiren werden auch zwei kleinere satirische Streitgedichte berücksichtigt, die gegen die Glaubensneuerung in Bern gerichtet sind. Sie sind im Jahre 1528 entstanden und aus Murners eigener Druckerei in Luzern hervorgegangen. Das größere Gedicht mit 313 Versen (6 Bl. in 4°) führt den Titel „Des alten Christlichen beeren Testament". Auf dem groben Titelholzschnitt ist ein rücklings auf einem Kissen liegender, sterbender Bär dargestellt, um welchen drei junge Bären aufrecht sitzen. Die andere Flugschrift mit dem Titel „Von des jungen Beren zen we im mundt" umfaßt 242 Verse (4 Bl. in 4°). Der Holzschnitt auf dem Titelblatt zeigt einen bewaffneten Mann, der einem Bären den Mund aufsperrt.[2])

---

[1]) Siehe oben das Verzeichnis der untersuchten Texte.

[2]) Diese beiden Streitschriften verzeichnet J. Strickler, Neuer Versuch eines Literaturverzeichnisses zur schweizerischen Reformationsgeschichte, enthaltend die zeitgenössische Literatur (1521—1532): Anhang zur Aktensammlung Bd. V (1884), Nr. 350 und 351, ohne den Fundort anzugeben; ebenso Th. von Liebenau in seinem „Überblick über die Geschichte der Buchdruckerei der Stadt Luzern" (Luzern 1900), S. 19 f. und in der genannten Murnerbiographie S. 236 f. Goedeke (Grundriß II² S. 219) gibt für BT irrtümlich als Fundort das British Museum an. BZ kennt er nur unter dem Titel „Des Bären Zanbrechen". Frida Humbel waren die beiden Reformationsschriften nicht erreichbar. Sie schreibt in ihrer Monographie „Ulrich Zwingli im Spiegel der gleichzeitigen schweizerischen, volkstümlichen Literatur", Leipzig 1912 (Quellen und Abhandlungen zur schweizerischen Reformationsgeschichte, Heft 4), S. 248: „Ich habe eine erfolglose Anfrage an alle schweizerischen und deutschen Bibliotheken erlassen." BT besitzen jedoch die Universitätsbibliothek Leipzig (Sammelband K. G. 1161/5) und die Bibliothek der Kapuziner zu Rapperswil (Sammelband F. 124); vgl. Gabriel Meier, Historisch-politische Blätter für das katholische Deutschland, Bd. 152, München 1913, S. 158. Einen Originaldruck von BZ konnte ich trotz vieler Anfragen bis heute nicht auffinden. Liebenau hat um das Jahr 1870 ein Exemplar eingesehen und kopiert, das mit BT in einem Bändchen vereinigt war. Die Universitätsbibliothek Freiburg i. Br., die kurz nach dem Kriege von 1870/71 das Quartbändchen verliehen haben soll, besitzt es nicht. BZ kenne ich jedoch aus der Kopie, die mir Herr Staatsarchivar Dr. Th. von Liebenau in Luzern freundlichst zur Verfügung stellte. Ich zitiere die beiden Flugschriften nach der Verszahl und gebe in Klammern Blatt und Seite des Originaldrucks an. Das Leipziger Exemplar von BT benutzte bereits G. Bebermeyer für seine Dissertation „Murnerus pseudepigraphus" (Göttingen 1913). Seine Verszählung (245 Verse mit 111 Reimstellen) auf S. 95 f. stimmt nicht. Ich zähle 313 Verse (inkl. der 7 Verse auf dem Titelblatt) mit 145 Reimbindungen. Es sind also statt 18% nur 14% Drei-

Ein anderes satirisches Gedicht, ein 1529 gedruckter Fastnachtspruch,[1]) von dem nur zwei gegen Zwingli gerichtete Verse bekannt sind, ist noch nicht aufgefunden worden. Die beiden Flug- und Streitschriften „Bockspiel Martini Luthers" (1531) und „Martin Luthers Clagred" (1534), die L. Zopf in seiner verunglückten Dissertation „Zwei neue Schriften Murners" (Freiburg i. Br. 1911) unserem Satiriker zuschrieb, sind unberücksichtigt geblieben, weil sie Murner nicht zum Verfasser haben.[2])

Die Satiren sind das Bedeutendste, was Murner überhaupt geschrieben hat, und hier verdankt er wieder sein Bestes der volkstümlichen Formgebung,[3]) der die nachfolgende Stiluntersuchung gilt. Es ist mir unverständlich, wie der Herausgeber der „Gäuchmatt" schreiben konnte: „Murner hat recht liederlich gearbeitet

---

reime. Die Schrift BZ, die Bebermeyer nicht einsehen konnte, umfaßt 242 Verse (inkl. der 4 Verse auf der Titelseite) mit nur 8 Dreireimen bei 117 Reimbindungen. Eine „mächtige Steigerung gegenüber den früheren Werken" (LN 10 % — BT 14 %, BZ knapp 7 %) kann also nicht festgestellt werden. Ein Vergleich der beiden Originaldrucke von BT zeigt, daß Bebermeyers Vermutung, der Holzschnitt auf der letzten Seite von BT und die angedruckten unbeholfenen Verse seien der Anfang einer neuen „Schrift", nicht zutrifft. Sicher ist nur, daß BT auf der vorletzten Seite mit 4mal gesetztem Dreireim abschließt. Auf der letzten leeren Seite ist zur Raumfüllung ein „Schmachzettel" abgedruckt, dessen Urheber vielleicht auch Murner ist. Der rohe Versbau mit dem häufigen „Es" am Anfang der Verszeilen scheint beabsichtigt zu sein. Vgl. LN 4193 — 4204.

[1]) Vgl. Liebenau, Überblick über die Geschichte der Buchdruckerei der Stadt Luzern, S. 20. Es scheint, daß diese „Fastnachtzeitung" kein größeres Gedicht, sondern nur ein Einblattdruck ähnlich dem BT angedruckten Schmachzettel war. In einem Privatbrief vom Februar 1529 (Strickler, Aktensammlung II, Nr. 86, S. 43) ist von einem „brief" (Fastnachtbrief) die Rede. Dort heißt es u. a.: „so ist hie ein brief mit einer figur und ein spruch tran; deren hat Murner fünf hundert getruckt, und alsbald sy truckt sind, ist es im verboten worden, daß ers nit laß us gan". Da ich die zwei von Liebenau erwähnten, aber nicht zitierten Verse des Murnerschen Fastnachtspruches nicht kenne, kann ich vorläufig nicht feststellen, ob der im Berner Staatsarchiv unter U. P. 70, 83 handschriftlich überlieferte „faßnacht brief" mit dem Murnerschen identisch ist.

[2]) Die Begründung dieser Behauptung, die als Anhang zur Dissertation der Fakultät vorgelegen hat, gelangt nicht zum Abdruck, da inzwischen G. Bebermeyer in seiner Dissertation mit schlagenden Gründen bewiesen hat, daß beide Satiren nicht vom gleichen Verfasser und beide nicht von Murner stammen. A. Götze hat seither Bebermeyers gründlichem Beweis zugestimmt. Vgl. Z. f. d. Ph. 45 (1913), S. 513.

[3]) Vgl. O. Lorenz und W. Scherer, Geschichte des Elsaß. 3. Aufl., Berlin 1886, S. 175 f.

und verdient es wahrhaftig nicht, daß sich nach seinem Tode ernsthafte Männer den Kopf über die Art dieser Arbeit zerbrechen." [1]) Solche Arbeiten sind gerade notwendig; sie schaffen erst die Grundlagen für eine objektive Würdigung und Beurteilung unseres Satirikers. Wenn dabei noch einzelne Züge von dem Innenleben dieses merkwürdigen Menschen bloßgelegt werden können, so ist das allein schon ein wissenschaftlicher Gewinn, um den man sich bei dem heutigen Stand der Murnerforschung doch wohl „den Kopf zerbrechen" darf. Es ist wirklich Zeit, daß man sich ernsthaft bemüht, diesen vielgeschmähten Franziskaner, über den schon seit Jahrhunderten blindlings abgeurteilt wird, endlich einmal zu verstehen. Das gelingt aber auch nur dem, der durch die geschichtlich bedingte sprachliche Hülle, welche Murners Geistes- und Gefühlswelt in sich faßt, hindurchzudringen vermag. Dieses Ziel hat eine Dissertation „Stimmungen und Affekte in Murners Dichtungen" von H. Schatz (Kiel 1909) mit ganz unzureichenden Mitteln erstrebt. Es finden sich in dieser Arbeit nicht einmal leise Ansätze zu einer historischen Stilbetrachtung. Das moderne Stilgefühl ist dort durchweg maßgebend. Stilgeschichte ist aber Entwickelungsgeschichte und verlangt eine geschichtliche Betrachtung und Schätzung. Mit modernen Maßstäben läßt sich ein historischer Stil nicht messen. Ich betrachte Murners volkstümlichen Stil als ein kulturhistorisches Dokument und suche die individuelle Durchfärbung des Zeitstils ungefähr abzumessen. Dabei richte ich mich nach Fingerzeigen K. Burdachs: „Jede poetische Richtung erhält ihre Bedeutung durch die Wirkung auf ein bestimmtes Publikum, und diese ist bedingt durch einen inneren Zustand der Vorbereitung, der Empfänglichkeit eben dieses Publikums. Das gilt für alle Zeiten, und man muß sich daher gewöhnen, an die Stelle der ästhetischen oder biographischen oder literarhistorischen Auffassung der Poesie diejenige zu setzen, welche jedes dichterische Erzeugnis ansieht als Summe von dem, was eine im Publikum vorhandene Spannung auslöst, eine wenn auch unbewußte Bedürftigkeit aufhebt, und dem, was aus der eigentümlichen Beschaffenheit des dichtenden Individuums entspringt." [2])

[1]) W. Uhl in der Deutschen Literaturzeitung 18 (1897), S. 775.

[2]) K. Burdach, Reinmar der Alte und Walther von der Vogelweide, Leipzig 1880, S. 33.

Erstes Kapitel.

Vorbedingungen und Voraussetzungen für die Entfaltung volkstümlicher Stilelemente im ausgehenden Mittelalter. Murners Satirenstil.

I. Die Stärke des Gemeinschaftsgefühles.

Unter volkstümlichen Stilelementen sind alle stilistischen Mittel und Eigentümlichkeiten zu verstehen, die breiten Volksschichten als etwas Wesensverwandtes und Bodenständiges erscheinen und so eine besondere Wirkung auf sie auszuüben vermögen. Der volkstümliche Stilcharakter gibt sich in der äußeren Form und Oberflächenerscheinung der Wort- und Satzgebilde deutlich kund, erstreckt sich aber auch auf die eigenartige Beschaffenheit und Struktur des Gedankenmaterials. Das Wachsen und Werden volkstümlicher Stilelemente vollzieht sich wie die Entwicklung aller Gemeinschaftserzeugnisse in unteren Volksschichten instinktiv und geht mit einer Art naturgesetzlicher Notwendigkeit aus der inneren Naturbestimmtheit und den äußeren Naturbedingungen hervor.[1]) Es ist klar, daß die erste Vorbedingung für ein solches Werden ein intensives Gemeinschaftsgefühl sein muß. Diese Seite des Gefühls war im ausgehenden Mittelalter besonders stark entwickelt. Ein triebkräftiger geistiger Kommunismus durchzieht in dieser großen Zeit die blühende bürgerliche Kultur Süddeutschlands. In solchen Entwicklungsperioden kann das Individuelle nur in sehr beschränktem Maße zur Geltung kommen, wenn Ersprießliches gedeihen soll. Die erste Nutzbarmachung einer neuen wirtschaftlichen Kraft wie der städtebegründenden Geldwirtschaft konnte am besten durch kollektives Vorgehen erfolgen. Und so setzte sich das Städtewesen

---

[1]) Vgl. W. Wundt, Völkerpsychologie, Leipzig 1900, Bd. I 1, S. 12 u. 22.

damals notwendigerweise aus korporativen Verbänden zusammen; die zinnengekrönte Stadtmauer umgrenzte alle Sonderkräfte im Stadtganzen aufs engste, und feste Begriffe beherrschten das geistige Leben der darin eingezwängten Bürger. Individuen waren nur die Gilden und Zünfte, die selbst wieder miteinander in Interessengemeinschaft verbunden waren. Eines für alle und alle für eines, war die Losung. In den unteren Volksschichten verliert der sozialpsychische Faktor seine starke Wirkungskraft nie. „In der sogenannten gebildeten Welt existiert, wirkt der Mensch viel mehr als Einzelner; der Bauer dagegen existiert und wirkt als Gruppe . . . In der gebildeten Welt hat der Einzelne seinen Stil, bei dem Bauersmann hat der Gau, das Land seinen Stil, nämlich seine Mundart, seine Redewendungen, seine Lieder.“ [1]) Gustav Freytag, der treffliche Schilderer deutscher Vergangenheit, führt das Fremdartige des Mittelalters auf den Umstand zurück, daß der Einzelne in ganz anderem Sinne ein Teil der Volkskraft war, als jeder von uns.[2]) Der mittelalterliche Dichter unterscheidet sich darum auch in einem wesentlichen Punkte von dem modernen. Dieser hat das Bewußtsein, über die übrigen Menschen hervorzuragen, jener aber fühlt sich als einen Teil des Volksganzen und denkt bei der Wahl des Inhalts und der Form seiner Werke stets an seine Hörer oder Leser, die sich mit ihm freuen und mit ihm trauern sollen. Scharfumrissene Persönlichkeiten können sich doch ausprägen.

Bei der Betrachtung volkstümlichen Sprachlebens muß man die Einwirkung der Sozialpsyche zugeben. Die Einflüsse der Gemeinschaftsideen treten da ganz klar zutage.[3]) Für die Durchdringung und Würdigung von Murners volkstümlichem Stil ist diese Erkenntnis ungemein wichtig. Sie zwingt uns dazu, alles, was damals im Elsaß in unteren Volksschichten instinktartig lebte und webte und sich in volkstümlichen Stilelementen auswirkte, als historisch zu betrachten und als etwas Historisches zu ehren und zu achten. Es leuchtet ein, wie verkehrt es ist, wenn man immer noch wegen eines geschichtlich bedingten Zeitstiles Steine auf Murner werfen will. Der Stil eines genialen volkstümlichen

---

[1]) H. Riehl, Die bürgerliche Gesellschaft, 9. Aufl., Stuttgart 1897, S. 14.

[2]) Vgl. Gustav Freytag, Bilder aus der deutschen Vergangenheit I (Gesammelte Werke, Leipzig 1887/88, 17. Bd. S. 13 f.).

[3]) Vgl. R. Meringer, Aus dem Leben der Sprache, Berlin 1908, S. 235, 239 u. ö.

Schriftstellers steht unter dem Einfluß des Gesetzes der psychischen Resultanten. Aus der Summe der im Volke lebenden und in einzelnen Redewendungen ausgeprägten Vorstellungs- und Gefühlsinhalte, die an und für sich einzeln anregen, entsteht eine neue Kausalität, wie ja auch aus vielen Tönen Akkorde resultieren. Hierdurch kann ein schaffenskräftiger Schriftsteller zu steigernder Nachahmung volkstümlicher Stilformen veranlaßt werden. Vom Schaffen eines literarischen volkstümlichen Stils aus einzelnen sozialpsychischen Voraussetzungen gilt, was K. Lamprecht in seinem Aufsatze „Was ist Kulturgeschichte?“ von geschichtlichem Wirken überhaupt sagt: „Die Tätigkeit der historischen Persönlichkeiten beruht mindestens auf den Voraussetzungen, in Wirklichkeit aber mit auf den Wirkungen der einmal sich auslebenden Summe sozialpsychischen Lebens und wird von ihrem Charakter als von einer Notwendigkeit umgrenzt.“ [1]) Feine Witterung für alle Elemente der Zeitstimmung im Volke haben aber nur wahre Volksmänner, und nur starke und große Persönlichkeiten können den jeweiligen Zeittendenzen in hervorragendem Maße dienen. Nicht jeder kann eine Menge volkstümlicher Elemente zu einem frischen Stil vereinigen, der das Lebensgefühl der Gesamtheit vertieft und steigert. Der Grad dieser Wirkung auf breite Volksschichten gibt m. E. einzig und allein den historischen Wertmesser für Murners Stil ab. Es ist ganz nebensächlich, ob diese Wirkung in dieser oder jener Form, mit diesen oder jenen Mitteln hervorgebracht wurde. Ein solcher Stil kann seiner Natur nach nicht stark individuell sein. Nichtsdestoweniger spiegelt sich in ihm doch die Persönlichkeit des Schriftstellers. Hier leisten auch nur Große Großes; ein mittelmäßiges Talent besitzt die Kraft der schöpferischen Synthese nicht.

II. Die Demokratisierung des Denkens und Fühlens.

Ein anderer wichtiger Faktor für die Herausbildung des volkstümlichen Stiles im ausgehenden Mittelalter entspringt der erstaunlichen Demokratisierung des Denkens und Fühlens in allen Bevölkerungsschichten. Frische, unverbrauchte Kräfte regen sich um diese Zeit mit elementarer Gewalt in den untersten Schichten

[1]) Deutsche Zeitschrift für Geschichtswissenschaft N. F. 1 (1896/97), S. 145.

des Volksganzen; Arme und Ungeachtete erstarken mit dem Übergang der Naturalwirtschaft zur Geldwirtschaft rasch unter dem Segen der Arbeit. Es entsteht in den untersten Schichten auf einmal ein heißes, erfolgreiches Ringen um Besitz jeder Art, um geistig-religiösen, künstlerischen, materiellen und politischen Besitz, der bis dahin fast ausschließlich in den Händen der gesellschaftlich Bevorzugten war. Das gemeine Volk gewinnt nun im Kulturleben einen noch nie erreichten, mächtigen Einfluß. Das Feld, wo sich die herrschenden literarischen Mächte entfalten, hat sich von Jahr zu Jahr mehr von den Höhen in die Niederungen verschoben, wo früher nur unliterarisches Leben geherrscht hatte.[1]) Damit soll nicht gesagt sein, daß die Schriftwerke dieser Zeit ausschließlich von Bürgerlichen verfaßt wurden. Die oberen Stände schrieben und dichteten fort, aber für das wirtschaftlich ausschlaggebende Bürgertum und in seiner Sprache.[2]) Aus den unteren Volksschichten kam bald reicher Nachwuchs.

Ein demokratischer Zug weht nun auf einmal auch durch die oberen Gesellschaftsschichten. Trotz mannigfacher zentrifugaler Kräfte nivellieren sich doch die Stände im Denken und Fühlen, welches notwendigerweise in der Hauptsache durch das wirtschaftlich ausschlaggebende Bürgertum bestimmt wird. Die höheren Stände steigen zu den Gewohnheiten und Anschauungen der niederen Volksklassen herab. „In Arbeit und Genuß, im Denken und Fühlen standen sich der reichsunmittelbare Ritter Götz von Berlichingen und seine Knechte näher als heute Kapitalist und Arbeiter. Der Vorzug des Ritters vor dem Knecht bestand nicht eigentlich in einem anderen Lebensinhalt, sondern in der Herrschaft selbst.“[3]) Stiegen die Vornehmen einerseits mehr und mehr auf das Niveau der gemeinen Leute herab, so erhoben sich diese andererseits über die Schranken ihres Standes. Bürger und Bauern ahmen die Lebensart der Adligen, ihre feine Kost und Kleiderpracht nach. Begierig strecken sie ihre Hände auch nach ihrer Bildung und Literatur aus. Diese Annäherung der Stände, die mit der Demokratisierung Hand in Hand ging, wirkte sehr stark auf die Herausbildung

[1]) Vgl. F. v. Bezold, Die armen Leute und die Literatur des späteren Mittelalters, Historische Zeitschrift, 41. Bd. (1879), S. 1 ff.

[2]) Vgl. Ed. Kück, Schriftstellernde Adlige der Reformationszeit, Rostock 1888 (Progr.), bes. S. 29.

[3]) F. Paulsen, System der Ethik, 4. Aufl., Berlin 1896, II. Bd. S. 371 f.

des volkstümlichen Zeitstiles ein. Die starre, feinpolierte, konventionelle höfische Stilform wurde bald als fremd und unorganisch empfunden und genügte den Lustansprüchen eines demokratischen Zeitgeistes nicht mehr. Gefühle der Übersättigung, Ermüdung und Unlust führten zur Neugestaltung des Alten. Neue volkstümliche Elemente wurden allmählich organisch eingeschmolzen. Dieser Prozeß ist schon im Stil Gottfrieds von Straßburg wahrzunehmen und läßt sich in einer ununterbrochenen Linie auf alemannischem Boden über Konrad von Würzburg und seine vielen Nachahmer, über Tauler, Geiler, Murner bis Fischart verfolgen. Im 16. Jahrhundert ist die Entwicklung soweit fortgeschritten, daß die beiden Stile mit der Kunstdichtung und Volksdichtung ineinander überfließen. Der demokratische Geschmack ist um 1500 so maßgebend, daß selbst die humanistische Stilform mit einer Menge von volkstümlichen Elementen durchsetzt wird. Die Dialogliteratur nimmt z. B. in reichem Maße Stilelemente aus dem Fastnachtsspiel in sich auf,[1]) und die akademischen Scherzreden mischen sogar deutsche Rede aus den niedrigsten Schichten der Gesellschaft in die lateinischen Sätze hinein.[2])

III. Die Intensität des Innenlebens.

Gesteigertes Innenleben war das Element, das den höfischen Kunststil zur Entfaltung brachte und in den Schranken eines standesmäßigen Konventionalismus realistisch färbte, gesteigertes, intensives Seelenleben führte auch im ausgehenden Mittelalter zur Entfaltung eines realistischen Stiles, aber in volkstümlichem Milieu. Dasselbe Element war der Träger des Fortschritts, aber nur in einem anderen Wirkungsfeld. Ein stürmischer Drang nach unmittelbarer Äußerung des natürlichen, derben und leidenschaftlichen Empfindens pulsiert in dieser Zeit, „in der es eine Lust war zu leben". In der Literatur macht sich ein ungestümes Ringen nach ungebundenem Ausdruck der Lebensfülle in passender volkstümlicher Form in rasch steigendem Maße geltend. Der kraftvoll und leidenschaftlich empfindende Mensch will jetzt auf literarischem und

---

[1]) Vgl. G. Niemann, Die Dialogliteratur der Reformationszeit nach ihrer Entstehung und Entwicklung. Leipzig 1905 (Probefahrten V), S. 62 ff.

[2]) Vgl. Fr. Zarncke, Die deutschen Universitäten des Mittelalters, Leipzig 1857, S. 88 ff.

künstlerischem Gebiet inhaltlich und formell das Leben in seiner ganzen Wucht und Fülle erfassen, weil es in ihm selbst so frisch und voll pulsiert. Die Kunst geht jetzt, wo das gemeine Volk das herbe und derbe Leben auch in künstlerischen Formen schauen will, notwendigerweise in der Befriedigung volkstümlichen Geschmacks und sozialer Vergnügungssucht auf. Die Zahl der Musikanten, Spielleute, Bänkelsänger und Gaukler nimmt in dieser lebensfreudigen Zeit ungemein zu. Im leichtlebigen Elsaß waren sie besonders zu Hause; hier wurden sie neben einem Heer von Bettlern großgezogen. Seit dem Anfang des 14. Jahrhunderts besaßen die elsässischen fahrenden Leute und Musikanten sogar ein Königtum, mit dem die Herren von Rappoltstein belehnt wurden. 1480 wurden sie vom Kirchenbann losgesprochen. Um 1500 waren sie so zahlreich, daß ihr jährliches Hauptfest getrennt in drei Städten des oberen, mittleren und unteren Elsaß abgehalten werden mußte.[1]) In den Scherzen, Liedern, Sprüchen und Geschichten dieser fahrenden Sänger, Musikanten und Journalisten wurde altes volkstümliches Gut weitergeführt und nach dem Geschmack einer lebensfreudigen und lebensstrotzenden Zeit mehr und mehr vergröbert und potenziert; neue Elemente wurden eingefügt. Auch die Kräfte des Schrifttums wurden gesteigert und vervolkstümlicht. Buch- und Bilddruck wurden durch ein tiefes Bedürfnis des bildungshungrigen und schaulustigen gemeinen Volkes erzeugt und kamen mit dem Aufschwingen der Geister rasch zur Blüte. Die volkstümliche Schwarzkunst verdrängte die aristokratische Individualität der Handschrift. Auf schnelle Art und in vielen Exemplaren wurden fliegende Blätter im Volke verbreitet; Bild und Wort waren auf das Schau- und Lesebedürfnis der Armen im Geiste berechnet, die sich mit leidenschaftlicher Gier auf alles stürzten, was von dem derben, kraftvollen Leben und Treiben volkstümliche Kunde brachte. Die Holzschnitte zeigten in wenigen markanten und groben Strichen die Formen, die jedem in der Erinnerung hafteten. Einzelheiten hätten das ungeübte Auge ja nur verwirrt. Plumpe Verse suchten das, was im Bilde schon deutlich genug bezeichnet war, noch kräftiger in sinnfälliger, natürlicher und unzweideutiger Weise zum Aus-

---

[1]) Über diese Bruderschaft der elsässischen Musikanten und Fahrenden handelt grundlegend: B. Bernhard, Notice sur la confrèrie des joueurs d'instruments d'Alsace, Paris 1844.

druck zu bringen. So entfaltete sich eine Menge volkstümlicher Stilelemente auf diesen fliegenden Blättern, die zu den Ärmsten des Volkes sprechen wollten. Sebastian Brant, vorbereitet durch Lektüre und Übersetzung alter Sittenvorschriften und Tischzuchten, faßte solche Einzelblätter zu einem ganzen Buche zusammen und durchmaß revueartig die Breiten wogenden Volkslebens, indem er satirische Portraits vereinigte und Klassen und Stände in Typen vorführte. In dieser typisierenden Manier schließt sich Murner an Brant an. Das unersättliche Schau- und Lesebedürfnis der lebensfreudigen Volksseele drängte eben zu dieser Fortentwicklung hin.

Goethe, der die Persönlichkeit das höchste Glück der Erdenkinder nannte, fühlte sich zu dieser „großen Zeit des fünfzehnten Jahrhunderts" besonders hingezogen. Er rechnete sie zu den vorschreitenden, objektiven Epochen der Literatur, die „aus dem Innern heraustreten", sich „auf die Welt wenden und sie auszusprechen suchen".[1]) Fest und breitspurig stellt sich der mittelalterliche Volksmann auf den gegebenen Boden, leidenschaftlich pocht sein Herz, und tief holt sein Busen Atem. Mit kecken Augen schaut er um sich und auf sich und hat Freude an seiner kraftvollen Persönlichkeit, an Welt und Leben. Das gemeine Volk befindet sich zu dieser Zeit in den Flegeljahren, es führt ein ausgelassenes Leben und redet eine frohe, derbe, urwüchsige und natürliche Sprache, deren Elemente in den literarischen volkstümlichen Stil überfließen. Es sind vor allem Kern- und Kraftworte, Flüche, Verwünschungen, Sprichwörter und sprichwörtliche Redensarten. Alles ist naturecht, bodenständig, lebenskräftig, bildhaft und herzhaft erfaßt, zum äußersten Extrem hinneigend im Niedrigen wie im Erhabenen. Was den gemeinen Mann ergötzt, was seinem derben, aber grundehrlichen, treuherzigen Wesen schmeichelt, was seine Leidenschaften erregt, seine Sinnes- und Gefühlseindrücke steigert und sein derbsinnliches Begehren reizt, das prägt sich in einer kräftigen Sprache und in einem urwüchsigen Stil mit einer beispiellosen Naivetät aus. Mit der Frische und Naturwüchsigkeit ist in dieser Zeit aber auch der Mangel an idealer Schönheit gepaart. „Naturalia non sunt turpia", das war ein allgemeingültiger Grundsatz des 16. Jahrhunderts.

---

[1]) Goethes Gespräche. Gesamtausgabe, neu hrsg. von Frhr. von Biedermann, Bd. III, Leipzig 1910, S. 254.

IV. Die besonderen Grundlagen von Murners volkstümlichem Satirenstil.

Im ausgehenden Mittelalter herrscht ein bürgerlich-nüchterner Stil, der von dem satirisch-realistischen Zug des grobianischen Zeitalters stark gesättigt ist. Murner steht im Banne des allgemein empfundenen, volkstümlichen Stilbedürfnisses seiner Zeit. Die Vorbedingungen und Voraussetzungen für die Entfaltung dieses volkstümlichen Zeitstils haben auf die stilistische Form seiner Satiren mitbestimmend eingewirkt; aus ihnen resultiert die allgemeine, historisch bedingte Unterlage. Stilformen werden ja nicht geschaffen, sondern entstehen und wachsen. Jeder Volksstamm und jeder Dichter und Schriftsteller formt aber doch das Gegebene mehr oder weniger nach seiner Eigenart.

Der eigentümliche Satirenstil unseres Bettelmönches ist wie sein Leben und Schaffen überhaupt, in erster Linie aus dem Wesen und Wirken seines Ordens und aus dessen alter Tradition zu erklären. An diesen Grund lehnt sich erst alles andere an, in ihm wurzelt fest und tief das Originelle und Überragende von Murners Stil. Der Franziskanerorden war bekanntlich am meisten mit dem Volk verwachsen.[1]) Wanderprediger waren die Bettelmönche nach der Absicht ihres Ordensstifters eigentlich alle. Unerschrockener Kampf gegen die charakteristischen Schäden der Zeit, ein tätiges Leben unter dem Volke und für das Volk war ihres Ordens Ziel. Im Vordergrunde ihrer Wirksamkeit stand demgemäß von altersher die populäre Buß- und Sittenpredigt, die vor wechselndem Publikum in freier Aussprache die Farben kräftig auftragen konnte. Die dogmatische Kanzelrede und religiöse Seelsorgepredigt pflegten die Bettelmönche nicht; ihnen kam es vor allem darauf an, mit Rücksicht auf das Bedürfnis des Augenblicks zu zeigen, wie das Evangelium im Getriebe und Lärm des Tages zu befolgen sei. So predigte schon Bruder Berthold. Wir sehen, wie er seine Lehre gern „in das Gewand der Satire kleidet, lieber schilt und spottet als gradaus lehrt, lieber als von den Tugenden von den Lastern spricht, die denselben entgegenstehen".[2]) Im 15. Jahrhundert nahm die

[1]) Vgl. H. Felder, Geschichte der wissenschaftlichen Studien im Franziskanerorden bis um die Mitte des 13. Jahrhunderts, Freiburg i. Br. 1904, S. 11.

[2]) W. Wackernagel, Altdeutsche Predigten und Gebete, Basel 1876, S. 367.

franziskanische Wanderpredigt, nachdem sie sich von mystischen und scholastischen Elementen befreit hatte, wieder einen mächtigen Aufschwung.[1]) Eine zweite Blütezeit der Bettelmönchspredigt war angebrochen. Die treibende Kraft war wie zu Bertholds Tagen die Einführung des subjektiv-leidenschaftlichen Momentes, das eine wunderbare Frische und Volkstümlichkeit der Form hervorzauberte. Der Schäden gab es damals viele und vielerlei im Wandel des Volkes, in der Kirche und im politischen Leben. Da bot sich dem Franziskaner ein großes Wirkungsfeld dar. Er war mit den Nöten des Volkes wohl vertraut, der stete, wechselnde Verkehr mit Leuten aus allen Ständen und Berufen hatte ihm den Blick geweitet und geschärft. Rücksichtslos und unverblümt redete er mit lebensvoller Bezüglichkeit von den Lastern und Gebrechen der Zeit. Durch konkrete Individualisierung suchte er nacheinander jedem einzelnen seiner Zuhörer persönlich das Gewissen zu erregen; Eifer und Unwille veranlaßten ihn zu derben, realistischen Schilderungen voll beißenden Spottes und leidenschaftlichen Tadels. Seine Sprache war für die Wirkung auf breite Massen berechnet, mit volkstümlichen Elementen durch und durch getränkt und mit allerlei Reizmitteln gewürzt.[2])

Murner ist der Typus des unerschrockenen, freimütigen Bettelmönches, der leidenschaftlich alle Schäden der Zeit bekämpft, ganz für das Volk lebt und alle Welt ohne Rücksicht auf die eigene Person mit kecken und derben Worten die Wahrheit zu sagen wagt. Sein volkstümlicher Satirenstil wurzelt in dem Stil der freien, volkstümlichen Bettelmönchspredigt. In keiner Satire vermag Murner seine Predigernatur zu verleugnen. Wir wissen von Johannes Piemontanus, daß er ein ganz ausgezeichneter Volks-

---

[1]) Cruels scharfes Urteil (Geschichte der deutschen Predigt im Mittelalter, Detmold 1879, S. 651) ist wenigstens in seiner Verallgemeinerung zurückzuweisen. Vgl. H. Holzapfel, Handbuch der Geschichte des Franziskanerordens, Freiburg i. Br. 1909, S. 219 ff.; U. Schmidt, P. Stephan Fridolin, ein Franziskanerprediger des ausgehenden Mittelalters, München 1911, S. 14 ff. (Veröffentlichungen aus dem kirchenhistorischen Seminar München, 3. Reihe, Nr. 11.)

[2]) Kaspar Schatzgeyer (1514—1517 Provinzial der Straßburger Minoritenprovinz) sagt in einer seiner Schriften, wie die Bettelmönche die Moralpredigt vermittelst verschiedener Gewürze dem Volke schmackhaft machen sollen. Vgl. hierzu N. Paulus, Kaspar Schatzgeyer, ein Vorkämpfer der katholischen Kirche gegen Luther in Süddeutschland, Freiburg i. Br. 1898, S. 19 f.

prediger gewesen ist, ein „vir certe excellentis ingenii et doctrine varie, declamator sermonum dei ad populum famosus et praestans".[1]) Der Zusammenhang seiner satirischen Schilderungen mit seiner Predigttätigkeit ist sehr eng;[2]) er selber sagt von seiner NB:

Zů franckfurt hab ich an dem mein
Diß bůch beschriben zů latein
Vnd zů tüsch darzů geprediget.

NB 97 143 ff.

In Murners Stil lassen sich die dominierenden Merkmale[3]) von Bertholds Predigtweise nachweisen. Manches erscheint zwar als volkstümliches Gemeingut von altersher, vieles mag aber auch auf der Tradition des Ordens beruhen. Zu jeder Zeit war die Predigt von alter Erbschaft abhängig, sie ist es auch heute noch.[4]) Die Kirche ist ja ihrer Natur nach eine starke konservative Macht. Berthold gegenüber fehlt aber Murner, den veränderten Bedingungen eines nüchternen, realistischen Zeitalters entsprechend, ein wesentliches Element: die junge Kraft dichterischer Phantasie, die dem Stil jenes einen wunderbaren Reiz verleiht. Sankt Grobianus, der Heilige des 16. Jahrhunderts, ließ das zarte Blümlein der Poesie nicht gedeihen. Auch Geiler von Kaysersberg fehlt Bertholds kindliches Gemüt und dichterische Phantasie. Murner steht hart neben dem großen Münsterprediger. Was er aber mit ihm gemein hat, sind meist Motive der volkstümlichen, freimütigen Sittenpredigt und Elemente volkstümlicher Predigttechnik überhaupt, die eine direkte Abhängigkeit nicht erweisen. K. Ott hat in

---

[1]) E. Böcking, Ulrichi Hutteni equitis operum supplementum II, Lipsiae 1869/70 p. 425.

[2]) Zu NB 17 vgl. Spanier, PBB 18 (1894), S. 55 f. Sein Rednertalent offenbaren auch die Prosaschriften, so z. B. „Ob der künig vß engelland ein lügner sey oder der Luther". Für den Zusammenhang seiner schriftstellerischen Tätigkeit mit der Predigt in Stil und Technik zeugen insbesondere die allegorische Dichtung: „Ein andechtig geistliche Badenfahrt des hochgelerten Herren Thomas mürner der heiligen geschrifft doctor barfüser orden zů Straßburg in dem bad erdicht, gelert und ungelerten nutzlich zů bredigen und zů lesen" und die Prosaschrift: „Die gots heylige meß von gott allein erstifft, ein städt vnd lebendigs opffer für die lebendigen vnd die dodten ..... zů Lutzern offentlich durch doctor Thomas Murner geprediget vnd mit dem woren gots wort befestiget".

[3]) Vgl. Cruel a. a. O., S. 322.

[4]) Siehe G. Koffmane, Geschichte des Kirchenlateins I (Breslau 1879), S. 90.

seiner Dissertation „Murners Verhältnis zu Geiler“ (Bonn 1895) den Einfluß Geilers sehr überschätzt,[1]) wenn auch eine gewisse ermutigende und anregende Einwirkung des berühmten Volkspredigers auf den jüngeren Murner zugegeben werden muß. In dem Schriftchen „Arma patientie“ (Bl. 3 a) entschuldigt Murner seine Art zu predigen u. a. auch durch das Vorbild Geilers, den er „urbis argentine quondam contionatorem non ignobilem“ nennt. Das, was unseren Satiriker auszeichnet, der derbe Realismus und die facetia, ist weniger Geiler als der freien Bettelmönchspredigt eigen. Der Franziskaner Pauli hat diese Elemente in den Predigtnachschriften stark potenziert.[2]) Geilers Predigtweise kann in ihrer Zeit auch nicht vereinzelt bestanden haben, vor ihr und neben ihr blühte die volkstümliche Minoritenpredigt, welche die Predigtmüdigkeit der Zeit überwand und der steifen und seichten Landpredigt des Weltklerus stets frische Kräfte zuführte. Vor Geiler beherrschten die Mendikanten das Straßburger Predigtwesen, sie hatten vor ihm die Münsterkanzel inne.[3]) In der Straßburger Klosterschule hat Murner seine Vorbildung und erste grundlegende Ausbildung gewonnen. Der tüchtigste seiner Lehrer war der gefeierte Disputator Konrad von Bondorf, der einem hervorragenden Zeitgenossen, dem berühmten Dominikaner Johannes Sprenger, Worte der Bewunderung abrang.[4]) Unter der Leitung dieses Franziskaners entfaltete die Straßburger Franziskanerschule ihre

---

[1]) V. Michels bezweifelt das Resultat von Otts Arbeit, da wir kein rechtes Mittel besitzen, um die unmittelbare Einwirkung des Predigers auf den Prediger anschaulich zu machen, und auch eine indirekte Beeinflussung in Murners poetischen Werken nicht deutlich genug erkennbar ist. Er schreibt: „Ich kann nicht sagen, daß mir seine (Otts) Zusammenstellungen ein schärferes und klareres Bild hinterlassen hätten . . . Recht festen Boden finde ich nirgends“. Vgl. seine Rezension im Anzeiger für Deutsches Altertum 26 (1900), S. 56—59. Soeben erscheint die Dissertation von Th. Maus: Brant, Geiler und Murner (Marburg 1914), die den Nachweis zu führen sucht, daß zwischen Geiler und Murner ein literarisches Verhältnis nicht im geringsten besteht. Maus ist m. E. wie Ott zu weit gegangen. Ganz und gar lassen sich die beiden Männer nun doch nicht trennen. Ich verstehe auch nicht, wie der Verf. auf S. 53 (Anm. 2) behaupten kann, Michels stehe in seiner Rezension auf Otts Standpunkt.

[2]) Vgl. E. Martin, ADB, Bd. 8 (1878), S. 515.

[3]) Vgl. Kerker, Theologische Quartalschrift, Tübingen 1861, S. 391.

[4]) Vgl. K. Eubel, Geschichte der oberdeutschen Minoritenprovinz, Würzburg 1886, S. 346.

höchste Blüte. Es will viel heißen, wenn ein Wimpfeling, Murners Feind, in der „Germania“ diese Schule unter den Ruhmestiteln Straßburgs anführt und außer ihr keine der anderen bestehenden Anstalten mit einem Wörtchen erwähnt.[1]) Die Straßburger Klosterbibliothek barg wie die jedes größeren Konvents Sermonarien von Brüdern, traditionelle Hilfsmittel für den Unterricht in der volkstümlichen franziskanischen Predigtweise.[2]) Nach Ch. Schmidt entlieh im Jahre 1512 der Straßburger Drucker Johann Knoblauch aus dem Kloster handschriftlich aufgezeichnete Predigten Bruder Bertholds, welche seitdem verschwunden sind.[3]) Wir dürfen annehmen, daß es Predigten des berühmten Franziskaners von Regensburg waren, die der deutschen volkstümlichen Predigt weit bis ins 15. Jahrhundert ein unerreichtes Vorbild geblieben waren. Berthold wird sogar noch in einer Reformationsschrift vom Ende des 16. Jahrhunderts zitiert.[4])

Zu dieser großen Erbschaft an volkstümlichem Stilgut aus der Tradition der franziskanischen Volkspredigt kommen noch mancherlei andere Elemente, welche Murners Satirenstil aus der volkstümlichen Dichtung und dem bürgerlichen und populär-humanistischen Schrifttum zuflossen. Seinem weltfreudigen und weltkundigen Wesen konnte eine so wesentliche Auswirkung des damaligen Zeitgeistes nicht fremd bleiben. Seine Satiren nehmen, wie die zeitgenössische Literatur überhaupt, eine dienende Stellung ein; sie sind in starkem Maße der Ausdruck sozialer und geistiger Strömungen und wollen allen Interessen mehr Rechnung tragen als den ästhetischen. Von Brants Methode, die Menschen durch Narrendichtungen zu bessern, hat der Dichter des „anderen Narrenschiffes“

[1]) Über die Franziskanerschule vgl. J. Knepper, Das Schul- und Unterrichtswesen im Elsaß von den Anfängen bis gegen das Jahr 1530, Straßburg 1905, S. 60—81.

[2]) Die franziskanischen Predigtwerke fanden weite Verbreitung. Das Quadragesimale des Baseler Minoriten Joh. Gritsch erlebte z. B. im 15. Jahrhundert noch 26 Auflagen. Vgl. Cruel a. a. O., S. 558. Handschriftliches Material ist nur in geringer Menge erhalten. Das wenige, was aus den elsässischen Franziskanerklöstern gerettet worden ist und die Stürme der Revolution überdauert hat, stellte A. M. P. Ingold zusammen: Les manuscrits des anciennes maisons religieuses d'Alsace. Paris-Colmar 1898, p. 59—63.

[3]) Vgl. Knepper a. a. O. S. 69 Anm.

[4]) A. Schönbach, Studien zur Geschichte der altdeutschen Predigt, 8. Stück (Wien 1907), S. 104; Karl Unkel, Berthold von Regensburg, Köln 1882, S. 63.

viel abgeguckt. Er will mit jenem wetteifern: Narren machen ist kein kunst (NB Vor. 43). Stofflich hat Murner das NS vollständig ausgebeutet. Die Ausbeute hat er aber, indem er sich hinsichtlich der äußeren Anlage, Formung und Versifikation des Stoffes bald in einer engen, unfreiwilligen, bald auch „in einer selbstgewollten lustigen Abhängigkeit“ bewegt, nach seiner Art durch die echt volkstümliche, satirisch-witzige Stilgebung, die dem ernsten, vornehm zurückhaltenden Stubengelehrten Brant nicht gelang, selbständig und geistreich verarbeitet.[1]) Gelegentliche Anspielungen, Stoffe und Motive zeugen für die weitgehende Bekanntschaft unseres Satiriker mit der weltlichen Literatur und Dichtung überhaupt. Spuren weisen z. B. auf die Kenntnis der schlüpfrigen Literatur der Humanisten, der Volkslied- und Fabeldichtung, der jüngeren Darstellungen der Heldensage, der Volks- und Schwankbücher, der akademischen Scherzreden und parodistischen Sittenpredigten im Tone des Volkspredigers, der Minneallegorien und Minnereden sowie der dem NS voraufgehenden Tischzuchten, Sittenspiegel und grobianischen Schriften.[2]) Er selbst spricht von seiner großen Belesenheit. Wir haben keinen Grund, ihm nicht zu glauben, wenn er im „Beschluß der geuchmatten“ (V. 5359 ff.) sagt:

Die weltlichen bůcher machen das,
Das ich zů zytt vnzüchtig was
(Vnd solts beschnitten haben bas!);
Dar inn ich ietz mer hab gelesen,
Denn mir zimlichen ist gewesen.
— — — — — — — — —
Ich wils on hoffart han geredt:
Wer diß bůch gedichtet hett,
Der hatt mer denn ein bůch gesehen.

---

[1]) Über Murners Verhältnis zu Brant vgl. Spaniers Abhandlung in PBB 18, S. 1 ff., jetzt auch die erwähnten Studien zum NS und zur NB von Th. Maus.

[2]) Zur Entwicklung der grobianischen Literatur siehe A. Hauffens Ausführungen in seiner Monographie K. Scheidt, der Lehrer Fischarts, QF 66 (1889). Über die parodistische Predigt handelt Fr. Lehr, Studien über den komischen Einzelvortrag in der älteren deutschen Literatur. Diss. Marburg 1907; über die Minneallegorien, von denen letzte, versprengte und grotesk verzerrte Reste in GM vorliegen, K. Matthäi, Das weltliche Klösterlein und die deutsche Minneallegorie, Diss. Marburg 1907.

Wir dürfen weiterhin in Murners volkstümlichem Satirenstil nach dem stammestümlichen, spezifisch elsässisch-alemannischen Element suchen. Volkstümlichkeit ist nie und nirgends eine bloße Eigenschaft der äußeren Stilform; es ist immer etwas von dem unmittelbaren Wesen und Leben des betreffenden Volksstammes[1]) mit ihr verbunden. Murner hat in den Satiren seine alemannische Abstammung nie verleugnet und konnte sie auch nicht verleugnen. „Kein Schriftsteller, so sehr er auch Weltbürger sein mag", sagt Schiller 1791 in einem Briefe an Körner, „wird in der Vorstellungsart seinem Vaterland entfliehen. Wäre es auch nur die Sprache, was ihn stempelt, so wäre dies allein genug, ihn in eine gewisse Form einzuschränken und seinen Produkten eine nationelle Eigentümlichkeit zu geben".[2]) Haß und Hader haben unseren ohnehin schon wanderlustigen Bettelmönch heimatlos in der Welt[3]) herumgetrieben; sein elsässisches Wesen blieb aber scharf ausgeprägt. Das alemannische Volkstum hat dem Stil seiner Satiren eine eigenartige, stammestümliche Farbe und Stimmung verliehen. Der Kundige erhält den Eindruck eines gewissen sprachlichen Heimatsgefühles. Es kann gezeigt werden, daß Murner in weitgehendem Maße auf den Sprachgeist und die Empfindungsweise seines Volkes einging und absichtlich eine Stilform suchte, in welcher es seine Stimmungen und seine Eigenart wiederfand. Soviel über die besonderen Grundlagen von Murners volkstümlichem Satirenstil.

Das Originelle und Eigentümliche ist zwei starken Wurzeln entsprossen: der schöpferischen Synthese und der individuellen Veranlagung. Diese Wurzeln sollen bei den nachfolgenden Untersuchungen bloßgelegt werden. Bei der stilistischen Analyse wird die von Stammesmerkmalen gefärbte, eigentümliche Durchmischung und Verschmelzung des Stils zutage treten. Um seine vollendete

---

[1]) Vgl. A. Sauers Rektoratsrede „Literaturgeschichte und Volkskunde", Prag 1907, bes. S. 36. Seinen Anregungen folgte Josef Nadler in seiner „Literaturgeschichte der deutschen Stämme und Landschaften" I (Mainz 1913). Hier sind aber die stammestümlichen Elemente zu stark betont und nicht selten gewaltsam konstruiert. Über die Stammestendenzen der alemannischen Literatur um 1500 siehe S. 283 ff., Murner betreffend S. 316 ff.

[2]) Schillers Briefe, hrsg. von Fr. Jonas, Bd. 3 (1893), S. 169 f.

[3]) Sein wechselvolles Leben führte ihn durch viele Klöster, Universitäten und Städte Deutschlands, nach Polen, Österreich, Frankreich, England, Italien und der Schweiz.

Volkstümlichkeit zu verdeutlichen, werden alle Literaturzweige zu Belegen herangezogen, die volkstümliches Stilgut bergen. Vieles erscheint dabei als alterbtes, volkstümliches Gemeingut. Es treten auch persönliche Züge hervor, obschon die volkstümliche Stilform für die Individualität eigentlich nur wenig Spielraum bietet. Wenn irgendwo, so gilt aber von Murners volkstümlichem Satirenstil das Wort: „Es ist der Geist, der sich den Körper baut."

Zweites Kapitel.

Formelhaftigkeit, Fülle und Nachdruck des Murnerschen Stils.

I. Formelhaftigkeit des Ausdrucks.

Formelhafte Ausdrucksweise ist ein Kennzeichen jedes volkstümlichen Stils. Alle echte Volkspoesie ist naivem, improvisatorischem Schaffen entsprungen. Diese Schaffensart ist aber nur dann möglich, wenn dem dichtenden Individuum stereotype Wendungen zu Gebote stehen. Eine derartige Ausdrucksweise heimelt den gemeinen Mann an, er empfindet sie als etwas Verwandtes, da er sich im täglichen Leben selbst einer solchen Sprache bedient. Die Kunst des ausgehenden Mittelalters verfährt durchweg in typischer Weise. Für bestimmte Szenen aus der Bibel wie Sündenfall, Geburt, Taufe und Kreuzigung Christi vererben sich z. B. feste Schemata traditionell von Meister zu Meister, und selbst Große folgen willig und ohne Reflexion der Überlieferung. Das gleiche typische Verfahren finden wir bei der Handschriften- und Bücherillustration. Ähnlicher Text wird mit vollständig identischen Miniaturen und Holzschnitten in einem und demselben Werke ausgestattet. Murners NB, 1512 bei Hüpfuff in Straßburg gedruckt, ist sogar mit den Baseler Holzschnitten des NS von 1494 geschmückt worden, bloß 18 neue Holzschnitte sind benutzt worden. In MS sind verschiedenen Abschnitten die gleichen Holzschnitte vorangestellt, 4 Holzstöcke wurden zweimal abgedruckt. Es zeigt sich auch, daß die Hüpfuffschen Drucke des NS (Zarnckes F), der NB und der MS mit den gleichen Randleisten illustriert sind. Mit Armut der Empfindung oder Sparsamkeit kann diese typische Illustrationsweise nicht restlos erklärt werden. Ermöglicht wird sie doch wohl erst durch das volksmäßige Zeitempfinden, das vom Typismus beherrscht war.

Dem volkstümlichen Empfinden entsprechend, ist Murners Ausdrucksweise wie der Bilderschmuck seiner Werke auch konstant und typisch; sie bewegt sich in festen Ausdrucksformen, die wir Formeln nennen. In der altgermanischen Poesie ist die Formel bereits zum Stilprinzip ausgebildet, und in der mittelhochdeutschen Zeit ist ihre Verwendung im niederen Spielmannsepos geradezu auf die Spitze getrieben.[1]) Das höfische Epos sucht sich der Formeln zu entledigen, während die weltliche Dichtung der Geistlichen formelreich ist, aber doch viel höher steht als Spielmannsepen wie Orendel und Salmann und Morolf.[2]) Dichter wie Heinrich Kaufringer, die an die höfischen Epigonendichter anknüpfen und sich mehr und mehr der volksmäßigen Epik nähern, machen von der Formel gleichfalls häufig Gebrauch.[3]) Das Volkslied[4]) des 15. und 16. Jahrhunderts ist überreich an formelhaften Elementen. Rosenblüt[5]) und Hans Sachs besitzen eine eigene Ausdrucksweise und Terminologie; diese Dichter schreiben sich sogar in größeren Partien selbst aus. Das Gleiche läßt sich von Murner[6]) sagen.

Ein formelhaftes Gepräge mußte Murners Stil annehmen. Murner ist ein improvisatorisches Talent.[7]) Er arbeitet mit unglaublicher Schnelligkeit und Leichtigkeit; das wird ihm aber durch den Gebrauch festgeprägter, typischer Ausdrucksformen ermöglicht. Des Dichters Vorliebe für volksläufige, sterotype Redensarten fiel schon den Zeitgenossen auf.[8]) Eine gewisse Einförmigkeit und Formelhaftigkeit war auch durch die eindringliche, satirisch-hyperbolische Darstellungsweise bedingt. Besonders stark wird Murner von der Predigttechnik beeinflußt worden sein, da bei ihm Predigt und Satire im engsten Zusammenhang stehen. Die altdeutsche

---

[1]) Vgl. Fr. Vogt, Salmann und Morolf, Halle 1880, S. CXXXIV ff.

[2]) Vgl. Vogt a. a. O. S. CXXXIV; A. Berger, Orendel, ein deutsches Spielmannsgedicht, Bonn 1888, S. IX; J. Bethmann, Untersuchungen über die mhd. Dichtung vom Grafen Rudolf, Berlin 1904 = Palästra 30, S. 139.

[3]) Vgl. K. Euling, Studien über Heinrich Kaufringer, Breslau 1900 = Germanistische Abhandlungen 18, S. 33.

[4]) Vgl. A. Daur, Das alte deutsche Volkslied nach seinen festen Ausdrucksformen betrachtet, Leipzig 1909.

[5]) Vgl. QF 77, S. 184.

[6]) Vgl. M. Rieß, Quellenstudien zu Thomas Murners satirisch-didaktischen Dichtungen, Diss. Berlin 1890, S. 7 f.

[7]) Vgl. M. Spanier, PBB 18, S. 32 und 47.

[8]) Vgl. Spanier, Z. f. d. Ph. 26, S. 220.

Predigt[1]) führt eine Menge formelhaften Gutes mit sich. Bertholds Predigten sind wie das Volksepos mit formelhaften Wiederholungen durchsetzt, es finden sich sogar ganze Partien fast wörtlich in mehreren Predigten.[2]) Der Prediger pflegt immer wieder auf alte wichtige Punkte zurückzukommen und greift die gleichen Laster mit gleicher Schärfe an. Die einmal memorierte Ausdrucksform stellt sich dabei ganz unwillkürlich ein. Geiler von Kaysersberg schreibt z. B. am 6. Februar 1500 an Wimpfeling über seine Manier: „Ego animo nihil laboris oppono colligendi predicationes, sed que predicavi jam annis multis resumere et denuo predicare in ordinemque debitam, quantum mihi dominus dederit redigere."[3]) — Ich unterlasse es, die formelhaften Elemente hier zusammenzustellen, werde aber bei der Behandlung der einzelnen Stilmittel durch mehrere Belege einer und derselben Redeform ihre typische, formelhafte Verwendung nachzuweisen und altes Sprachgut kenntlich zu machen suchen. Andernfalls müßte das reiche Material zweimal vorgeführt werden.

II. Paarbegriffe, Variation des Ausdrucks.

Murners Ausdrucksweise ist auch breit und nachdrucksvoll wie die Sprache des gemeinen Mannes. Diesen Charakter verleiht seinem Stil zunächst der variierte Ausdruck. Ob Murner aber durchweg auf volksmäßigem Boden steht, wenn er mehrgliedrige Formeln anwendet, ist zweifelhaft. Die althochdeutschen mehrgliedrigen Ausdrücke fließen schon aus zwei verschiedenen Quellen. Die altheimischen sind in der Regel infolge ihres eigentümlichen Gepräges leicht von den fremden zu unterscheiden, die ihren Ursprung im lateinischen Rhetorenstil haben und durch die christlich-lateinischen Dichter in die althochdeutsche Literatur eingeführt wurden. Daß Zweigliedrigkeit nicht ohne weiteres als volkstümliches Stilcharakteristikum betrachtet werden kann, zeigt schon die

---

[1]) Vgl. A. Haß, Das Stereotype in den altdeutschen Predigten, Diss. Greifswald 1903.

[2]) Vgl. A. Linsenmayer, Geschichte der Predigt in Deutschland von Karl dem Großen bis zum Ausgang des 14. Jahrhunderts, München 1886, S. 340. Eine Sammlung von stehenden Formeln in Bertholds Predigten bietet E. Bernhardt, Bruder Berthold von Regensburg, Erfurt 1905, S. 27 f.

[3]) Vgl. E. Martin im Anhang zur Germania Wimpfelings (Straßburg 1894), S. 99.

Tatsache, daß auch die höfischen Dichter dieses Stilmittel in Anlehnung an ihre altfranzösischen Vorbilder reichlich verwenden. Konrad von Würzburg und seine Nachahmer bilden es immer mehr zur Manier aus. Im 15. und 16. Jahrhundert nimmt die Zwei- und Dreigliedrigkeit in Poesie und Prosa unter allen Figuren die erste Stelle ein.[1]) Zu Murners Zeit war dieses Stilmittel volksläufig geworden, mag nun seine Herkunft im einzelnen Falle altheimischen, volkstümlichen oder fremden, gelehrten Ursprungs sein. Die gesamte volkstümliche Literatur des 15. und 16. Jahrhunderts verwendet mehrgliedrige Ausdrücke sehr häufig. Dies ist sogar im Volkslied[2]) der Fall, das doch knappe, bisweilen sogar elliptische Ausdrucksweise liebt. Die Satiren und Pasquille der Reformationszeit sind überaus reich an Synomymen und alliterierenden Formeln.[3])

Ich stelle im folgenden zunächst altheimische und in der altheimischen Art gebildete Verbindungen zusammen und schließe daran andere bemerkenswerte, häufig vorkommende Formeln an. Das Fortleben alter Formeln im mhd. Volks- und Spielmannsepos ist bereits nachgewiesen.[4]) Aber auch die höfischen Dichter[5]) verschmähen altes volkstümliches Sprachgut nicht. Die altdeutschen Predigten bergen eine Menge alter Zwillingsformeln; Berthold[6]) folgt der Tradition. Im ausgehenden Mittelalter ist dieses Stilmittel eine ganz gewöhnliche Erscheinung des Zeitstils. Für Murner ist diese Erscheinung aber besonders charakteristisch.[7])

---

[1]) Vgl. F. Wenzlau, Zwei- und Dreigliedrigkeit in der deutschen Prosa, Halle 1906 (Hermäa IV); Ehrismanns Rezension, Z. f. d. Ph. 42, S. 488 ff.

[2]) Vgl. Daur a. a. O. S. 71 ff.; Fritz Jacobsohn, Der Darstellungsstil der historischen Volkslieder des 14. und 15. Jahrhunderts, Diss. Berlin 1914, S. 57 f.

[3]) Eine gute Zusammenstellung gibt O. Schade, Satiren und Pasquille III (Hannover 1858), S. 244 ff.

[4]) Vgl. G. Radke, Die epische Formel im Nibelungenlied, Fraustadt 1890 (Prog.), S. 21 ff.; Joh. Lindemann, Über die Alliteration als Kunstform im Volks- und Spielmannsepos, Diss. Breslau 1914.

[5]) Vgl. für Gottfried: Preuß, Straßb. Studien I (1882), S. 3 ff.; für Konrad von Würzburg: Haupt zum Engelhard 3465 und für Rudolf von Ems: Fr. Krüger, Stilistische Untersuchungen über Rud. v. Ems, Lübeck 1896, S. 13.

[6]) Vgl. Haß a. a. O. S. 71 ff.; H. Hasse, Beiträge zur Stilanalyse der mhd. Predigt in: Z. f. d. Ph. 44, S. 23, 194 f.; H. Greven, Die Predigtweise des Franziskaners Berthold von Regensburg, Rheydt 1892 (Progr.), S. 13.

[7]) Vgl. Bebermeyer a. a. O. S. 67 f.

1. Alliterierende Verbindungen.

Substantiva: Von basel vnd von bingen SZ 1$_{24}$; bischoff, bader LN 2862; brůch vnd bendel LN 4164; burger vnd die buren LN 3247 (vgl. Schade a. a. O. S. 245); fleisch vnd visch NB 48$_{26}$ (vgl. Lindemann a. a. O. S. 24, Schade a. a. O. S. 245); gab noch geben NB 82$_{44}$; gab vnd goldt NB 76$_{36}$; gelt vnd goldt NB 67$_{5}$, GM 58, LN 3081, 3853; gelt vnd gůt NB 8$_{7}$, 13$_{29}$, 82$_{26}$, MS 1158, GM 685, 4154, LN 700, 702, 712, 1134, 2864 (vgl. Schade a. a. O. S. 245; Daur a. a. O. S. 73; Lindemann a. a. O. S. 24; E. Ebert, Dialog und Fastnachtspiel bei Hans Sachs, Diss., Kiel 1903, S. 98); geuch vnd gecken NB 34$_{53}$; gifft vnd gall NB 77$_{61}$, SZ 25$_{8}$; gulden, gelt NB 86$_{58}$; gunst vnd goben GM 5012; mit hertz, mit hand LN 2300 (vgl. Lindemann a. a. O. S. 24); hiener vnd auch hanen BZ 142 (Bl. 3b); in den hosen, in den hessen LN 2722; huß vnd hoff NB 14$_{75}$, 73$_{42}$, 88$_{11}$ (vgl. Schade a. a. O. S. 245); hut vnd har NB 5$_{72}$, 47$_{8}$, 50$_{60}$, GM 3462, LN 3557 (vgl. Schade a. a. O. S. 245); keiser, künig NB 5$_{192}$; 16$_{57}$, 34$_{2}$, SZ 12$_{24}$, MS 143, GM 631, LN 2973, 3790 (Schade a. a. O. S. 245); kindbettern vnd die kinder SZ 43$_{18}$; kirchen klusen LN 2843, 3184 (vgl. Schade a. a. O. S. 245); zů kirchen vnd zü chor NB 11$_{20}$; klôster vnd die kirchen LN 3811; künigrych vnd keiserthům NB 92$_{54}$; landt vnd lüt NB 13$_{83}$, 24$_{53}$, 46$_{46}$, 69$_{44, 52, 58}$, 83$_{31}$, 92$_{50, 126}$, SZ 4$_{5}$, 18$_{19}$, 40$_{30}$, 42$_{3, 37}$, GM 1311, 3972, 4268, BT 11 (Bl. 2a), 312 (Bl. 6a) (vgl. Lindemann a. a. O. S. 25 f., K. Euling, die Jakobsbrüder von Kunz Kistener, Breslau 1899 = Germanist. Abhandl. 16, S. 65; Daur a. a. O. S. 73, Ebert a. a. O. S. 95, Schade a. a. O. S. 245); lieb vnd leidt BT 47 (Bl. 2b), vgl. SZ 38$_{31}$, GM 1895; Lindemann a. a. O. S. 22 f; Schade a. a. O. S. 245; lyb vnd leben NB 66$_{55}$, 80$_{37}$, 88$_{13}$, 92$_{75}$, 93$_{62}$, SZ 38$_{15}$, 40$_{13}$, GM f j b, 1002, 2275, 4219, LN 189, 346, 1681, 3406 (vgl. Lindemann a. a. O. S. 23 f.; Daur a. a. O. S. 72, P. Jäckel, Egenolf von Staufenberg, Diss. Marburg 1898, S. 12, Schade a. a. O. S. 245); lung vnd leber NB 30 d; mit lügen vnd mit lumpenwerck LN 2034; der murwauw vnd der murnar LN 3308, 4499; pülen, blatern NB 80$_{112}$; rast noch rů NB 7$_{14}$, 8$_{19, 71}$, 47$_{17}$, SZ 40$_{19}$, GM 1635, BZ 179 (Bl. 4a) (vgl. Euling, Kaufringer a. a. O. S. 14; Schade a. a. O. S. 245); rephiener vnd die reyer LN 957; rincken ranckens NB 167; ryssen vnd ein rechten GM 2834; schmach vnd schant LN 3370, 3398, 3565 (vgl. Schade a. a. O. S. 245; Jacobsohn a. a. O. S. 58); mit schwetzen vnd mit schwencken NB 65$_{34}$; über studen vnd über stocken GM 885; vopper vnd vagierer NB 33$_{81}$; witwen vnd weisen SZ 40$_{26}$, 43$_{11}$, LN 739 (vgl. Lindemann a. a. O. S. 25); on mein willen, on mein wissen LN 2249 (vgl. Schade a. a. O. S. 246; Euling, Kaufringer a. a. O. S. 14); mit worten vnd mit weinen NB 56$_{46}$; wỏr vnd widerstandt NB 26$_{62}$; zins noch zehen NB 79$_{42}$; zyns noch zol NB 86$_{43}$ (vgl. LN 3592; Euling, Kaufringer a. a. O. S. 14; Schade a. a. O. S. 246).

Verba: beichten, betten LN 2212; bist vnd bleibst LN 267; brechen, beisen LN 4141; dreit vnd důt SZ 26$_{2}$; zů gaben vnd zů geben GM 3662; gibt oder gelt NB 76$_{a}$; gint vnd gafft NB 11$_{43}$; gnipt vnd gnapt NB 44;$_{61}$, MS 1165; greinet, grannet LN 4639; klapperen, kacktressen SZ 18$_{30}$; kluben vnd kratzen NB 95$_{16}$ f.; critzt vnd krampt GM 3397; schimpfft vnd schentzlet NB 10$_{88}$; schindt vnd schabet NB 49$_{21}$; sing vnd sag SZ 41$_{9}$, vgl. 26$_{13}$ (vgl. Lindemann a. a. O. S. 22); verwůstendt vnd verwerffen NB 17$_{47}$; winck vnd wenck NB 22$_{44}$; wissendt oder wendt NB 62$_{30}$.

Adjektiva, Adverbia, Pronomina, Interjektionen: daß vnd diß SZ 24$_{55}$; den vnd disen NB 44$_{88}$; dynn vnd duß MS 210, GM 2988; do vnd dort SZ 19$_{10}$; frisch vnd frei LN 1079; gantz vnd gar SZ 11$_{11}$, 45 2, 48 üb., MS 205, 250, 614, GM 1438, 1798, 1831, 2028, 2051, 2793, 2983, 3001, 3030, 3252, 5229, BZ 103 (Bl. 2 b) u. ö. (vgl. Schade a. a. O. S. 245); guck noch gack SZ 37$_{9}$; hin vnd here NB 2$_{27}$, 11$_{41}$, 12$_{21}$, 13$_{47}$, 41$_{52}$, 44$_{41}$, 50$_{49}$, 54$_{52}$, 72$_{56}$, 80$_{122}$, 92$_{95}$, 93$_{32}$, GM 2306, 3145, MS 1413, LN 2991 u. ö. (vgl. Schade a. a. O. S. 245); ietzund vnd yemer LN 536, GM 2237, 3785; lindisch lirisch SZ 45$_{19}$; rips vnd raps NB 21$_{30}$; ripsus ronpsus NB 82$_{27}$; starck vnd steiff LN 2223; steiff vnd stil LN 3268; wie vnd wann, wa vnd wer NB 43$_{17}$; werdt vnd wol GM 1997.

2. Reduplizierende Wendungen, Epizeuxis.

Diese volkstümlichen Stilmittel, die schon in der alten Rechtssprache gebräuchlich sind, finden sich bei Berthold sehr häufig. Sie verleihen dem Stil einen nachdrücklichen, steigernden und erregten

Charakter und sind für den unruhigen Stil der Reformationszeit besonders charakteristisch. Vgl. Hasse a. a. O. S. 4 f.; Schade a. a. O. S. 246.

Bei Murner finden sich:

Substantiva: bůch vmb bůch LN 523; har vff har NB 46$_{58}$, 83$_{29}$; herr wider herr SZ 42$_{29}$; huß zů huß LN 716; lyb vmb lyb MS 1145; mordt mit mordt SZ 48$_{166}$; narren bůch vmb narren bůch LN 527; püff vmb püff MS 487; schåffer hin vnd schåffer her NB 50$_{49}$; schlagk vmb schlagk GM 4458; stich vmb stich NB 24$_{94}$; streich vmb streich MS 487, GM 4458; stuck zu stůck GM 4109, MS 1145; wandt zů wandt SZ 46$_{9}$; war vmb war LN 526.

Verba: fragst vnd fragst LN 2525; mach vnd mach GM 4130; trurt vnd trurt GM 1037.

Zahladjektiva, Adverbia, Interjektionen: als vnd als LN 3871; eins vnd eins LN 2174; fürt vnd fürt GM 4789; guck guck NB 86$_{1}$, GM 222, 799, 2306 u. ö.; her für her NB 67$_{43}$; herumbher NB 40$_{47}$, 59$_{44}$; hin durch hin NB 26$_{55}$; hin vff hin NB 34$_{122}$; iu über iu NB 9$_{57}$; mauw vnd aber mauw LN 4487, 4491; ie me vnd me (mer vnd mer) SZ 13$_{24}$, 41$_{4}$, NB 3$_{66}$, 57$_{59}$, BZ 161 (Bl. 3 b); vmb vnd vmb (umendum) NB 7$_{53}$, 9$_{2}$, MS 1264, GM 4844, LN 3545, BZ 185 (Bl. 4 a) u. ö.

3. Bemerkenswerte und mehrfach wiederkehrende Verbindungen.

Substantiva: min arbeit vnd min mie GM 226, LN 4678; chrisam, touff NB 85$_{60}$, 93$_{124}$ (vgl. Wander, Sprichwörterlexikon I, S. 532); babst vnd keyser SZ 18$_{17}$, GM 762, LN 1426, 2105; eidt vnd ere NB 71$_{41}$, 89$_{37}$, SZ 17$_{27}$, GM e 2 a, 4322, 4326, 4352, 5260. Verbindungen mit dem einen Gliede ere sind bei Murner sehr häufig. Das Wort ere erscheint verbunden mit: erberkeit NB 42$_{23}$; glympf NB 43$_{23}$; gnad NB 42$_{27}$; gůt NB 85$_{62}$, 86$_{66}$, LN 3408, GM 772, 833, 1057, 1253 (vgl. Edert a. a. O. S. 97, 99; Jäckel a. a. O. S. 13); heil SZ 33$_{18}$; krafft LN 2893; leben LN 3570; lieb NB 22$_{22}$; lyb NB 86$_{66}$, SZ 1$_{10}$, GM 5403; lob SZ 38$_{23}$, MS 749, GM 1778 (vgl. P. Schütze, Das volkstümliche Element im Stil Ulrichs von Hatzikhoven, Diss., Greifswald 1883, S. 18; Edert a. a. O. S. 99); bryß NB 92$_{138}$ (vgl. Daur a. a. O. S. 72); seel

GM 5403, SZ 1$_{10}$; würd NB 36$_{6}$ (vgl. Euling, Kaufringer S. 10); würdigkeit NB 11$_{92}$; zucht NB 13$_{97}$, 26$_{82}$, 73$_{64}$, 78$_{60}$, 92$_{50}$, SZ 20$_{15}$, MS 749, 1159, 1404, GM e 2 b, LN 158, BT 283 (Bl. 6 a) (vgl. J. Wiegand, Stilist. Untersuchungen zum König Rother, Breslau 1904 = Germ. Abhandl. 22, S. 23; Daur a. a. O. S. 72, Ebert a. a. O. S. 99). — end vnd ort NB 55$_{27}$, GM 3361, 3395; vff erden vnd im hymel SZ 38$_{24}$, GM 2420, LN 361, vgl. GM 3169, NB 3$_{56}$, 22$_{56}$, 95$_{60}$; feür vnd rouch NB 6$_{88}$, LN 1798; fleisch vnd blůt NB 65$_{53}$, 81$_{38}$, SZ 48$_{55, 109, 230}$, LN 634, 1004, 1320 (vgl. Ebert a. a. O. S. 97); freyd vnd můt MS 883, GM 705, 1035, 3542 (vgl. Daur a. a. O. S. 72, Zarncke zu NS 3 b); fůg noch glimpff NB 53$_{11}$, 96$_{62}$, 97$_{121}$, GM 2257, 4882; fürsten, herren NB 1$_{67}$, 27$_{11}$, 91$_{3}$, 92 a$_{63}$, SZ 14$_{17}$, MS 143, 1591, GM 351, 631, LN 1824; glück vnd heil NB 42$_{21}$ (vgl. Daur a. a. O. S. 72); gott vnd die welt NB 6$_{75}$, 11$_{2}$, 15$_{79}$, 16$_{79}$, 71$_{49}$, SZ die vorred 38, vgl. NB 78$_{52}$; grundt vnd boden SZ 41$_{36}$, 48$_{212}$, LN 682, 3639; klůster, stifft LN 855, 894, 1703, 3925; kunst vnd leren NB 1$_{55}$, 61$_{66}$, GM 2104; mit laster vnd mit schandt NB 79 c, MS 1054; list vnd fundt NB 15$_{41}$, GM 2519, 4158, LN 385, 3339; lyb vnd gůt NB 32$_{59}$, 43$_{33}$, 73$_{39}$, 86$_{66}$, MS 965, GM 983, 4419, 5403, LN 53, 3741, BT 10 (Bl. 2 a) (vgl. Martin zu Kudrun 347$_{2}$; Euling, Kaufringer a. a. O. S. 14; Ebert a. a. O. S. 97; R. M. Meyer, Altgerm. Poesie S. 251 f.); man vnd wyb NB 21 c, 38$_{62}$, 66$_{60}$, 77$_{55}$, 96 c, SZ 20$_{36}$, Entsch. 26, GM 1894, 4090, 5103, LN 1121, 1406, 1497, 3752 (vgl. R. M. Meyer a. a. O. S. 251 f.; Martin zu Kudrun 127$_{2}$; Wiegand a. a. O. S. 50; Z. f. d. Ph. 4, S. 29); münch vnd nunnen NB 11$_{121}$, LN 1316, 1485, 1501, 1771, 2988, 4101, 4109, 4225, BT 200 (Bl. 4 b); münch vnd pfaffen NB 11$_{121}$, 25$_{17}$, 26$_{87}$, 58$_{35}$, 69$_{50, 57}$, 95$_{157}$, SZ 41$_{28}$, GM 5181, LN 655, 1056, 1446, 2013, 2136, 3021, 3818, 4109 (vgl. Daur a. a. O. S. 73; Ebert a. a. O. S. 96); nydt vnd haß NB 5$_{155}$, 31 c, MS 1550, GM 2053 (vgl. Hasse a. a. O. S. 22); zů roß vnd ouch zů fůß LN 1837, 2018, 2108, 3436, 3651 (vgl. Martin zu Kudrun 899$_{1}$; Jacobsohn a. a. O. S. 58); schanden vnd spott NB 27$_{30}$, GM 3184; schympff vnd ernst NB 97$_{26}$, GM 70, LN 2736; sel vnd lyb NB 5$_{68}$, 46$_{23}$, 62 d, 70$_{52}$, MS 506, GM 436, 666, 772; sigel vnd brieff NB 19$_{12}$, 21$_{11}$, 55$_{41}$, 89 a, $_{9}$, $_{12}$, $_{24}$, $_{25}$, $_{30}$, $_{37}$, SZ 2$_{4}$, LN 2913, 4701; silber oder golt SZ 20$_{8}$, 37$_{14}$, NB 24$_{16, 27}$, 34$_{99}$, 74$_{81}$, 82$_{92}$, GM 1028,

1042, 1739, 2002, 4406, LN 1630, 3222, 3248 (vgl. Martin zu Kudrun 63_{3}; Wiegand a. a. O. S. 51; Daur a. a. O. S. 47); sorg vnd acht NB 4_{159}, 11_{80}, 49_{19}, SZ 34_{35}; sorg vnd angst NB 49_{32}, 92_{1}, MS 885; stet vnd fürsten LN 2811, 2939, 3043, 3779 (vgl. Ebert a. a. O. S. 96 f.); stett vnd muren NB 85_{6}, SZ Voredt 52, 40_{31}; stett (statt) vnd lant NB 1_{21}, 11 74, 25_{33}, 29_{8}, LN 433, 729, 1500, 1652, 3442, 4212, 4478, GM 3246, BT 106 (Bl. 3 a), 249 (Bl. 5 b); tag vnd nacht NB 22 b, 32_{56}, 48 b, 51_{13}, 54_{27}, 62_{46}, 64_{10}, 78_{12}, 92_{143}, SZ 24_{11}, 43_{27}, 45_{13}, MS 450, 751, 870, 1094, GM 677, 896, 1037, 1562, 1981, 2074, 2332, 2789, 4201, H 4 a, LN 2740, 3009, 3318, 3672, BZ 172 (Bl. 3 b), 195 (Bl. 4 a); alle tag vnd alle nacht NB 62_{46} (vgl. Martin zu Kudrun 598_{1}; Behaghel zur Eneide 2698; Ebert a. a. O. S. 98; Daur a. a. O. S. 49; Euling, Kaufringer S. 14); tal vnd berg NB 12_{23}, LN 2219, 2930 (vgl. Wiegand a. a. O. S. 52; Daur a. a. O. S. 44); trüw vnd glouben GM 357, 713 (vgl. Ebert a. a. O. S. 98); witz vnd ouch vernunfft GM 264, SZ 48_{14}, LN 400; witz vnd sinn SZ 39_{37}, GM 196, 889, 1623, 2245; wyb vnd kindt NB 32_{10}, 85_{11}, 94_{48}, LN 3259, 3457 (vgl. Jacobsohn a. a. O. S. 57); wyn vnd korn NB 46_{11}, 86_{62}, LN 2619, 3248; wein noch brot LN 3045, 3288 (vgl. Daur a. a. O. S. 74; Zarncke zu NS 19_{44}); zorn vnd neidt MS 1550, LN 2892, 2911; zyns vnd gilt NB 33_{6}, 54_{12}, 69_{37}, 75_{46}, 92_{153}, 95_{40}, LN 665, 1456, 3592.

Adjektiva: arm vnd reich NB 21_{68}, 46_{15}, GM 4923 u. ö. (vgl. Wiegand a. a. O. S. 53; Daur a. a. O. S. 74; Jacobsohn a. a. O. S. 57); das böß vnd ouch das gůt SZ Entsch. 29, NB 33_{44}, 63_{61}, 64_{55}, 97_{114}, MS 317; erber vnd frum GM 1645, LN 2210, 2307; frisch vnd jung NB 80_{104}, GM 673, 4744; geistlich oder weltlich NB 62_{35}, MS 264, 1378, GM 2932; groß vnd klein NB 8a, $_{5}$, $_{76}$, 34_{100}, 58_{5}, SZ 16_{26}, MS 38, 165, GM 5411, LN 1418 (vgl. Daur a. a. O. S. 73; Jacobsohn a. a. O. S. 57; Ebert a. a. O. S. 99); jung vnd alt NB 8_{5}, 21_{2}, 22_{8}, 27_{6}, 39_{86}, 66_{35}, 85_{79}, MS 297, GM 627, 3937, 5180, LN 4628 (vgl. Wiegand a. a. O. S. 53; Ebert a. a. O. S. 99; Daur a. a. O. S. 73); klůg vnd wyß NB 8_{39}, 49_{1}, SZ 39_{7}; schon vnd fyn NB 31_{79}, LN 2727, 4726; schón vnd süberlich NB 86_{29}, SZ 37_{12}, MS 1436, GM 3938; schón vnd suber NB 57_{37}; valsch vnd vntrüw NB 19_{13}, MS 452; wiest, grob MS 1216, 1520; zart vnd rein NB 4_{109}, 44_{52}, $_{61}$, 80_{71}, 97_{82}, GM 330, e 4 a, e 4 b, 720,

1779, 1848, 1968, 2132, 3527, 4673, 4866 (vgl. Daur a. a. O. S. 57; Z. f. d. Ph. 26, S. 211).

Adverbia: frû vnd spat NB 31$_{23}$ u. ö. (vgl. Wiegand a. a. O. S. 54; Daur a. a. O. S. 49); hie vnd dort NB 6$_{14}$, 26$_{40}$, 44$_{66}$, 47$_{62}$, 59$_{71}$, 90$_{10}$, SZ 34$_{37}$, 36$_{14}$, 48$_{183}$, MS 963, GM 3171, 5404, LN 453, 2302; hin vnd wider NB 5$_{86}$, MS 1291; hür als fern NB 2$_{100}$, 6$_{80}$, 10$_{35}$, 12$_{70}$, 93$_{99}$, SZ 22$_{21}$, 25$_{3}$, GM 91 (vgl. Martin zu Kudrun 1377$_{4}$; Zarncke zu NS 34 ß); in der nehe vnd in der fer LN 30, GM 4525 (vgl. Martin zu Kudrun 96$_{4}$); offt vnd dick NB 3$_{74}$, 3$_{89}$, 6$_{117}$, 32$_{15}$, $_{35}$, 86$_{24}$, 90$_{20}$, $_{22}$, 93$_{25}$, 97$_{36}$, SZ Voredt 24, 17$_{20}$, 21$_{27}$, 34$_{3}$, 48$_{155}$, GM 195, e 3 a, 5376, MS 355 (vgl. Daur a. a. O. S. 73; Jacobsohn a. a. O. S. 58); vor vnd ee NB 10$_{76}$, 18$_{16}$, 34$_{108}$, 85$_{7}$, LN 3466; wyt vnd breit NB 4$_{14}$, 21 b, 32$_{29}$, 33$_{53}$, 38$_{25}$, 49$_{5}$, 58$_{23}$, 82$_{11}$, SZ 4$_{4}$, MS 1340, BZ 14 (Bl. 1 b) u. ö. (vgl. Daur a. a. O. S. 73).

Verba: lernt vnd seyt NB 5$_{16}$, LN 2385, vgl. 5$_{150}$; pfiffen, singen GM 1625, NB 92$_{114}$, MS 235; schreibt vnd sagt LN 3076, 3324; stelen, rouben LN 744, 770.

Manche Formeln sind durch Endreim verbunden: alt vnd kalt GM 675; negen, fegen GM 1273; schlem vnd demm NB 6$_{161}$, 23c, 35$_{35}$, 78$_{15}$ (vgl. J. Grimm, Rechtsaltertümer I^4 (1899), S. 18); triegen, liegen NB 90$_{10}$; ston vnd gon GM 2040; lügt noch trügt LN 2415. Solche Verbindungen sind besonders dem volkstümlichen Stil des Rechts, der Predigt und der Satiren- und Pasquillenliteratur eigen. Vgl. J. Grimm, Deutsche Rechtsaltertümer I^4 S. 47, 59; Haß a. a. O. S. 73 f.; Hasse a. a. O. S. 196; W. Wackernagel, Altd. Pred., S. 325, Anm.; Schade a. a. O. S. 244. Beispiele für ablautende Verbindungen sind unter den oben zusammengestellten Belegen zerstreut.

Viel altes, volkstümliches Gut befindet sich unter den angeführten Formeln. Sehr oft ist aber der alte Parallelismus zerstört und zersprengt. Um den Vers zu füllen, werden Flickwörter dazwischen gestellt. Die einzelnen Glieder erhalten Beiwörter und Zusätze, die Zweigliedrigkeit wird häufig zur Mehrgliedrigkeit ausgebaut. So wird z. B. die uralte Formel lieb vnd (oder) leidt gesprengt, indem recht dazwischen eingeschoben wird: Es sy im lieb recht oder leidt SZ 38$_{31}$, GM 1895.

III. Wiederholungserscheinungen.

1. Die anaphorische Wortwiederholung.

Die Anapher ist ein volkstümliches Stilmittel.[1] Die höfische und rhetorische Stilart haben sie ausgekünstelt. Im Volkslied ist sie überaus häufig, entbehrt aber jeder künstlerischen Ausbildung. In der mhd. Predigt ist sie seit Berthold von Regensburg ein beliebtes Stilmittel.[2] Extemporierende und improvisatorische Schaffensweise führt überall von selbst zur Anwendung kunstloser, kurzer Anaphern. Solche verwendet Murner.

Aufforderungen und Ausrufe sind sehr oft nachdrucksvoll wie im Volkslied und Fastnachtsspiel wiederholt.[3] Hierfür mögen als Beispiele folgende Wendungen dienen: Hôrt, hôrt LN 2925; schlag vff, schlag vff LN 2928; zůhe grettlyn zůhe GM f 1 b; sing an, sing an GM 1503; kummendt har vnd fliehend nym! Kumpt har yn GM 4345 f.; schenck yn, gůt gsel, schenk redlich yn NB 78$_{5}$; her, her NB 93$_{106}$; wych vß, wych vß NB 17$_{91}$; frisch dran, frisch dran NB 93$_{111}$; fart hin, farn hin LN 2880; far hin, far hin LN 4227; wolher, wolher LN 3240; wol an, wol an GM 884; alde, alde LN 4659; nein, botz buch, nein NB 93$_{93}$; jo wol, io wol GM 1003; hie frei, hie frei LN 2230; ach nein, ach nein NB 93$_{107}$; Ach, werent sy zů portugall! Ach, werents an der selben statt ..... NB 77$_{62}$ f.; O schåffer, du vil ôder man, Was hastu schand vnd übels than! O schåffer, du vil bôses lied ... NB 50$_{35}$ ff. Hieran schließen sich Anreden wie: Murnar, murnar, find ich dich do LN 3423; Lother, Lother, bistu froh LN 3463.

Ich führe noch einige Beispiele für die anaphorische Wiederholung der Negation, des Pronomens, Verbums und Adverbiums an: Nit strel, nit zwag, nit richt dyn har GM 2035; kein blitz, kein hagel vnd kein reg GM 891; der hett dir das, der ihens gethan SZ 3$_{14}$; Der ist dir eyn schelm, der ist nit gůt, Der nur zů wildt, der spielen důt, Der bůbt, der hůrt, der stilt, der brent SZ 3$_{17}$ ff.; den vmb gelt, den

---

[1] Vgl. Roethe, Reinmar S. 295.

[2] Vgl. F. Ranke, Sprache und Stil im Wälschen Gast des Thomasin von Circlaria = Paläſtra 68, S. 126. Für Berthold siehe Hasse a. a. O. S. 170 ff.

[3] Vgl. Ebert a. a. O. S. 106.

vmb ein ků NB 32_{65}; Dem bin ich grob, dem bin ich schlecht SZ entsch. d. z. 15; lüten, lüten, drithalb stund LN 1409; Vnd sagt myr, daß ich hab schon hor, Vnd sagt myu alß, das ich gern her SZ 12_{2}; So werendt sich die armen kindt, Das all ir kleyd zerissen sindt; Sy werendt sich, das gott erbarm! GM 4301 ff.; Der hofft, wann er im wider singt Vmb syn schenck, das er gern hert, Vnd hofft, er werd ouch wider geert NB 76_{41} ff.; mach vnd mach vnd wyder mach GM 4130; Jetz hat er diß, yetz gynß gethon NB 15_{17}; Jetz ist er eng, dann ist er groß, Jetz ist er lang, yetz ist er wyt NB 3_{42} f.

Wenn H. Schatz[1]) bemerkt: „Die Stilform der Anapher ist bei Murner selten, und es ist nirgends zu erkennen, daß sie, die das Gefühl so aufzustacheln vermag, angewandt sei mit der Absicht, gerade den hohen Grad eines Affektes hervorzuheben", so kann ich dem nicht beistimmen. Nur die kunstvolle, auf rhetorische Wirkung zugespitzte Anapher ist bei Murner fast gar nicht zu finden. An Stelle dieser kunstvollen Anaphern (wie SZ vorredt 47 ff.), die Schatz vermißt, verwendet Murner aber eine Menge volkstümlicher, nachdrucksvoller Anaphern, die nicht weit ausgesponnen sind, aber trotzdem, ja gerade wegen ihrer Einfachheit und Kürze auf ein reges und gesteigertes Innenleben schließen lassen. Man denke nur an die anaphorischen Doppelsetzungen von Ausrufen, Aufforderungen und Anreden! Beunruhigung und nachdrückliche Erregung ist die Wirkung und der Stimmungsgehalt dieser echt volkstümlichen Stilerscheinung.

2. Wort- und Gedankenwiederholung, Epanalepsis.

Wir suchen heute im Stil unmittelbare Gedankenwiederkehr zu vermeiden. Wo dies nicht geht, gebrauchen wir als Ersatz des einmal gebrauchten Wortausdrucks ein Beziehungswort, Pronomen, Hilfsverbum oder wählen einen anderen Ausdruck. Die Volkssprache achtet aber hierauf gar nicht. Im Gegenteil, Wort- und Gedankenwiederholung ist ihr Stilprinzip. Der gemeine Mann gebraucht bei der Wiederkehr desselben Gedankens oder Gedankenkomplexes unwillkürlich dieselben Worte und Wendungen. Und drei- und viermal wird oft dasselbe Erlebnis erzählt, erst dann ist

[1]) a. a. O. S. 149.

es bewältigt. Wort- und Gedankenwiederholung finden wir in jedem Volkslied. Schon in der mhd. volksmäßigen Dichtung spielt dieses Stilmittel, das in den Spielmannsepen seine liebste Heimstätte hat, eine bedeutende Rolle. Willkürliche, nicht logisch-notwendige Denkweise, Lust an der Variation und Freude an inhaltlicher Fülle des Ausdrucks sind die Hauptwurzeln dieser stilistischen Erscheinung, die in jeder volkstümlichen Rede üppig wuchert.[1])

Murner macht von der Wortwiederholung reichen Gebrauch. Fast auf jeder Seite wird dieses Stilmittel angewendet und nach unserem Empfinden oft arg mißbraucht. In den ersten 96 Versen der NB z. B. wird das Wort narr durchschnittlich in jedem dritten oder vierten Vers verwendet. So liebt auch Berthold in einem weiteren Zusammenhang das Wort zu wiederholen, das für ihn im Vordergrund des Interesses steht.[2]) Man muß sich aber hüten, über solche Stellen ohne weiteres ein absprechendes Urteil zu fällen. Murner kann wie Berthold und die Spielleute mit diesem scheinbaren Mißbrauch bei seinem naiven, volkstümlich denkenden und fühlenden Publikum seinen Zweck doch erreicht haben.[3])

Sehr häufig findet man in seinen Satiren Gedankenvariation. Manchmal will es scheinen, als könne er einen Einfall nicht oft genug ausdrücken. Hier kommen nur solche Wiederholungen in Betracht, die so nahe beieinander stehen, daß der Eindruck der ersten Stelle noch nicht verwischt ist, wenn die zweite erscheint. R. Heinzel (Über den Stil der altgerm. Poesie, Q F 10, S. 9.) weist das Stilmittel der Variation in der alten Zeit nach und bemerkt darüber: „Ein aus mehreren Worten bestehender Ausdruck wird variiert, dasselbe noch einmal gesagt, gewöhnlich durch dieselben Satzglieder und in einer gewissen parallelen Form." Das Weiterleben dieses Stilmittels im König Rother, im Nibe-

---

[1]) Vgl. W. Vogt, Die Wortwiederholung, ein Stilmittel im Ortnit und Wolfdietrich = Germ. Abhandl. 20 (1902) S. 2 ff., 24, 55.

[2]) Vgl. Hasse a. a. O. S. 12.

[3]) Man vgl.: NB 1_{1} ff. (manche); NB 1_{57} f. (landen); NB 2_{10} ff. (narren); NB 2_{51} ff. (gouckel man); NB 2_{95} ff. (ler, straff); NB 59_{35} ff. (seil); NB 63_{7} ff. (schalck); NB 65_{28} ff. (streich); SZ 8_{21} ff. (vatter); SZ 13_{13} ff. (schelten-loben); SZ 28_{20} ff. (gott); MS 801 ff. (gebrucht); MS 1082 ff. (gespunnen); GM 1413 ff. (spiegel); GM 5365 ff. (bůch); LN 1183 ff. (sack); LN 2665 ff. (grob); LN 3447 ff. (leben) usw.

lungenlied und in der Kudrun hat J. Schmedes[1]) verfolgt. Im niederen Spielmannsepos ist es sehr häufig verwendet,[2]) geistliche Dichtung und Predigt lieben ebenfalls variierende Ausdrucksweise.

Ich belege diese stilistische Erscheinung, die in Murners Satiren recht häufig zu finden ist, nur mit einigen Beispielen:

Die im das gůtly helffen wellen
Flux vnd bald im iuscht verzeren,
Darnach sich von den lüfften neren,
Feyraben bald im geltly machen.
MS 1110 ff.

Ir brüstly vff ein schefftly stellen,
Als ob sie sie verkauffen wellen.
Du darffst nit rüsten vff ein schragen,
An den marck sie feil vmb tragen.
MS 642 ff.

Dann sehe man biß vffs hertz hyn yn,
Wie dieff der gouch mag pfynnig syn.
Wenn man im also jn hyn guckt —
Hat er dem gouch ein feder gschluckt,
So wurdstu das wol sehen dynn,
Wie dieff der gouch hat syne pfynn.
GM 3200 ff.

Ich will zům ersten protestieren
Vnd ein nötlich reden fieren,
Das ich in allem meinem gedicht
Kein weisen man hie meine nicht,
Vnd gar nit wil antastet han
Kein weisen noch gelerten man.
LN 5 ff.

Wie sich der schaub leidt vff dem dach,
Also hab ich duldt euwere sach.
Doch so ir das nit wöllen vermeiden,
So mag ich es ietzund nit me leiden.
Ich můß euch thůn ein widerstruß,

[1]) Untersuchungen über den Stil der Epen Rother, Nibelungenlied und Gudrun, Diss. Kiel 1893, S. 34 ff.

[2]) Vgl. Vogt, Salmann und Morolf, S. CXIX f.

Dem gedult ist ietz der boden vß,
Das thůt die büchs der hurlebuß.
Man tritt vff einen wurm so lang,
Bis das sich krümpt ein solcher schlang;
Ein kiselstein můß für vß tragen,
Wan er zů hertlich würt geschlagen.

LN 73 ff.

Der groß nar fieng sich an zů wenden:
Als bald er dis beschweren hort,
Das angesicht er gleich von mir kort.

LN 227 ff.

Het ir die selbig sach verschwigen,
So het ich auch verborgen ligen
Lassen disses testament
Vnd blib die meß auch vngeschendt.
Wie ir vorrieffent in ein waldt,
Der glichen thon dar gegen falt.
So ir min selb habt lut gemacht,
Der messen gůt in deylung bracht,
Die dann nit jeder loben kan,
So mießt ir mich auch deylen lan
Mine gietter, wem ichs gán.

BT 179 ff. (Bl. 4 b).

Epanaleptische Satz- und Satzreihenbildung, wobei Anfang und Ende der Gedankenreihe gleichen oder ähnlichen Wortlaut haben, ist eine mit der Variation verwandte stilistische Eigenart von Murners volkstümlicher Ausdrucksweise. Das Volkslied wendet dieses nachdrucksvolle Stilmittel häufig an.[1]) Es mögen hier einige wenige Beispiele aus NB folgen:

Füll der flesch den punten zů,
Gang hin schlaffen, hab dyn rů.
Ins tüfels namen, leg dich nider,
Morgen kumm vnd füll dich wider!

NB 18 91 ff.

---

[1]) Vgl. Höber, Acta Germanica VII, 1, S. 69.

Gedenck dyn ampt vnd was das ist;
Der seck hofierer du nit bist,
Du singst vor gott, daran gedenck!

NB 22$_{41}$ ff.

Sesse! sich, weckerlin, kumm her
Vnd sag mir dise seltzam mer,
Warumb man dich zů todt wil schlagen,
Weckerlin, das soltu sagen!

NB 31$_{1}$ ff.

Darumb, liebs weckerlin, lyde dich . . . .
. . . .
Darumb lyd dich, gůt weckerlyn!

NB 31$_{68-80}$

Etlich hencken perlen an,
Kein luß ir krafft erlyden kan,
. . . .
Darumb sie perlen henckent an,
Das kein luß bestygen kan.

NB 34$_{23-30}$

In den späteren Satiren findet sich diese stilistische Erscheinung gleich häufig. Auch aus den kleinen Streitschriften BT und BZ lassen sich Beispiele beibringen:

Ach lieben kind hòrt noch ein bitt,
Vergeßt mir doctor Murners nit.
Kert er zů vch in gastung jn,
So schenkt im doch den eeren win.
Denn er an minem letsten endt,
Mir schreib vß bitt diß testament
Vnd dient vch ouch in vwerem gschwatz
Zů Bern gehaltener disputatz.
Er schribt sy vch zů dütsch, latin,
Ach laßt jn vch beuolhen sin
Vnd schenkt jm doch den besten win.

BT 260 ff. (Bl. 5 b).

. . . mir zů nacht ist kumen vòr
Der bischoff, der gestorben ist,
Wunderlich im geist gerist,

Vnd hatt ein grossen dreck im mundt
Und klagt mir zů derselben stundt,
Er miest den dreck ewig schmacken
Vnd tragen stets in sinem backen,
Das er ein lugen hat gesagt,
. . . .
Darum můß er den dreck vmb tragen,
Das er kunt solche lugen sagen.

BZ 215—229 (Bl. 4 b).

3. Wiederholung ganzer Verse und Versgruppen.

Gervinus'[1]) abfälliges Urteil: „Man möchte sagen, wo er (Murner) Brant nicht abschreibt und breit tritt, wiederholt er sich selbst", ist ganz unzutreffend und ungerecht. Spanier[2]) hat gezeigt, welche Bewandtnis es mit dem Abschreiben aus Brant hat. Über die Stellen, wo Murner sich selbst Quelle ist, hat Rieß[3]) gehandelt. Die Fälle, wo der Dichter in größeren Partien sich fast wörtlich ausgeschrieben hat, sind selten. Solche Parallelstellen lassen sich auch nur aus MS und GM ausheben. Erst eine eindringende Untersuchung über die heute noch ganz dunkle Entstehungsgeschichte und das gegenseitige Verhältnis dieser beiden verwandten und doch grundverschiedenen Satiren wird das rechte Licht auf diese längeren, fast wörtlichen Parallelen werfen können. Vorläufig wäre es verfrüht, wenn man hieraus sichere Schlüsse auf Murners Können und Schaffen ziehen wollte, wenn auch feststeht, daß Zeitgenossen und besonders Hans Sachs[4]) sich selbst oft ausgeschrieben haben. NB, SZ und LN bieten keine Beispiele. Das ist zu beachten. Wiederholungen derselben Einfälle und Situationen in formelhaften, sprichwörtlichen Wendungen finden sich aber in allen Satiren. In solchen Fällen liegen freie Reproduktionen vor, es sind meist ganz unbewußte Wiederholungen, die sich bei einem so schnell schaffenden Dichter leicht einstellen können. Rieß hat die beigebrachten Belege zu sehr für sein Kapitel „Murner sich selbst Quelle" gepreßt. Es ist z. B. gar nicht einzusehen, daß in NB 74 94 ff., wo auf den sprich-

[1]) Geschichte der poetischen Nationalliteratur Bd. II[5], S. 648.
[2]) Vgl. PBB 18, S. 1 ff.
[3]) a. a. O. S. 10 ff.
[4]) Vgl. Rieß a. a. O. S. 7 f.

wörtlichen Gänsehimmel angespielt wird, „eine gewiß bewußte Zurückbeziehung auf NB 17_{68} ff." vorliegt. Spanier[1]) führt weitere Beispiele an, muß aber gestehen, daß die meisten Wiederholungen mit wörtlichen Anklängen unbewußt sind und den Charakter von Neuschöpfungen tragen. Den von Rieß und Spanier zitierten Stellen läßt sich eine weitere beifügen: MS 941 ff. ∾ NB 26_{54} ff. Hier liegt offenbar auch eine unbewußte Reproduktion vor. Bald wechselt der Ausdruck, bald klingt er unter dem Zwange typischer Reimpaare, die Murner für bestimmte Situationen immer wieder zur Verfügung stehen, deutlich an. Man vergleiche die Versausgänge: ein grober man — grifft an MS 944 f.: gryffen an — ein böser man NB 26_{55} f.; glympff — schimpff MS 949 f.: glimpff — schimpff NB 26_{60} f.; gewalt — der sack entpfalt MS 956 f.: gewalt — der sack entpfalt NB 26_{59} f.; iehen — vns sehen MS 968 f.: vns sehen — iehen NB 26_{67} f.

Mit Hilfe eines Reimlexikons könnte gezeigt werden, wie in Murners Satiren ganze Verspaare stereotyp wiederkehren, weil eine Wendung im Reim eine andere ständig assoziiert. Wenn z. B. die oft gebrauchte Bezeichnung „armer man" im Versende steht, wird gewöhnlich der stereotype Vers: Der dir kein leidt nie hat gethan, ausgelöst.[2]) In NB 21_{5} sind die Worte leicht umgestellt. Die festgeprägte Antithese: vil verthůn vnd wenig gewynnen (NB 5_{107}) kehrt zweimal in Verbindung mit dem Reimwort „spynnen" wieder, so SZ 45_{4} f., MS 1082 f. Das Reimwort „schwitzen" löst oft den Vers aus: Von dem schnee als von der hitzen = SZ 39_{3}, MS 238, GM 3016; vgl. GM 888. Das Eigenschaftswort „gůt", das dem Boden beigelegt wird, veranlaßt im Reim die Wiederkehr des Verses: Das er so grossen wůcher thůt = NB 4 d, MS 527. Die Beispiele ließen sich häufen. Witze und derbe Spässe kehren in Murners Satiren in festgeprägten Versen wieder; vgl. NB 44 a ff.: SZ 45_{1} ff.: MS 164 ff.; NB 22_{37} f.: LN 1160 f.: LN 2569 f.; NB 80_{139} f.: MS 693 f. Solche Stellen hat Murner aber nicht abgeschrieben, die hatte er im Gedächtnis. Er ist oft auch viel zu heftig, um neue Formen für den bekannten Inhalt zu suchen, und wiederholt sich daher in seinen Satiren sehr häufig.

---

[1]) Vgl. PBB 18, S. 48.

[2]) Vgl. NB 43_{20} f.; SZ 43_{21} f.; NB 21_{5} f.

IV. Häufungserscheinungen.

Das Stilmittel der Häufung entspringt aus der reichen Phantasietätigkeit der Volksseele und aus der volkstümlichen Freude an nachdrucksvoller Fülle des Ausdrucks. Die altgermanische Poesie weist bereits eine Menge von Häufungen auf.[1]) Die ältesten Segens-, Fluch- und Verwünschungsformeln und Priameln besitzen diesen Stilcharakter so gut wie die jüngsten volkstümlichen Liebeswünsche und Kinderreime. Der mittelalterliche Mensch besaß eine seltsame Vorliebe für Aufzählungen und Häufungen. Wir finden sie in Predigt und geistlicher Dichtung,[2]) besonders aber in mystisch-allegorischen Traktaten, welche schon durch ihre Titel wie „Zwölferlei Früchte des Abendmahls", „Die 37 Namen und Grade der Liebe" usw. ihren Stilcharakter andeuten.[3]) Die Revueform war lange vor dem Aufkommen der Fastnachtsspiele schon eine beliebte literarische Erscheinung. Heinzel und Scherer haben sie von Heinrich von Melk an verfolgt.[4]) Im ausgehenden Mittelalter sind weitschweifige Aufzählungen durchaus Mode geworden. Ganze Dichtungen tragen diesen Charakter, es sei hier nur auf die Gedichte vom Hausrat hingewiesen.[5]) Die in mhd. Dichtungen eingewobenen Aufzählungen von Kleidern, Waffen, Spielen u.a. m. nehmen in der späteren Zeit ganz bedeutend an Umfang zu. Von dem Spielverzeichnis in Hartmanns Iwein V. 65 ff. läßt sich z. B. eine aufsteigende Linie bis zu dem 25. Kapitel von Fischarts Gargantua verfolgen.[6])

Im Anschluß an solche Häufungen, welche mehr sinniger, bequem-anschaulicher Breite als leidenschaftlicher Wucht dienen, entwickelte sich die Lust, kürzere Sprüche ohne inneren Zusammenhang aneinanderzureihen. Freidanks Bescheidenheit ist ein Beispiel hierfür.[7]) Diese weitverbreitete Dichtung hat die zerfahrene und zusammen-

---

[1]) Vgl. R. M. Meyer, Altgerm. Poesie S. 434, 506; Uhland, Schriften II. S. 256.

[2]) Vgl. Müllenhoff u. Scherer, Denkmäler 3 (1892), Nr. 30 u. 31.

[3]) Vgl. Preger, Geschichte der deutschen Mystik, Leipzig 1881, II, S. 133.

[4]) Vgl. Michels, QF 77, S. 106.

[5]) Vgl. Th. Hampe, Gedichte vom Hausrat, Straßburg 1899, S. 5 f.

[6]) Vgl. Karl Meyer, Meister Altswert, eine literarische Untersuchung. Einbeck 1889, S. 10 ff.

[7]) Vgl. H. Paul, Die ursprüngliche Anordnung in Freidanks Bescheidenheit, Leipzig 1870. S. 11 ff.

hanglose Komposition des Renners und Narrenschiffes stark beeinflußt. Die ganze lockere, volkstümliche Erzählungsart des 15. und 16. Jahrhunderts hängt mit den alten Aufzählungen und Reihenbildungen eng zusammen. Fischarts groteske Manier hat dieses Element schließlich überspannt und für die höhere Literatur vernichtet.

In diese Entwicklungsreihe haben wir Murners Satiren einzustellen. Die Kompositionsart der NB und SZ schließt sich unmittelbar an Brants zusammenhanglose Aufreihung im NS an. Die älteren Revuen, Minneallegorien und die Fastnachtsspiele mögen neben Brants NS die Komposition der GM beeinflußt haben, die ganz zerfahren und uneinheitlich ist. Allerlei fremde Motive durchkreuzen hier die Handlungen des Vogelstellers und Vogelzüchters, die das ursprüngliche Aufreihungsprinzip bildeten und allegorisch ausgedeutet werden sollten wie die Verrichtungen des Baders und des Badenden in der „Badenfahrt“. MS weist einen viel strafferen Bau auf; die gewerbsmäßigen Tätigkeiten und zufälligen Beschäftigungen des Schwindelsheimer Müllers bilden hier den einheitlichen, durchgehenden Faden, an welchen sämtliche Abschnitte angeknüpft sind. LN ist ein ziemlich einheitliches, dramatisches Ganzes. Das Aufzählungsprinzip bricht aber auch hier durch, besonders im ersten Teil, wo fünfzehn Bundesgenossen der Reihe nach ihre wunderliche Weisheit und ihre tollen Absichten enthüllen. Die beiden kleinen Streitschriften zeigen die gleiche Technik. In BT macht der alte Bär sein Testament und knüpft an die Aufzählung seiner ehelichen und unehelichen Kinder seine letzten Worte; in BZ klagt der junge Bär sein Zahnweh, nennt die Gelegenheiten, wo seinem Vater geholfen wurde, als er an denselben Schmerzen litt, und zählt schließlich alle die schlechten Helfer auf, die ihm sein Weh nicht lindern können. Durch alle Satiren zieht sich ein loser Faden, an den die Gedanken und Motive vermittelst symbolischer Deutungen angeknüpft sind. Nirgends ist aber die poetische Konzeption in allen Teilen folgerichtig durchgeführt. Diese Technik übte die Predigt seit Bertholds Tagen. Predigtüberschriften wie: „Von dem Wagen“, „Von den sieben Planeten“, „Von der Aussätzigkeit“, „Von dem Niederlande und dem Oberlande“, „Von den drei Mauern“, „Wie man die Welt in zwölf Teile teilt“, „Von zwölf Junkern des Teufels“, „Von dem Wagenweg" u. ä. deuten schon den aufzählenden, ausdeutenden Gedankengang der Predigt an.[1])

Zwei größere Versreihen (SZ B Verspruch des verlornen Suns 150 ff und MS 35 ff.) erinnern an eine stilistische Eigentümlichkeit Geilers. Wie Murner die Titel seiner SZ als Schelmenstücke an der erwähnten Stelle aufreiht und den Inhalt des Ganzen rekapituliert, wie er in MS 35 ff. einfach ein Register der Kapitelüberschriften in NB gibt und alle Narrheiten zur Zeichnung eines typischen Schwindelsheimers häuft, so pflegt auch Geiler die Titel seiner einzelnen Traktate zusammenzureihen, um in Kürze das ganze anschauliche Bild eines guten Christen zu entwerfen.[2]) Dasselbe Verfahren wie an den zwei von Ott und Rieß erwähnten Stellen wendet Murner auch in GM 4952 ff. an, wo sämtliche in den früheren Kapiteln ausführlich behandelten Gäuche aufgezählt und zusammengefaßt werden.

Das Häufungsmotiv beherrscht Murners Ausdrucksweise aber auch im kleinen. Parallele Satzglieder werden mit Vorliebe gehäuft und ganze Sätze und Satzglieder parataktisch aneinandergereiht. Murner liebt besonders die Häufung kondizionaler Vordersätze, die er gewöhnlich mit „wer" einleitet. Der Satiriker stellt so Erfahrungssätze auf, die er zur Steigerung der satirischen Wirkung mit erfundenen Elementen durchtränkt, und zieht hieraus seine Folgerungen. Diese Redeform ist alt und volkstümlich; sie hat „etwas Körperliches" an sich.[3])

Ich führe hier nur die Belege aus NB 8 beispielsweise an:

Wer nympt ein wyb vmb gůt vnd gelt,
Der ist zů einem lőffel zelt.
Wer do meint, er sy schon,
Das in kein frow nit faren lon
Dar vnd in verlasse nit,
So doch er ir kein gelt nit gyt,
Des selben lőffels muß ich lachen.
Der im doch laßt ein menlin machen
Vnd gloubt, was im das wyb glosiert,

---

[1]) Vgl. K. Unkel, Berthold von Regensburg, Köln 1882, S. 48 f.

[2]) Vgl. Karl Ott a. a. O. S. 74; Rieß a. a. O. S. 14.

[3]) Vgl. K. Burdach, Reinmar der Alte und Walther von der Vogelweide, Leipzig 1880, S. 59; W. Scherer, Deutsche Studien, Bd. II (Wien 1874), S. 460 f.

So sy in by der nasen fiert,
Der ist zů lôffel holtz geschickt.

NB 8_{8} ff.

Wer heßlich ist vnd acht sich stoltz,
Der ist nit vom lôffel holtz.
Wer sich die welt betriegen lat
Vnd acht sich rych, so er nüt hat;
Wer sich gloubet edel geboren,
So all syn fründt dôrflinger woren,
Vnd sich achtet wyß vnd clûg,
Der doch erst loufft von dem pflûg,
Vnd will mit brangen ynher bochen,
Als ob er kinn den narren kochen,
So schlach ich im den vorteil har,
Das er kein lôffel kouffen thar.

NB 8_{33} ff.

Wer ewigs vmb zergencklichs gyt,
Des duschens er genüsset nit;
Dann wer vmb pfyffen ein esel gyt,
Der mûß offt gon, so er gern rit.

NB 8_{55} ff.

Häufungen von Satzteilen werden an manchen Stellen der Satiren bis auf die Spitze getrieben. Partien wie MS 66 ff. und NB 16_{35} ff., wo Infinitive bzw. rotwelsche Namen gehäuft werden, zeigen deutlich den Weg zu Fischart hin. Im allgemeinen hält Murner noch ziemlich Maß. Man muß schon suchen, um Versgruppen zu finden wie folgende:

Sindt nit groß narren vmendum,
Das sy so grossen kosten tryben,
Wie die lüß im bûsen blyben,
Mit silber, goldt vnd edelstein,
Perlen, halßbandt, groß vnd klein,
Ketten, müntz vnd zwyffel strick,
Leitern, getter, wyt vnd dick,
Krützer, flamen, guldin gewunden,
Das sy die lüß behalten dunden.

NB 34_{96} ff.

V. Umschreibungen, Flickwörter, Versfüllsel.

Murner sucht abstrakte Größen und Begriffe durch Bezeichnung und Ausmalung äußerlich faßbarer, markanter Teile zu umschreiben und nachdrucksvoll hervorzuheben. Das gleiche Streben zeigt sich in Bertholds[1]) Stil, der unbestimmte, abstrakte Begriffe möglichst zu vermeiden sucht. Allgemeine Begriffe wie „alles" oder „nichts" passen dem gemeinen Mann nicht, da er sich von diesen inhaltsleeren Größen keine Vorstellung machen kann. Die Volkssprache gibt daher jedem Begriff, sogar dem kleinsten Zeitmaß, einen faßbaren Inhalt.

1. Zeitbestimmungen.

Allgemeine Zeitmaße wie allmählich, stets, früher, lange, einst usw. findet man in Murners Satiren selten. Statt dieser sind kräftige, farbige Umschreibungen des allgemeinen Begriffes angewendet. Hierher gehören bereits angeführte Zwillingsformeln wie: hür als fern, frů vnd spat, ietz vnd yemer, offt vnd dick, vor vnd ee, tag vd nacht u. a. m.

Es sind außerdem zu nennen: den tag biß an die nacht NB 74$_{6}$; im tag als in der nacht GM 996; vom oben.....an den morgen MS 1135 (vgl. Daur a. a. O. S. 49); von einer mitternacht zů der andern NB 78$_{13}$ f.; weder nacht noch tagk SZ 45$_{13}$; von tag zů tag NB 2$_{39}$; allen tag GM 153, e 3$_{3}$, LN 1184; alle tag vnd alle nacht NB 62$_{46}$; min leptag BT 37 (Bl. 2a); all myn lebtag nie GM 1323, 3607, 3745, f 2b; vor zyt in alten tagen GM 2884; in vnsern tagen NB 62$_{17}$; von iungen tagen GM 237, 1262; in synen iungen tagen, in synen alten tagen GM f 3b;

in langen ioren NB 82$_{104}$; in den alten ioren GM 321; noch vil iar LN 3666; lange iar LN 1107;

vff ein stund NB 82$_{106}$; vff disse stund GM 3465, LN 2331; zů der stundt MS 856, BZ 45 (Bl. 2a); zů diser stundt NB 93$_{11}$, LN 1579; zůr selben stundt GM 2688; zů aller stundt MS 1216, LN 3509;

vor zeiten SZ 12$_{23}$, 20$_{7}$, MS 144, BT 77 (Bl. 3a); vgl. MS 1541; lange zeit LN 4040; in diser zeit LN 2466; zů diser

---

[1]) Vgl. über die Vermeidung allgemeiner Begriffe bei Berthold: M. Scheinert, Der Franziskaner Berthold von Regensburg als Lehrer und Erzieher des Volkes, Diss. Leipzig 1896, S. 35 f.

zeit LN 3331; jetz diser zeit vnd was nit vor LN 4389; in gegenwurt vnd lange zeit SZ 20$_{12}$; weder yetz noch hür NB 36$_{22}$, fernig vnd ee NB 33$_{91}$; nach als vor NB 22$_{51}$; yetzundt vnd in aller zytt GM 3713; jetz vnd ouch in gynner welt GM 5417; morn vnd ietz GM 3713; ietz vnd ouch vor nie GM 1284; eins vmbs ander NB 9$_{89}$, 24$_{94}$; biß in das grab GM 803 f 3 b.

2. Ortsbezeichnungen.

Außer den oben angeführten zweigliedrigen Wendungen wie: vff erden vnd im hymel, hie und dort, in der nehe vnd in der fer, wyt vnd breit usw. sind folgende Umschreibungen bemerkenswert: im ganzen landt GM 138; an allem ort NB 61$_{35}$, GM 3361; in allem ort GM 4424; an allen enden GM 3361; vff diser welt LN 3728; vff diser erden NB 40$_{26}$, 45$_{22}$, SZ 22$_{38}$, MS 426, 430, LN 4371, 4375.

Maniriert häufig kehrt als Füllsel und Reimwort[1]) die Wendung vff erd(en) wieder, z. B.: NB 49$_{59}$, 52$_{27}$, 53$_{1}$, 62$_{22}$, 66$_{30}$, 68$_{51}$, 75$_{8}$, 76$_{48, 55, 58}$, 81$_{8}$, 82$_{95}$, 83$_{1}$, 85$_{71}$, 88$_{30}$, 89$_{41}$, 94 d, 97$_{79}$, SZ 3$_{26}$, 6$_{18}$, 7$_{31}$, 22$_{7}$, 28$_{17, 25}$, 33$_{29}$, 34$_{20}$, 39$_{15}$, 43$_{14}$, 48$_{92, 206, 215, 219, 232}$, MS 24, 281, 325, 383, 440, 561, 698, 718, 940, 952, 1039, 1208, 1259, 1346, GM 128, 142, 192, 256, 364, 501, 582, 1490, 1868, 1885, 1902, 2108, 2455, 2502, 2634, 3280, 3614, 3784, LN 272, 305, 391, 1049, 1110, 1557, 1751, 2078, 2106, 2119, 2382, 2385, 2413, 2466, 2512, 2515, 2520, 2609, 2647, 2660, 2716, 2743, 2781, 3057, 3330, 3460, 3660, 3718, 3739, 3785, 3828, 4335, 4439, 4511; BT 7 (Bl. 1 a), 202 (Bl. 6 a) u. ö.

dussen oder anderswo NB 11$_{50}$; vornan und do hinden GM 1578; hinden, vornan vnd do mitten NB 12$_{62}$; in der leng vnd in der mit LN 1314, 1814; in der leng, breit vnd in der mitten GM 300; der anfang, mittel vnd das endt GM 1888; dynn vnd vor dem huß MS 470.

3. Zahl- und Sammelbegriffe.

Begriffe wie alle, allein, beide, Familie, Verwandtschaft u. a. werden in ähnlicher Weise umschrieben: syn vatter vnd all syne fründt NB 8$_{63}$; du vnd all dyn fründt NB 68$_{52}$; In vnd all syn

---

[1]) Die alte formelhafte Reimbindung vff erden: werden findet sich bei Brant und Murner wie in der gleichzeitigen Literatur überhaupt oft wieder. In mhd. Zeit haben sie die guten Dichter gemieden. Vgl. Bebermeyer a. a. O. S. 80.

fründt NB 12$_{43}$; Vnß zů nutz vnd vnsern kinden LN 3607; mich vnd myne kindt NB 21$_{9}$; syne vettern, ouch syn kinder NB 11$_{82}$; er vnd alle syne brieder NB 83$_{41}$; dir vnd ouch dym man NB 41$_{65}$; üch selber vnd den man SZ 45$_{34}$; Im vnd allen vnß LN 2032; sich selb vnd sie ouch MS 224; vns vnd selber sich MS 311; selber ich vnd sunst nieman NB 57$_{66}$.

4. Umschreibungen des Adverbs.

Umschreibungen des einfachen Adverbs durch Substantiva mit den Präpositionen mit **und** on(e) **findet man in Murners Satiren wie auch im Volkslied**[1]) **häufig als Füllsel und Einschiebsel verwendet. Hier sind zu nennen**: mit andacht SZ 30$_{31}$; mit berden SZ 27$_{33}$, GM 5400; mit ernst GM 5224; mit großen ernsten LN 2877; mit flyß NB 84$_{20}$, SZ 9 a, $_{28}$, LN 3363, BZ 184 (Bl. 4 a); mit allem flyß NB 42$_{18}$; mit gantzem flyß LN 711; mit solchem fleiß SZ 9$_{24}$; mit geferd(en) NB 40$_{64}$, 67$_{48}$, 75$_{51}$, SZ 8$_{15}$, MS 315, 333, 736, 895, GM 1186, 1498, 3829, LN 3, 403, 676, 1886, 2340, 2514, 2623, 2966, 3077, 3382; mit grym GM 4344; mit g(e)walt NB 39$_{91}$, 43$_{41}$, 75$_{3}$, 81$_{53}$, 91$_{10}$, 92$_{141}$, 93$_{115}$, SZ 32$_{7}$, 38$_{30}$, 39$_{22}$, MS 923, 947, GM 2660, 3208, 3216, 4287, f 1 a, LN 109, 570, 1164, 1908, 2934, 4767; mit grossem gwalt NB 51$_{26}$; mit follem gwalt LN 2068; mit heil LN 3552; mit lachen MS 1294, GM 5258, mit laster NB 79 c; mit list NB 91$_{25}$, 92$_{151}$, SZ Voredt 92, 24$_{26}$, 31$_{36}$, MS 668, GM 2572, 2842, 3960, 5288, LN 121, 405, 2317, 2947, 3122, 3922; mit argem list SZ 3$_{5}$; mit macht GM 3236; mit můtwil NB 86$_{95}$; mit neit LN 2911; mit recht SZ 43$_{1}$; mit růwen LN 691; mit schandt NB 79 c, MS 803, mit schelten LN 3473; mit schimpff GM 16, 5247; mit schimpffen GM 5252; mit klůgem sin LN 3495; mit tugent LN 3964; mit warheit GM 16, LN 2039; mit widermůt vnd hertzenleidt BT 246 (Bl. 5 a); mit willen SZ 12$_{12}$, GM 5387; mit wenig witzen NB 80 d; mit zorn LN 2911.

on argen list LN 2428; on argen můt NB 97$_{86}$; on allen argen won LN 4623; on beschiß SZ 7$_{8}$, on erberkeit LN 2860; on gaben NB 42$_{6, 94}$; on gelt NB 82$_{48, 87}$, LN 3171, 3206; on geferd(en) SZ 25$_{20}$, GM 5232, LN 2248; on all geferden NB 90$_{17}$; on haß MS 1550; on hinderganck SZ 7$_{8}$; on hoffart GM 5372;

---

[1]) Vgl. Daur a. a. O. S. 70.

on alles leyd GM 1716; on lügen LN 2256; on alle lügen LN 2334; on not NB 41$_{2}$, LN 2139; on nyd MS 1550, LN 2892; on schaden LN 4060; on scham LN 4620; on alle schand LN 1937; on schencken NB 42$_{93}$; on schuldt NB 90$_{28}$, 93$_{66}$; on sorg GM 2142; on alle sorgen LN 340; on vngefert NB 83$_{5}$, BZ 208 (Bl. 4a); on alle vßred LN 2686; on vergelten SZ 16$_{40}$; on all vernunfft NB 80d, SZ 48$_{14}$; on verstandt SZ 10$_{23}$, LN 1037; on weren LN 3658; on wider fechten LN 2686; on als wider streben NB 80$_{13}$; on alle widerstreb LN 891; on offenlichen widerstreben LN 1436; on alle widerwer LN 608; on dyn willen GM 2018; on mein willen LN 2249; on mein wissen LN 2249; on witz SZ 48$_{14}$; on zal LN 2076; on zorn LN 2669; on allen zorn MS 1550, LN 2892.

VI. Volkstümliche Verneinung.

1. Litotes.

In allen Sprachen[1]) werden Behauptungen gern durch Verneinung ihres Gegenteils auf nachdrückliche Weise ausgedrückt. Hutten, Luther und Hans Sachs verwenden wie die Volkssprache häufig die Litotes, welche einen Begriff zwar nachdrucksvoll, aber doch vorsichtig zurückhaltend zum Ausdruck bringt.[2]) Murners leidenschaftlich übertreibende, nicht vorsichtig abwägende Art führt weniger häufig zu einer solchen Ausdrucksweise als zu kecken, hyperbolischen und grotesken Behauptungen. Immerhin verschmäht unser Satiriker dieses volkstümliche Stilmittel nicht. Es finden sich in seinen Satiren Wendungen wie:

Es ist kein wunder NB 1$_{49}$; eyn schlechte freid SZ 8$_{27}$; nit eynen kleynen nammen GM 4028; er was kein weyser ackerman NB 4$_{48}$; das sie die fröden müsen lon LN 1347; das man dar zů drinckt keynen wyn GM 4951; so hab ich nimer fröhlich stund LN 4513, vgl. BT 152 (Bl. 4a), BZ 1; das sindt kein nüwe mer NB 69$_{50}$; das wir kein hol faß sindt SZ 30$_{5}$, MS 605; das es nit heimlich ist beliben NB 14$_{28}$; nit wol becleidt NB 28$_{3}$; nit wyt NB 8$_{34}$; nit wenig GM 14; nit leichtlich NB 6$_{140}$, GM 42; nit lenger NB 3$_{93}$; nit alzyt NB 10$_{51}$; vnver-

---

[1]) Vgl. K. Weymann, Studien über die Figur des Litotes, Jahrbücher f. klass. Philologie, 15. Supplementband (1887), S. 451 ff.

[2]) Vgl. Ebert a. a. O. S. 81 ff.

zwifflet syn GM f 2 b; vnuerzwifflet han NB 28 c; nymmer frölich sein SZ 48$_{64}$; wenig lachen LN 2871; nit lachen NB 21$_{73}$; kein gůts BT 169 (Bl. 4 a) usw.

2. Verstärkung der Negation.

Der Volkssprache folgend verstärkt Murner Negationen durch den Akkusativ eines Substantivs, das etwas sehr Kleines und Unbedeutendes ausdrückt. Solche volkstümliche Wendungen sind:

Nit ein dritt LN 3585, NB 42$_{6, 91}$; kein trit NB 60$_{31}$; nit ein har NB 85$_{20}$; GM 484, 4123, LN 1219, SZ Entsch. 110; ein härlin nit LN 800, nit ein hårlyn GM 1073, 4662, LN 3786; nüt vm ein hor SZ 9 a$_{16}$, NB 82$_{18}$, LN 492, 525; nit ein meit LN 509, 2465; nit ein haller NB 58$_{3}$, LN 4238; kein haller NB 82$_{10}$; nit vmb ein nestelnadel LN 494; bessern vnß ein nadel nicht LN 3794; nit ein quintlin LN 499; 4645; das ich nit ein růbschnitz geb NB 58$_{50}$; kein tropffen MS 757.

Solche Wörter vertreten ohne beigefügte Negation die direkte Verneinung: vmb ein sackpfiff geben MS 1459, vgl. NB 8$_{57}$. Verschwindend kleine Werte drücken Wendungen aus wie: bey eim har SZ 48$_{170}$; dry nestel vnd fünff haller was die houptsum NB 20$_{56}$.

3. Häufung der Negation.

Die nachdrucksvolle Häufung der Negation ist eine charakteristische volkstümliche Eigenheit von Murners Sprache. Brant, der dem Volkstümlichen ziemlich ferne steht, macht von diesem Stilmittel fast gar keinen Gebrauch. Der Umstand, daß es sich in Murners Satiren überaus häufig findet, beweist neben vielem anderem, wie eng sich dieser Satiriker der Volkssprache anzupassen vermochte. Von der verdoppelten Verneinung schreibt Gottsched in der Sprachkunst (3. Teil, 7. Hauptstück § 5, 1762, S. 500): „Heute zu Tage spricht nur noch der Pöbel so, artige Leute vermeiden es, und zierliche Scribenten noch mehr." Es ist bezeichnend, daß auch die Dichter der Sturm- und Drangperiode häufig gehäufte Negationen verwenden.[1])

In Murners Satiren sind sehr häufig pleonastisch verbunden:

---

[1]) Vgl. C. Pfütze, Die Sprache in J. M. R. Lenzens Dramen. Braunschweig 1890, S. 41; R. Philipp, Beiträge zur Kenntnis von Klingers Sprache und Stil. Diss. Freiburg 1909, S. 25; R. Hildebrand, Gehäufte Verneinung, Z. f. d. U. 3 (1889), S. 149 ff.

kein — nit; kein — nie; kein — niendert; kein — nymmermer; niemant — nüt; niemans — kein.[1])

Dreifache Negation liegt vor in NB 28₁₀: vnd straff kein menschen nymmer nit. Doppelte Negation wird oft von Flickwörtern wie „ie“ oder „vff erden“ begleitet, z. B.: das nie kein mensch ie mocht erfaren LN 4258; so wer kein mensch vff erden nit GM 503.

Über die absolute Negation wird weiter unten (S. 57) gehandelt.

VII. Die Antithese.

Die Antithese ist ein altes, volkstümliches Stilmittel, das auf Intellekt und Gefühl wirkt. Sie durchsetzt bereits die älteste Spruch- und Priamelpoesie.[2]) Predigt,[3]) Satire und Didaktik suchen in erster Linie durch Kontrastierung zu wirken. Die Alemannen Hartmann und Gottfried von Straßburg entwickeln dieses Stilmittel mit großer Kunst und lassen es fast zur Spielerei werden. Kunstvolle, versteckte Antithesen, die nur feinsinnige Aufmerksamkeit entdecken kann, sind aber der Volksdichtung durchaus fremd. Die Blüte dieses Stilmittels fällt ins 15. und 16. Jahrhundert. In dieser Zeitperiode, wo Neues mit Altem ringt und allenthalben die Gegensätze aufeinander prallen, macht sich auch im Stil die antithetische Ausdrucksform breit. Der Tod und der Narr beherrschen die Weltstimmung dieser Übergangszeit und verleihen der Satire, dem Drama und der bildenden Kunst den schärfsten Doppelausdruck. Endloser Zank und Hader erhöhen noch die Dissonanz dieser vieltönigen Zeitstimmung. Volkstümliche Schriftsteller wie Geiler, Murner, Luther, Hans Sachs machen von der Antithese ausgiebigen Gebrauch. Damit konnte man auf das Volk wirken, dessen Denken und Empfinden sich ja mit Vorliebe in Kontrasten bewegt. Nur schroffe Kontrastierung vermag auf den gemeinen Mann zu wirken; graues Einerlei packt sein Inneres nicht. Im Märchen müssen von drei Brüdern zwei ganz schlecht und einer ganz gut sein; im Volkslied klagt einsam das verlassene Mägdlein, wenn der Sommer ins Land gekommen ist und alles

---

[1]) Die Zahl der Fälle aus NB gibt Bebermeyer a. a. O. S. 69 an.

[2]) Vgl. R. M. Meyer, Altgerm. Poesie S. 460 ff., 512, 522; K. Euling, Das Priamel, Germanist. Abhandl. 25 (1905), S. 572.

[3]) Für Berthold vgl. Hasse a. a. O. S. 19 f.; Unkel a. a. O. S. 57; R. Scheich, Der Humor in den Predigten Bertholds von Regensburg, Weißkirchen 1891 (Progr.), S. 15 f.

singt und jubelt. Unsere Bauern lieben scharfe Farbenkontraste. Nur grelle Farben werden in bunter Zusammensetzung für die Trachten ausgewählt, und das Bauernhaus prangt in abstechenden Farbentönen.

In Murners Satiren kommen auf 100 Verse durchschnittlich drei bis vier Antithesen. Nicht mitgerechnet sind die antithetischen Zwillingsformeln und die durch den Charakter von BT bedingten Gegenüberstellungen des alten und der jungen Bären. Nur LN bildet eine Ausnahme; hier fallen auf 100 Verse nur eine oder höchstens zwei Antithesen. Dieser Unterschied ist durch den inneren Charakter der Satiren bedingt. Im Gegensatz zu NB, SZ, MS, GM, BT und BZ ist LN mehr eine indirekte, mimische Satire, die die Gegensätze verschleiert und fast nur das Verkehrte in seiner ganzen Lächerlichkeit und Nichtigkeit an den Tag treten läßt.

Den Murnerschen Antithesen liegen alte, in der volkstümlichen Sprache eingebürgerte Gegensätze zugrunde, welche wir bereits in den Zwillingsformeln angetroffen haben, so in den Verbindungen: Leib und Seele, Himmel und Erde, reich und arm, groß und klein, warm und kalt u. a. Am häufigsten läßt Murner als laudator temporis acti und Strafprediger in den didaktischen Satiren folgende Begriffe[1]) in mannigfaltigen Ausdrucksformen miteinander kontrastieren:

einst und jetzt: NB 6$_{42}$ ff., 11$_{71}$ ff., 31$_{58}$ ff., 48$_{13}$ ff., 62$_{26}$ f., 82$_{1}$ ff., SZ 5$_{25}$ ff., 6$_{8}$ ff., 11$_{23}$ ff., 20$_{2}$ ff., SZ 11$_{23}$ ff., MS 1070 ff., GM 104 ff., 597 ff., 916 ff., 1120 ff., 2426 ff.

Himmel und Erde, Gott und Welt: NB 8$_{55}$, 21$_{29}$ ff., 22$_{26}$ f., 49$_{53}$ ff., 50$_{51}$ ff., 64$_{11}$ ff., 64$_{22}$ ff., 64$_{29}$ ff., 82$_{41}$ ff., SZ 4$_{28}$ f., MS 293 ff., GM 331 f., 618 ff., 1712 ff., 2379 ff., 5062 ff., 5079 f., 5096 ff., 5112 f.

Freud und Leid: NB 2$_{113}$ f., 46$_{13}$ f., 50$_{6}$, 84$_{50}$, 91$_{7}$ ff., SZ 47$_{16}$, 39$_{24}$ f., MS 422 f., 274, 281 f., 922 f., 927 ff., 972 f., GM 202 f., 210, 869, 935 f., 1021 f., 1507 ff., 1654 ff., 1697 f., 1710, 1910.

Gute und schlechte Eigenschaften:[2]) NB 6$_{108}$ f., 10$_{57}$ f., 14$_{9}$ f.,

---

[1]) In der altgermanischen Poesie spielen sie schon eine wichtige Rolle. Vgl. R. M. Meyer, Altgerm. Poes., S. 289 f. In der altdeutschen Predigt zeigen sie stereotypes Gepräge. Vgl. Haß a. a. O. S. 70; für Berthold Hasse a. a. O. S. 19.

[2]) Über die bei Berthold beliebte Gegenüberstellung von Tugenden und Lastern vgl. R. Piffl, Einiges über Berthold von Regensburg, Prag 1890 (Progr.), S. 10.

SZ 12_{15} f., 12_{34}, 20_{34} f., 22_{34} ff., 28_{20} ff., 36_{14} ff., MS 1052 f., 1428 ff., GM 542 f., 1537 f., 2818 ff., 2530 f., 4315 ff., 4352 ff., 4633 f., 5253 ff.

Schatz[1]) meint, die Antithesen Murners verraten „spießbürgerliche Enge des Gesichtskreises“. „Es sind alltägliche, nüchterne Entgegensetzungen, die wohl häufig den qualitativen Charakter der Affekte sehr gut herausarbeiten, nie aber ihre Intensität betonen“. Was Sch. für spießbürgerlich und alltäglich hält und abfällig beurteilt, ist echt volkstümlich und vermag viel besser auf den gemeinen Mann zu wirken als alles, was außerhalb der täglichen Sphäre und außerhalb seines Gesichtskreises liegt. Die Behauptung, daß diese Entgegensetzungen gar keine intensive, steigernde Wirkung auszuüben vermögen, ist unrichtig. Dem gemeinen Manne könnte z. B. das Laster der Trunksucht kaum leidenschaftlicher vor Augen gehalten werden, als es mit folgender Doppelantithese geschehen ist:

Vor zyten setzt man guttrolff dar,
Gleser mit den engen kragen;
Yetz müß manß in küblen dar tragen.
MS 1070 ff.

Wirksam sind sicher auch Antithesen wie:

. . . hiet vch vor den andren betzen,
Die beeren sint allein mit schwetzen.
Der alt beer ist vß dadt ein beer.
BT 255 ff. (Bl. 5 b).

Ähnliche Beispiele ließen sich in reicher Zahl beibringen. Stilgeschichtliche und volkspsychologische Momente verleihen diesen Ausdrucksformen doch ganz andere Werte als ein subjektives, modernes Stilempfinden.

VIII. Die Hyperbel.

Murner gibt keine objektive Wirklichkeitsschilderung; nicht die Beobachtung der Wirklichkeit an und für sich, sondern die Gesetze des Kontrastes diktieren dem Satiriker und Strafprediger die Schilderung der Gegenwart. Seitenblicke auf Ideal und Wirklichkeit er-

---

[1]) a. a. O. S. 131.

zeugen von selbst Verschärfung und Übertreibung. Eine zweite Hauptwurzel hyperbolischer Darstellung liegt im volkstümlichen Denken und Empfinden. Stark und kräftig wie die Regungen der Volksseele müssen auch die Reize sein, welche auf sie einwirken wollen. Das lehrt die Volkskunde. Der einfache Bauersmann kann z. B. kunstvollen musikalischen Ausdruck nicht leiden; sein Ohr findet nur an den schrillen Tönen und kräftigen Rhythmen der Dorfmusik Gefallen. Der Mann aus dem Volke übertreibt unwillkürlich, wenn er etwas recht wirksam und kräftig ausdrücken will. Die Unfähigkeit, Maß zu halten, ist eines der am meisten hervorstechenden Merkmale volkstümlicher Dichtung.

Die Hyperbel ist ein echt volkstümliches Stilelement;[1]) wir finden sie bereits im altgermanischen Epos. Im Beowulf[2]) ist alles außerordentlich, alles ungeheuer groß oder verschwindend klein. Mit dem stark auftragenden Stil des Beowulf oder Hildebrandsliedes läßt sich aber der hyperbolische Stil des mhd. Volksepos[3]) nicht direkt verknüpfen. Der Stil des altgermanischen Epos ist hyperbolisch, aber nicht burlesk und grotesk wie die Spielmannskunst. Diese Entwicklung und Umfärbung des hyperbolischen Stils ist wahrscheinlich auf den Einfluß der altfranzösischen Chansons de geste zurückzuführen.[4]) Dieses neue Element entfaltete sich im volksepischen Stil rasch zur Blüte. Je lachlustiger die Zuhörer wurden, desto drastischer und grotesker gestaltete der Spielmann seinen Vortrag. Ein scharf in die Augen springender Stilwandel vollzog sich namentlich im 14. Jahrhundert und in der Zeit der ersten Drucke, wo die Heldensage eine unerfreuliche Renaissance erlebte; „ohne jede feinere Durchführung, plump und zynisch, verhunzen diese jüngsten Ausläufer die alten Dichtungen oft mit völligem Mißverstand; zynische Witze und Anspielungen auf die gröbsten Bedürfnisse werden nicht mehr gescheut.“[5]) Mit dieser Entwicklung ist auch das grotesk-hyperbolische Element in Murners Stil verwandt.

---

[1]) Vgl. W. Scherer, Poetik S. 270.

[2]) Vgl. R. Heinzel a. a. O. S. 32.

[3]) Vgl. L. Wolf, Der groteske und hyperbolische Stil des mhd. Volksepos = Palästra 25 (1903), bes. S. 157.

[4]) Vgl. Ehrismann, Z. f. d. Ph. 37, S. 422 f.; Lambel, Anz. f. d. A. 30, S. 184 f.

[5]) Wolf a. a. O. S. 161.

Murner übertrifft da Berthold und den Stil der altdeutschen Predigt bei weitem, obschon das hyperbolische Element eine charakteristische Eigentümlichkeit jenes alten, volkstümlichen Predigtstiles[1]) ist. Im ausgehenden Mittelalter nehmen wir im Stile der volkstümlichen Predigt dieselbe Entwicklung wahr wie in der populären Literatur überhaupt. Die Derbheit und groteske Übertreibung ist durch den Geist der Zeit bedingt. Unser Satiriker hat aber das Stilmittel der Hyperbel, das von altersher ein wesentliches Element des Stiles der freien Bettelmönchspredigt gewesen ist, in ganz ungewöhnlichem Maße gesteigert. Sein Stil steht dem des grotesken Volkepos, das, wie gezeigt werden wird, Murner wohl bekannt war, in nichts nach.

Das Erbe des Spielmanns war zu Beginn des 16. Jahrhunderts im Elsaß voll erhalten. Dafür sorgte die Poesie der Fahrenden, der Bänkelsänger, Gaukler und Pfeifer, die sich damals zu Hunderten im leichtlebigen und gastfreundlichen Elsässervolke herumtrieben. Unter den Straßburger Drucken aus dieser Zeit befinden sich mehrere volksmäßige Umarbeitungen mhd. Volksepen. Hüpfuff druckte im Jahre 1500 eine Bearbeitung des Rosengartens unter dem Titel „Dis büchlin saget von dem rosengarten Künig laurin", ein zweiter Druck erschien 1509; 1503 kam in derselben Druckerei „Ecken Ausfahrt" heraus. Johann Knoblauch druckte 1509 „das heldenbuch mit synen figuren", 1510 „Salomon und Morolf". In demselben Jahre veröffentlichte Bartholomäus Kistler ein Buch „Von dem aller künsten weygant herr Dietrich von Bern vnd von Hiltibrant . . .".[2])

A. Hyperbolische Elemente in Murners Stil.

1. Adjektiva, Adverbia, Superlative.

Das Beiwort groß ist in Murners Satiren überaus häufig zur Steigerung von Affekten, Eigenschaften, Zahl- und Maßbegriffen angewendet. Oft wird ein auf diese Weise gesteigertes Sub-

---

[1]) Vgl. W. Wackernagel, Altd. Pred., S. 401 f.; Hasse a. a. O. S. 194.

[2]) Vgl. Ch. Schmidt, Répertoire bibliographique Strasbourgeoise jusque vers 1530, Strasbourg 1897.

stantiv von vil abhängig gemacht und in den Genetiv gesetzt, z. B.: vil grosser biecher NB 29$_{27}$; fill grosser klagen NB 6$_{18}$.[1] Stellenweise ist das Zahladjektiv mancher gehäuft, so in der Vorrede zu NB: manche nacht 1$_{1}$, manch hurnüß vnd manch bremmen stich 1$_{3}$, manch suren schweiß 1$_{9}$, manches landt 1$_{15}$. Adjektiva und Adverbia werden gern mit gantz, gar, lychnam verstärkt: gantz einfältig NB 1$_{32}$; gantz überall NB 1$_{48}$, SZ 12$_{37}$, GM 1128, 4263; gantz ein eben man NB 3$_{57}$; gantz wider clůg NB 12 d; gantz frumm NB 15$_{21}$; gantz nüt NB 27$_{8}$, SZ 20$_{2}$, 32$_{30}$, MS 1570, GM 729; gantz kein GM 3659, LN 4454; gar weich NB 17$_{23}$; gar wenig NB 44$_{81}$; lychnam bitter NB 5$_{75}$; lychnam fry NB 6$_{142}$; lychnam gůt gesell NB 78$_{21}$ usw. In vielen Fällen dienen diese Wörtchen weniger der Steigerung als der Versfüllung. Gantz, gar und lychnam werden auch nebeneinander verwendet, so z. B.: gantz . . . gar MS 1414; gar lychnam wyt NB 42 a; gar lychnam übel NB 68 c. Bisweilen werden Adjektiva auch mit dem Zusatz vß der massen gesteigert, so: vß der massen groß NB 18$_{26}$; vß der massen kalt NB 62$_{11}$.

Bemerkenswert wegen ihrer Häufigkeit, Formelhaftigkeit oder volkstümlichen Art der Bildung sind superlativische Steigerungsformen von groß, hoch, lieb. Meyn höchster hort (MS 966, SZ 20$_{32}$, GM 3706, 3757) ist im Volkslied formelhaft verwendet.[2] Volksliedmäßig sind auch Superlative wie: tusent schon NB 80$_{71}$, MS 733, GM 2424, 3515, LN 4242 (vgl. Spanier a. a. O. S. 211); die aller schônst GM 1885, 3280, 3492; die allerliebste meyn SZ 20$_{28}$. Es finden sich folgende Anredeformen: Du liebster müller myn MS 1602; ach liebster vetter, liebster LN 590; o vetter, liebster vetter mein LN 2668; ach mein liebste adelheit LN 3980; ach liebster hußwirt LN 4255; hertz liebster vatter SZ 48$_{233}$; hertz liebstes kindt SZ 48$_{52}$; hertz aller liebster NB 9$_{41}$; hertz aller liebste NB 9$_{76}$ usw. Ähnliche und gleiche Steigerungsformen sind im Volkslied überaus häufig.[3] Sehr oft verstärkt Murner Superlative noch durch den Zusatz vff erden, z. B.: der bôst flůch vff erden LN 2512; die besten fründ vff erden LN 4524; die aller schônst vff erden GM 1885, 3280; die

---

[1] Vgl. E. Voß, Der Genetiv bei Thomas Murner, Diss. Leipzig 1895, S. 19 f.

[2] Vgl. Daur a. a. O. S. 56; Spanier, Z. f. d. Ph. 26, S. 210.

[3] Vgl. Daur a. a. O. S. 56 f.

hôchste freyd vnd schônste kron, die gott vff erd hat werden lon GM 1901 f. Vgl. Schütze a. a. O. S. 14.

2. Zahlen.

Die Vorliebe für typische und runde Zahlen, die sehr oft übertreibenden Charakter annehmen, läßt sich in jedem volksepischen Stil nachweisen.[1]) Solche volkstümliche Zahlangaben sind auch Murner ganz geläufig. Unser Satiriker hält sich aber keineswegs an eine bestimmte Lieblingszahl. Er verwendet mit Vorliebe alte typische Zahlen,[2]) so die Zahl 3, die in der deutschen Literatur sehr häufig ist und schon im alten Rechtsbrauch eine bedeutsame Rolle spielt, oder die Zahl 4, der als Zahl der Welt, Weltgegenden und Elemente eine tiefe Symbolik anhaftet, oder zur Angabe einer kleinen, in sich geschlossenen Menge die Zahl 10 und 12, die Grundlage des Dezimal- und Duodezimalsystems, oder 20, die Grundzahl des vigesimalen Systems. Die Zahl 30 ist biblisch und wurde von den Hebräern aus der babylonisch-ägyptischen Rechnungsweise als Kalenderzahl übernommen. Als Bestimmung der Trauerzeit ist sie in allen Ländern üblich. Im Spielmannsepos ist sie sehr häufig verwendet als runde Bezeichnung einer größeren, an sich ungewissen Zahl. Es ist nicht viel mehr als eine Spielerei, wenn W. Uhl[3]) die Lieblingszahl „vier" feststellt und in der Anmerkung zu GM 33, wo die Zahl 1600 vorkommt, die Bemerkung macht: „sechszehen hundert ist gleich 4 × 400". Die große Mannigfaltigkeit von Murners volkstümlichen Zahlangaben mag folgende Zusammenstellung erweisen. Ich beginne mit den kleineren runden Zahlen und steige zu den größeren, übertreibenden auf.

dry NB 65_{27}, MS 678, 917, GM 4591.
drithalb NB 60_{17}, MS 1037, LN 1408, 4261.
vier NB 5_{151}, 21_{60}, 53 d, 58_{1}, 62_{15}, 70_{42}, GM 3539.
fierdthalb MS 1043.

---

[1]) Vgl. Wiegand a. a. O. S. 79 ff.; Vogt a. a. O. S. CLV; Z. f. d. Ph. 12, S. 395; Radke a. a. O. S. 41 ff.; Wolf a. a. O. S. 86 ff.; Jacobsohn a. a. O. S. 25.

[2]) Vgl. zu der Verwendung von typischen Zahlen und ihrer Vielfachen in der deutschen Literatur des Mittelalters: W. Knopf, Zur Geschichte der typischen Zahlen in der deutschen Literatur des Mittelalters, Diss. Leipzig 1902.

[3]) Vgl. seine Exkurse zu GM S. 265; auch Bebermeyer a. a. O. S. 86 Anm.

zehen NB 5_{179}, 31_{5}, 60_{47}, 72_{19}, LN 2251.

zwo̊lff NB 2_{37}, 9 d, 13_{70}, 27_{27}, 31_{52}, 46_{48}, 60_{3}, SZ 18_{32}, 20_{25}, MS 1121, GM 3332, LN 1423, 2251.

vierzehen NB 94_{49}, GM 3463, LN 162.

zweintzig NB 10_{79}, 19_{93}, 26_{6}, 27_{38}, 32_{79}, 56_{11}, 60_{2}, SZ 28_{37}, 44_{16}, MS 207, 530, GM 350, 3485, 3626, 4364, 5366, LN 4687.

dryssig NB $31_{32, 65}$, 32_{87}, 42_{81}, 60_{63}, 67_{33}, 72_{8}, 77_{22}, 78_{45}, SZ 44_{16}, MS 1152, 1566, GM 3739, 3883, LN 173, 4687.

viertzig NB 8_{62}, 48_{7}, 61_{46}, 94_{22}, SZ 44_{16}, GM 4592.

hundert NB 10_{70}, 32_{69}, 48_{50}, 66_{14}, 80_{28}, 93_{113}, GM 2418, 5366, LN 309.

hundert fach NB 64_{49}.

hundert feltig NB 25_{59}, 64_{39}.

vierhundert NB 12_{19}, 39_{70}, 78_{59}, SZ 19_{21}, MS 1104, GM 2212.

tusend NB 2_{28}, 13_{61}, 56_{83}, 86_{9}, MS 123, 476, GM 142, 431, 479, 1024, 1099, 1324, 1676, 2227, 2430, 5017, LN 529, 2409, 2614, 2969; formelhaft gebraucht in Verbindungen wie: tusent eidt NB 77 c, 92_{45}, 96_{23}; tusent guldin NB 1_{41}, 9_{1}, $32_{13, 71}$, 84_{47}, SZ 46_{11}, GM 1281, LN 671, 3270, 4520; tusent iar NB 18_{33}, 56_{62}, 72 a, 75_{27}, 76_{54}, GM 90; tusent man MS 151, GM 2442, 2550; dusent meyl SZ 18_{24}, LN 1065, 1129, 3745; tusent tüfel NB 16_{98}, 85_{53}, 92_{164}, SZ 5_{37}, GM f 3 b, 1789, LN 859; tusent par NB 3_{97}, 4_{22}; tusent pfundt NB 85_{87}, LN 1128.

manch tusent GM 837, 5023.

vil tusendt GM 4158, LN 2343.

tusent mal NB 34_{47}, 51_{64}, 56_{91}, das tusenst mol NB 62_{49}.

tusendt falt GM 3492.

dry tusent NB 4 b, 4_{4}.

vier tusent NB 83_{38}, 86_{85}.

zwo̊lff tusent SZ 39_{31}, LN 1604.

viertzig tusent NB 10_{11}, SZ 18_{21}.

hundert tusent NB 53_{4}, 58_{2}, 85_{61}, SZ 2_{29}, 11_{12}, entsch. d. z. 11, GM 3068, 5233, LN 138, 2144.

Vereinzelt kommen noch folgende Zahlen vor: siben NB 31_{67}, acht GM 3374, elff LN 178, sechstzehen GM 3327, sechs vnd zwentzig LN 3989, vier vnd dryssig NB 31_{65}, vier vnd vierzig NB 56_{10}, siben vnd sibentzig NB 7_{30}, acht vnd sibtzig LN 4614, achtzig GM 3479, nüntzig NB 25$_{93}$, sechszehen hundert GM 33, vier vnd zweintzig hundert NB 69$_{39}$, fünfftusent NB 51$_{55}$; acht tusent LN 1708, fierhundert tusent GM 1751.

Echt volkstümlich sind Zugaben und Zuschläge zu hyperbolischen Zahlen.[1]) Murner verwendet als Zusätze Wendungen wie: mer dann NB 3$_{97}$, 21$_{60}$, 26$_{6}$, 61$_{46}$, 93$_{69}$, MS 1121, 1233, 1566, GM 350; vil me dann NB 53 d; noch mer dann NB 13$_{61}$, LN 309; noch mer dazů NB 80$_{29}$; noch mer GM 431; vnd noch me GM 2212; vnd etwas mer NB 93$_{40}$; oder mere NB 2$_{28}$; noch vil mee NB 9$_{30}$; vnd vil andre me GM 2925.

3. Wert- und Maßbestimmungen verschiedener Art.

Elle: eyn brett, das etwa drithalb elen hett NB 6$_{42}$ f.; dreissig elen lang LN 173; **Fuder**: Ich recht das vß ein gantzes iar Zwey fůder fasset sy fürwar. NB 18$_{29}$ f.; **Hals**: den wyn in dem halß gryffen NB 18$_{56}$; **Korb**: bringt ein korb vol nüwer mere NB 11$_{35}$; **Kragen**: biß an kragen vol NB 18$_{53}$, so er die spyß griff in dem kragen NB 48$_{62}$ vgl. NB 79$_{18}$; **Kübel**: schit den wyn mit kiblen yn NB 6$_{160}$, vgl. MS 991, SZ 46$_{37}$; yetz můß manß in küblen dar tragen MS 1072; **Legion**: ein legion GM 83, zwölff legion NB 2$_{37}$, wol hundert legion NB 93$_{113}$; **Maß**: vier maß wyns vnd etwas mer fasset NB 93$_{40}$ f.; der hafen hielt acht alter moß NB 18$_{25}$, mer denn syben massen fassen MS 1023; **Meile**: Zwo myl dar hinder NB 21 d; wol dryssig myl NB 78$_{48}$; dusent meyl weit SZ 18$_{24}$ vgl. LN 1065, 1129, 2805; **Rosenkranz**: Der hat ertödt ein rosenkrantz NB 6$_{11}$ (d. h. soviele Feinde als der Rosenkranz Kugeln hat, nämlich 50); **Sack**: etwa zwölff seck oder zehen von lügen füllen LN 2251 f.

4. Substantiva.

Ich nenne nur solche Elemente, die bei Murner sehr häufig wiederkehren. Es sind meist Übertreibungen mit groben und starken Effekten. Damit trifft der Satiriker den derben Ton der Volkssprache, sein Stil erhält eine grelle, volksmäßige Beleuchtung.

Durch Nennung großer Hindernisse und Hemmnisse werden

---

[1]) Vgl. Knopf a. a. O. S. 3 f.; Schütze a. a. O. S. 36.

gesteigerte Formen des Ausdrucks erzielt. Steine, Berge, Eisen werden in diesem Sinne oft angeführt, z. B. Stein: SZ Vor. 5, GM 724, 2430, MS 94, NB 96$_{55}$; Berg: NB 6$_{44}$, 56c, 56a, 62$_{15}$, SZ Vor. 5, GM 724, LN 383; Eisen, Stahl: NB 6$_{44}$, 56c, 60$_{1}$, SZ 48$_{162}$, GM 724, 1522, 2204, LN 927, BZ 149 (Bl. 3b), BZ 150 (Bl. 3b).

Kräftige volkstümliche Töne werden ferner durch die Hereinbeziehung von Gott, Teufel, Kaiser, Tod und Mord angeschlagen. Die Volkssprache ist reich an solchen starken Übertreibungen. Die vielen Erwähnungen des Teufels entsprechen ganz dem volkstümlichen Geschmack. Diese Geschmacksrichtung zeigt sich schon in den altdeutschen Verwünschungsformeln, im jüngeren Volksepos ist sie bis zum grotesken Übermaß gesteigert.[1]) Murner bewegt sich auf demselben Boden; er zieht in hyperbolischem Sinne heran:

Gott: NB 29d, 42$_{9}$, 82cd, 82$_{85}$, 74$_{84}$, SZ 12$_{28}$, MS 394, GM e 1b, 2226, 3564, 3648, LN 348, 480, 2161; Himmel: NB 74$_{84}$, GM 992, 2420, LN 2162; Teufel: NB 19$_{119}$, 21$_{1}$, 35$_{78}$, 46$_{3}$, 81$_{46}$, 83b, 83$_{16}$, 95$_{129}$, SZ 18$_{7}$, 20$_{40}$, 22$_{34}$, 39$_{18}$, 32$_{6,0}$, 43$_{11}$, MS 1329, 1548, GM 1631, 4015, 4018, 4020, 2803, LN 355, 573, 686, 3759, 3762, 3793, 4230 f., 4636, BZ 167 (Bl. 3b); Hölle: GM 718, 1634; Kaiser: NB 35$_{69}$, MS 179, 586, GM 743, 2955, 3294, 3633, LN 4170; Kaisertum: NB 58$_{1}$, GM 4606; das römische Reich: NB 93$_{121}$; Königreich: GM 2506; Mord: NB 31$_{55}$, 45$_{45}$, 46$_{48}$, 14$_{41}$, 80$_{128}$, 6$_{13}$, GM 3562, LN 452, 648, 589; Tod: NB 14$_{83}$, SZ 48$_{57}$, MS 275, 581, GM 899, 1080, LN 1856, 2552.

Hierzu kommen zynisch-derbe Bezeichnungen, die Murners Stil ganz den untemperierten Charakter der Volkssprache verleihen, z. B.:

arß: NB 39, 39b, 39$_{66}$, 31$_{11}$, 10$_{72}$, 44d, 65$_{47}$, 87$_{44}$, SZ 3$_{33}$, 20$_{26}$, 29$_{21}$, 32$_{2}$, 38, 38$_{2}$, 45$_{3}$, MS 165, GM 4632. bruntzuntzen: NB 60b. furtz: NB 77$_{4}$, 77b, 22$_{38}$, LN 1161, 2570, 3471. furtzfaß: SZ 13$_{6}$. scheißhuß: LN 4413, 4444, 4447, GM 4864.

Die Beispiele ließen sich mehren. Murner läßt hier kein Maß walten. Im Spielmannsepos und Fastnachtsspiel finden sich aber noch gröbere Effekte.[2]) Unsere Volkssprache strotzt heute noch von solchen zynischen und derben Redensarten.

---

[1]) Vgl. Wolf a. a. O. S. 124 ff.

[2]) Vgl. Wolf a. a. O. S. 142.

5. Verba.

Murner verwendet mit Vorliebe folgende Verba in übertreibendem Sinne:

erhängen, erstechen, ermorden, sterben, ertränken u. ä., z. B.: NB 95 b, GM 3070, NB 10$_{44}$, MS 394, GM 3292, GM 702, 3670, NB 95 a, MS 280, 510, GM 694, 3708, LN 575, 2552, GM 3071, SZ 3$_{6}$; biegen, krachen: LN 66, NB 6$_{41}$, 10 c, 16$_{88}$, 21$_{71}$, 56 b, 56$_{6}$, 75$_{32}$, SZ 21$_{21}$, MS 1114, 165, GM 4146, LN 1395, 2128; zerlachen, verlachen: NB 2$_{35}$, MS 1298, LN 2693, 4714, MS 421, GM 1564, 4941; beladen, überladen, besessen sein: NB 13$_{96}$, SZ 24$_{8}$, GM 1451, NB 1$_{73}$, NB 11$_{130}$, 93$_{5}$, GM 1094, 4715; schinden, schwitzen: NB 30$_{29}$, 33, NB 14$_{94}$, 80$_{26}$, SZ 39$_{23}$, GM 887, 1202, 1160, 1028, vgl. Wolf a. a. O. S. 75; brunzen, scheißen: NB 16$_{26}$, SZ 23$_{21}$, NB 85$_{33}$, SZ 9$_{15}$, GM 3587, LN 482, 1449, 2759, 4311, 4555; bescheißen = beschmutzen: NB 2$_{19}$, 68$_{34, 47}$, 89$_{43}$, SZ 41$_{4}$, GM 87, f 1 b, LN 2026, 4009; bescheißen = betrügen: NB 14$_{51}$, 15 c, 29$_{2}$, 36$_{19}$, 38$_{3}$, 70$_{1}$, 78$_{52}$, SZ 7$_{8}$, MS 190, GM 131, 682, 1348, 2966, 4831, 5183. In dieser übertragenen Bedeutung findet sich das Wort erst im 15. Jahrhundert im Heldenbuch von Kaspar von der Roen (vgl. Wolf a. a. O. S. 142).

Obszöne Bedeutung, bzw. Nebenbedeutung (= coïre) haben: bucken NB 25$_{81}$, 39$_{60}$, sonst in der Volkssprache von Hühnern gebraucht; rumplen LN 4232 und rumplieren LN 999, 1487, 2563, 4222 zunächst vom Schweine, dann wie bucken auf Menschen übertragen (DWB 8$_{1491}$); schaben LN 4580, 4598 und gerben LN 4597 sind aus der Sphäre des Gerberhandwerks entlehnt.

6. Absolute Negation.

Auch hier zeigt sich des Dichters Freude an volkstümlicher Übertreibung. Starke Negationen, welche glattweg verneinen, sind durchaus volkstümlich. Wie der gemeine Mann nimmt auch Murner den Mund voll und schränkt seine Verneinungen nicht vorsichtig ein. Hierfür einige Beispiele:

ichs nit zelen mag NB 2$_{38}$; ich fandt irs liegens nie keyn end NB 6$_{72}$; der wyber hoffart ist kein endt NB 44$_{85}$; myn lebtag nie kein man NB 82$_{19}$; es würd kein dint im landt belyben NB 56$_{96}$; so wardt kein sachen nie so frumm, kein bry vff erden nie so gůt SZ 33$_{29}$ f.; kein zung vff disser erd vß spricht MS 430; kein nacht war nie so finster duß GM 289; des glich ir vor nie sahen kein GM 533; kein katz wardt nie vff erd so reyn GM 722; des heischens, gylens ist kein endt GM 1043; kein ding vff erden macht mich irr GM 2108; es ist kein schwerer ding vff erden GM 2502; kein man, der ietz das leben hat, das selb erdichten möcht vff erden GM 191 f.; mir würd kein witz im hirn beliben GM 199; nie kein grösere narren waren LN 182; vnd sonst vff erden niemans spart LN 2106; die nie kein mensch erzelen kan LN 2344; kein schönere creatur vff erden LN 3718; mir thet so we vff erd kein findt LN 2520.

B. Typische Verwendungsformen der hyperbolischen Elemente.

1. Die Verwendung im einfachen Satz.

Altes traditionelles Sprachgut haben wir in folgenden Frageformen zu erblicken:

Sitzt dir der tüfel vff der zungen? NB 21$_{1}$. Hat üch der tüfel her geschickt? NB 46$_{3}$. Hat vch der tüffel zůsamen tragen? LN 471. Het sy der tüffel schwymmen leren? SZ Vor. 57. (Vgl. Wolf a. a. O. S. 126.)

2. Die Verwendung im hypothetischen Satzgefüge.

Eine große Anzahl von Hyperbeln beruht auf ungeheuerlichen Voraussetzungen, die mit den oben angeführten Elementen gebildet werden. Dieser Typus ist alt und echt volksmäßig (vgl. Wolf a. a. O. S. 37).

Ich gloub, kem gott yetz selb vff erdt,
Er würd on gelt vns nymmer werdt. NB 82$_{85}$ f.;
vgl. NB 42$_{9}$ ff., 48$_{59}$ ff., SZ 6$_{18}$ ff., 28$_{25}$ ff.

Jetz lügt man durch ein stehelen berg,
Wen schon dry legent vberzwerg. NB 6$_{44}$ f.;
vgl. NB 56 c d, 56$_{4}$, SZ Vor. 4 ff.

Seit ich tusent iar dar von,
Noch wil er nit von sünden ston. NB 56 62 f.;
vgl. BT 28 ff. (Bl. 2 a), GM 191 ff.

Jo stünde das hymmel rich dar an:
Noch blybt er ir gefangen man! GM 992 f.

Vnd schlieg der dunder gar daryn,
So will das krütli han syn synn. MS 398 f.

Ja, brest in schon roß, karren, wagen,
Sie wurdendt selb einander dragen. MS 1257 f.

Zů leid můß es in dinnen ston,
Ja wan in brech der buch daruon. LN 1939 f.

Ich wolt wer zen vß brechen kundt,
Vnd wen es schon der tüffel were,
Das er sy nem vnd brecht nim here. BZ 166 ff. (Bl. 3 b).

3. Hyperbolische Folgerungen.

Übertreibende Schlußfolgerungen sind noch heute im Volksmund gang und gäbe. Eine Menge volkstümlicher Redensarten trägt diesen Charakter. Auch in dieser Hinsicht steht Murners Stil der Volkssprache ganz nahe. Fast jede Seite seiner Satiren weist eine Hyperbel in diesem Sinne auf. Einige Satzverbindungen haben sprichwörtliches Gepräge und kehren formelhaft wieder.

gürten, das syn lenden krachen. NB 10 d;
vgl. GM 4146, MS 1114, LN 1395.
Das dir die schwarten würden krachen. NB 21 74;
vgl. Geiler, Brôs. 1 70 b, 2 11 b.
liegendt, das die balcken krachen. NB 6 41;
vgl. 56 b, 75 32, 16 88.
Vnd laßt eyn reuptzen, das es kracht. SZ 21 21.
hawen drein, das balcken biegen. LN 2820.
Darumb můß ich myn buch zerlachen. NB 2 35;
vgl. MS 1298, LN 2693, 4714.
Mit solcher heisser starcker hitzen,
Das sy jm schne vmblouffen schwitzen. GM 1159 f.;
vgl. GM 1200 ff., GM 886 ff.

Sy nement sich des gelts zů todt. NB 14 83;
vgl. GM 1080, MS 275.

Sie was so lyß vnd zart gebachen,
Das sie kundt mit dem arßloch krachen,
Pfersich kernen, groß vnd klein. MS 164 ff.;
vgl. NB 44 a ff.; SZ 45 1 ff.

Als vil das ichs nit zelen mag. NB 2 38;
vgl. LN 375 f., 2076, 2343 f.

Solt ich die lugen all beschryben,
Es würd kein dint im landt belyben. NB 56 95 f.;
vgl. NB 70 11 ff., 80 41 f., MS 379 ff., 1084 ff., GM 197 ff., 1014 f.

4. Übertreibende Gegenüberstellungen.

In diese beliebte Form des volkstümlichen Vergleichs sind viele Hyperbeln eingekleidet, z. B.:

Man vindt wol semlich böß prelaten,
Die vil tüfelicher thaten,
Den der tüfel vß der hellen. SZ 44 9 ff.;
vgl. GM 4019 f.

Wenn Venus eym das bein thůt stellen,
So ist doch in der dieffen hellen
Grösser růw vnd grösser rast. GM 1633 ff.

O grose narren in meiner haut,
Ja gröser dan der gothart ist. LN 382 f.
Vil gröber sind die selben all,
Den vnser moren sindt im stall. NB 18 85 f.

Wir wöln me mit einer seiten brumen
Dan schlüg man sechs vnd zwentzig trumen. LN 3988 f.

Dan ich ein spilfraw setzen wil,
Die me vff einer seiten greifft,
Dan des kaisers spilman pfeifft. LN 4168 ff.

Ich wolt vil ee ein anboß schlucken
Vnd zweintzig fierteil stein vertrucken

Vnd zwölff kißling stein verdouwen,
Dann das ich solt myn eelich frowen
Vmb ein wochen zyns verlyhen. NB 60 1 ff.

Ich wolt vil ee das römsch rych gwynnen,
Dann syne narren farn von hinnen. NB 93 121 f.

Ich wolt dem tüffel ee ab gwinnen,
Dan seinen bösen listigen sinnen. LN 3421 f.

Ich weiß, das sy sich ee ließ dödten,
Ee sy mich stecken ließ in nöten. GM 3670 f.

Der wüste wůst hat doch den grindt,
Dicker dan ein suw hat spindt,
Ja dicker dan ein mor hat speck. LN 4312 ff.

Nit also blerren wie ein kû,
Die stymm zerbrechen nach der kürtz,
Wie der esel bricht die fürtz. NB 22 36 ff.;
vgl. LN 1160 f., 2569 f.

Si stond so stiff jn mir dem beren
Alß wen sy drin gegossen weren. BZ 147 f. (Bl. 3 b).

Die volkstümliche Hyperbel ist ein charakteristisches Merkmal von Murners satirischem Stil. In diesem Stilmittel wirkt sich das leidenschaftliche Temperament des Satirikers ungehemmt in wirksamen, derben und grotesken, volkstümlichen Formen aus. Was als verdammenswert erscheint und lächerlich gemacht werden soll, wird maßlos gesteigert und verzerrt. Die Welt des Nichtigen und Verkehrten wird mit dem grellsten Licht beleuchtet und in einem Hohlspiegel dem Volke gezeigt. Schatz[1]) vergißt ganz, daß er einen satirischen Stil untersucht, sonst hätte er das Nebeneinander derselben Hyperbeln für starke und schwache Affekte nicht auf ein oberflächliches Empfinden des Dichters einzig und allein zurückführen können. Das Zunächstliegende ist doch wohl der Schluß auf das Gegenteil. Jedem leidenschaftlichen Satiriker fehlt es bei starken Affekten an entsprechenden Steigerungsmitteln, weil er bei schwachen Affekten schon seine Kraft verbraucht. Den

[1]) a. a. O. S. 119.

Beweis für seine inhaltsschwere Behauptung, daß „meist nur eine äußerliche Übertreibung der Worte“ vorliege, ist Sch. schuldig geblieben.

IX. Die Ironie.

Man kann sagen: Wo Murner nicht übertreibt, ist er ironisch. Sehr oft trifft beides zusammen. Es ist nicht Murners Sache, sine ira et studio die nackte Wahrheit wiederzugeben. Seine leidenschaftliche Natur macht sich in maßlosen Übertreibungen und in stechender Ironie Luft. Innerer Groll und satirische, leidenschaftliche Empfindung lassen ihn kein Maß halten. Das Stilmittel der Ironie, das den mhd. Spruchdichtern[1]) schon wohl vertraut ist, entwickelte sich in der volkstümlichen Literatur des ausgehenden Mittelalters rasch zu voller Blüte. Berthold macht schon von dem Stilmittel der Ironie den ausgiebigsten Gebrauch.[2]) Die Stimmung der unteren Volksschichten, die um 1500 in Totentänzen und auf Narrenblättern deutlich zum Ausdruck gelangte, war der fruchtbare Mutterboden der Ironie in Alemannien. In allen volkstümlichen Literaturerzeugnissen kam damals diese schillernde Stimmungsfarbe zum Vorschein. Nur Brants Dichten und Denken blieb nüchtern, lehrhaft und trocken, sein Narrenschiff enthält kaum Ansätze zu ironischer Tongebung. Dieser Stubengelehrte vermochte eben den volkstümlichen Zeitgeist eines übersättigten, lebensfrohen Volkes nicht unmittelbar auf sich einwirken zu lassen, während sich Volksmänner wie Geiler und Murner ganz von der ironischen Strömung der Zeit fortreißen ließen.

1. Ironische Beiwörter und Anredeformen.

In Murners Satiren finden sich überaus häufig Stellen, wo die Ironie in Beiwörtern und vertraulichen Anredeformen versteckt ist, so z. B. in Wendungen wie: liebe flesch NB 18$_{5}$, lieben geüch NB 6$_{149}$, lieber narr NB 9$_{20}$, lieber schelm SZ 24$_{37}$, o lieber narrenbeschwerer LN 260, gar frum begynen NB 77$_{57}$, ein

---

[1]) Vgl. Roethe, Reinmar S. 33.

[2]) Vgl. R. Scheich a. a. O. S. 16 ff.

frumme dirn NB 78 61, ir frummen bůben, gůtten gsellen NB 78 a, gůt, frum bůb NB 78 d, die armen kindt erfrieren schier! Dry rȯck hat yeder oder vier NB 25 41 f., vgl. LN 131 ff., do bschutt sy mich mit dreck die schon GM 4849; Bald antwurt mir die süberlich: . . . „Von grundt myns hertzen ich dirs gan, Das du jm schißhus mittel legst . . .“ GM 4859 ff., es ist ein eren fraw gesein, die yederman kundt dienen fein MS 152 f.[1])

2. Sätze mit ironischem Gedankeninhalt.

Ganze Sätze und Satzgruppen, ja ganze Kapitel sind oft ironisch gehalten. Von verbuhlten, liederlichen Frauen heißt es z. B.: Sy sůchen weder gelt noch gůt, Allein ein fründtelichen můt, Als ein frum küsches hertzly thůt. Sie griffendt nach dem seckel nit Vnd thůnt geflissen wie man sy bit, Vnd lassendt alß was man jn weret; Ein yede ouch nit mer begeret, Denn allein ein lieb zů han, Begert ouch sunst keins andren man. Ein yede sturb ee vff der erdt, Ee sy eins andren mans begert; So küsch vnd reyn sind wyplich berd! Ouch handt sy acht vff vnseren lyb, Es ist ein trüws thier vmb ein wyb. Schlecht man sy vnd stosts do mit: — Noch loud sy von der lieben nit! Sy gendt kein widerwertigs wort, Wenn man sy schon ietzund ermordt; Vil mer gedultig sindts denn Job. GM 685 ff. In diesem Tone geht es noch das ganze Kapitel hindurch weiter. Es hat keinen Zweck, hier weitere ironische Partien aus den Satiren anzuführen, es sei nur noch auf die „geschworenen artickel“ der GM hingewiesen, welche wahre Meisterstücke der Ironie sind. Bisweilen sucht unser Satiriker in witziger Weise einer ernsten Auffassung vorzubeugen, so an folgenden Stellen: Ettlich sind gewillig arm, — Hy! das ist war das gott erbarm, Hinderm offen ist es warm. NB 82 40 ff.; So werendt sich die armen kindt, Das all ir kleyd zerrissen sindt. Sy werendt sich das gott erbarm! Hinderm offen — stond die holtzschůh! GM 4301 ff. Hier erhöht der ausbleibende Reim die Wirkung noch bedeutend.

---

[1]) Gemeint ist die liederliche Gredt Müllerin.

3. Volkstümliche Ironie im Beispiel.

Murners Stil weist die Ironie auch in einer ganz volksmäßigen Form auf, die Spanier[1]) mit dem Namen „volkstümliche Ironie im Beispiel" bezeichnet und eine stilistische Eigenart Murners nennt. Volkssprache und volkstümliches Schrifttum sind durchweg von dieser Art Ironie durchsetzt. K. Ott[2]) belegt dieses Stilmittel mit drei Beispielen aus Geilers „Brösamlin", Uhl[3]) führt Belege aus einem Fastnachtsspiel des 15. Jahrhunderts und aus den von Schade herausgegebenen Satiren und Pasquillen des 16. Jahrhunderts an. Ich verweise noch auf Frommanns Deutsche Mundarten IV, S. 465. Die elsässische Mundart ist reich an solchen ironischen Ausdrucksformen.[4])

Volkstümliche Ironie im Beispiel liegt an folgenden Stellen von Murners Satiren vor:

Der heiligen gschrift sindt wir so froh, Als wen du küwtest bonenstro. NB 3_{20} vgl. 5_{112} f. Vnd stondt dem christen menschen by Wie der fuchs der cancelly NB 5_{116} f. (Vor vnküscheit) ir üch alzyt hietten, Wie der esel thůt im meyen. NB 5_{153} f. Der kirchgang ist üch eben sůß, Als wann ich küwet entzian. NB 5_{177} f., vgl. SZ 1_{17} f. Vnd wert sich vor im mit gewalt, Als wann dem esel ein sack entpfalt. NB 9_{43} f., vgl. NB 26_{59} f., MS 874 ff., GM 4297, LN 672 f., 1928 ff. Vnd schlecht syn ougen eben nider, Wie der hundt zů metzig stat. NB 11_{44} f., vgl. MS 640 f. Vnd ist der wyn im also gsundt, Wie das graß ist vnserm hundt. NB 18_{66} f., vgl. NB 38_{66}. Sy wissen des rechten also vil, Als wen ein blinder schüßt zům zil. NB 29_{17} f. Mich hat verlangt den gantzen tag! Ja, wie den esel nach dem sack! NB 60_{22} f. Doch schickt er sich, als ers vermagk, Wie der dryspitz thůt im sack. NB 72_{30} f. Wie wol sy yetz einfeltig sindt, Als man larer zibel findt. NB 79_{27} f.[5]) Der stot

---

[1]) Vgl. seine Anm. zu NB 5_{113}.

[2]) a. a. O. S. 72.

[3]) Zu GM 4297.

[4]) Vgl. meine Anm. zu Arnolds „Pfingstmontag" = Jahresgaben der Gesellschaft für Elsässische Literatur II (1914), S. 213.

[5]) Nach Spanier „wohl ein ironischer Vergleich"; es liegt ganz sicher ein solcher vor. Die Zwiebel ist „mehrfältig", hat viele Häute. Spanier zitiert das Kinderrätsel:

steiff, wie der wint da wegt. LN 196. So kan man al ir rip erzelen, Wie mestschwein, die wir metzgen wöllen. LN 1327 f.

4. Die Selbstironie.

Durch Selbstironie und Selbstpersiflage sucht sich der Dichter seinen Personen zu nähern und sich mit ihnen auf die gleiche Stufe zu stellen, indem er sich selbst in der Dichtung Fehler und tolle Streiche zuschreibt. Das darf dann aber doch nicht ernst aufgefaßt werden, wie manche es getan haben. „Der Dichter erlebt den Inhalt der Dichtung als Dichter d. h. als eine ideale Persönlichkeit, nicht als dieser bestimmte Mensch, sondern als ideeller Repräsentant des Menschen.[1]) Das Ideal war zu Murners Zeiten der leichtsinnige, leichtlebige Narr, die Narrenmaske, eine Verkleinerung und Vermenschlichung der Schuld und Sünde. Der Satiriker, der auf solche Narren wirken wollte, mußte sich im Narrenkleid zu ihnen gesellen und mit ihnen — wenigstens in der Dichtung — Narrheiten verüben. Er mußte die volkstümliche Narrensprache reden. Brant bezeichnet sich selbst als Narren und Scheidt mischt sich unter seine Grobianer wie Murner unter seine Narren, Schelme, Gäuche und Schwindelsheimer. Geiler tut dergleichen nicht.

In MS gipfelt der ganze Abschnitt „Ein rohen narren fressen“ (V. 517 ff.) in geistreicher Selbstironie. Während sich die Schwindelsheimer zum Essen niedersetzen, erzählt ihnen der Dichter, er habe selbst auch einmal von einem rohen Narren ein wenig gegessen und sei infolgedessen mit allerlei Fehlern und Untugenden behaftet. Es heißt da: Je gelerter ich von künsten byn, ye verkerter werden mir die syn. So wolt ich gern vffs brettly sitzen, mein mül kan ich nach pfennig spitzen, Ich machs als vff den nuwen schlag vnd bůl stetts vmb den pfennig sack. Ich zůh jung wölff, lach mich zů todt, wo ein groß schiff vndergodt. MS 575 ff. In dieser Art erzählt der Satiriker sein eigenes Sündenregister bis Vers 608. In SZ hält er sich für

„Hat viele Häute, beißt alle Leute“. Murners Redensart wird durch eine Stelle in Scheidts Grobianus (Neudruck S. 26) aufgehellt: „Einfältig wie ein Lorer zwibel, hat neun heut“.

[1]) Th. Lipps, Komik und Humor, Hamburg und Leipzig 1898, S. 224.

würdig, Schreiber der Zunft zu werden: Do ich dennocht was noch kleyn Vnd kurtzelichen erst erboren, Hatt ich den schalk hinder meyn oren: Des sitz ich ietzundt vornan dran Vnd schreib der schelmen nammen an (SZ Vor. 10 ff.). In GM ist Murner der oberste der Gäuche und besorgt die Geschäfte eines Kanzlers: Wer vil weißt von geuchery, Dem gibt man billich die cantzely; Das ich ietzund sitz cantzler hie, Das thůt min arbeit vnd min mie. Het ich mich in der heyligen gschrifft, Vnd was min orden antrifft, So vill geůbt als geuchmats tandt: Man geb mir nit den ersten standt! (GM 223 ff.). Wenn Murner dann in GM 4836 ff. als erster der Gäuche solchen „geuchmats tandt" von sich erzählt, so ist das natürlich nichts anderes als Selbstironie, ähnlich wie die vielen anderen selbstpersiflierenden Partien in seinen Satiren. G. Balke[1]) und E. Martin[2]) glauben aber, ohne Bedenken jene Stelle biographisch verwerten zu dürfen. In denselben Fehler verfiel neuerdings wieder der Murnerbiograph Th. von Liebenau, der behauptet, Murner gestehe kleinere Diebstähle zu, wenn er in LN 489 ff.[3]) schreibt: Wie ich die enten gestolen hab, Vnd kirsen brach von beumen ab, Vnd das ich gieng an dem bettel stab, das grôwet mich nit vmb ein hor, Vnd kümert mich doch auch nie vor, Nit vmb ein nestelnadel zwor. Ein paar Zeilen weiter unten (V. 505 ff.) folgt gleich eine Stelle, welche auf den selbstpersiflierenden Charakter des Ganzen hätte aufmerksam machen müssen. Es heißt dort: Ich bin als wol ein nar als sy, Vnd wont mir nit ein witzlin by. Wer ich gesotten vnd gebraten, Gerôstet, wie es môcht geraten, Finden ir der weißheit nit ein meit, Solch speck so gar kein witzen geit, Er hat den riten in der hüt. Hier liegt sicher Selbstironie vor, den Witz wird niemand Murner absprechen wollen.[4])

5. Verschmelzung von Ironie und Hyperbel.

Nicht selten werden Ironie und Hyperbel vereinigt. Mit dieser Verschmelzung erzielt Murner die kräftigsten Effekte. Diese Mischung ist so recht das geeignete Ventil für den übersprudelnden

[1]) Vgl. J. Kürschners Deutsche Nationalliteratur 17. Bd., S. L.

[2]) Vgl. ADB. Bd. 23 (1886), S. 75.

[3]) L. zitiert nach Balkes schlechter Ausgabe ohne genaue Angabe der Stelle.

[4]) Vgl. Th. v. Liebenau, Der Franziskaner Dr. Thomas Murner a. a. O. S. 12 f.

und beißenden Witz unseres derben Satirikers. Zwei Stellen sollen als Beispiele dienen: Manche ist so katzen rein, Hett sy boum nuß zwischen bein, So weißt sy solchen zarten bschiß, Daß sy sy mit dem arß vffbiß NB 44a—d, vgl. SZ 45 2 ff., MS 164 ff. Der drit artickel: Das ein yeder gouch sol sin frouw in so grossen eren halten, das er ir alles gloub was sy sagt, vnd sol ouch nit wyter ire wôrter rechtfertigen, vnd ob schon got dar wider redte, so soltu diner frouwen glouben, vnd gott nit, denn ein yeder gouch sol wissen das die weyber nit liegen, do behût sy gott für. (GM e 1 b).

X. Euphemismus und Wortspiel.

Euphemismen, die lediglich nur zur Abschwächung des Ausdrucks dienen, enthalten Murners Satiren nicht. Unser Dichter übertreibt ja geflissentlich ins Derbe, er scheut sich keineswegs, das Kind beim rechten Namen zu nennen, mag es auch noch so roh und unzart klingen. Murner will mit seinen Euphemismen die Ausdrucksweise nicht mildern, er will nur Witze machen und so die Aufmerksamkeit des Lesers auf die betreffende Stelle konzentrieren. Dadurch wird aber der Gedanke nachdrücklich zum Ausdruck gebracht. Es liegt z. B. durchaus keine Abschwächung, sondern ein ganz derber Witz vor, wenn der Satiriker den Hinteren mit dem Gesicht vergleicht und von dem Wischen der Hemder an den Zähnen spricht.[1]) Spanier[2]) glaubt, daß die Zähne wirklich an dem Hemd gewischt wurden. Die abweichende Lesart den hinderen für die zen in der von ihm eingesehenen Ausgabe Wickrams hätte ihm den unsauberen Witz Murners aufhellen können. Dieser Witz findet sich auch in den Fastnachtspielen.[3]) Witze liegen auch an anderen euphemistischen Stellen vor; so GM 3429, wo von dem hinder thor gesprochen wird, oder GM f 1a, wo es heißt: dem hembd andre farb anstreichen, gel ferben usw. Ferner MS 1169: So sie im kußmonadt seindt. Auch an zwei Stellen, wo der Reim unterdrückt wird, ist eine Milderung der Ausdrucksweise nicht beabsichtigt. Es wird gerade die entgegengesetzte Wirkung erzielt.

[1]) Vgl. NB 12 59 ff, 80 89 f., GM f 1a, 3286, 3297.
[2]) Vgl. seine Anm. zu NB 12 60.
[3]) Vgl. Uhl zu GM f 1a.

Es war Murner nur um den Witz zu tun. Diese Absicht spricht ganz deutlich aus dem Reimersatz: Sechstzehen ior trůg er die schnůr, Dennoch was sy ein grosse hem hem. GM 3327 f. Der fült sich worlich mit keim schleck, Er eß dann ein grossen — ich darffs nit sagen! GM 4791 f.

Das Reformationszeitalter ist die Blütezeit des volkstümlichen Wortspiels. Wortdeutungen, Wortverdrehungen und Wortverbildungen spiegeln den kräftigen Willen und das gesteigerte, intensive Innenleben jener kraftstrotzenden Menschen wieder. Über Wortspiele und Wortverdrehungen polemischen Charakters wie: pfaffen vnd affen, entencrist, Lother, Murnar u. a. wird weiter unten im Abschnitt „Schimpfwörter" gehandelt. Hier seien nur volksetymologische Deutungen und witzige Wortspiele angeführt. Solche liebt auch Berthold.[1] Unsere Satiren enthalten eine beträchtliche Anzahl volkstümlicher Wortspiele und Wortumdeutungen. Absolvieren (= von Sünden lossprechen) wird z. B. in atzelfieren (NB 95_{104}) umgebildet, aus Monte Fiaskone wird in NB 88_{37} ein monte flaschkon. Der ferne portugiesische Hafenplatz Kalikut in Malabar gibt Anlaß zu einer witzigen volksetymologischen Ausdrucksform in MS 1122 ff., wo es von einem Kleidernarren heißt: Von wunder mûß den fragen ich, Ob er von allen kutten kumb. Aus dem Algäuer (= algeyer) Land ist in GM 788 mit Anspielung auf locken ein lackeyer landt geworden. Weiter oben (GM e 3b, f 2b) finden sich Wortspiele mit den Orten Überlingen und Offenburg. In SZ 22_{10} ff. werden die Titulaturen durchlüchtig und hochgeboren in volksetymologischer Weise erklärt: Ouch wie man sol eyn titel geben: Durch lüchtig, hoch geboren eben, So er doch lüchtet hür alß fern Wie eyn dreck in der lutzern, In der geburt ist vff gestiegen, Hoch oben, do die fesser ligen. In höchst witziger Art legt Murner das Recipe aus, das der kelber artzet verordnet: Dann gibt er dir ein Recipe; Der apotecker wol verstat Vnd nymmet, was syn krancker hat: Recipe heißt: nemendt hin — In galgite wer ouch ein sin! NB 30_{32} ff. Diese satirische Erklärung des Rezeptes erinnert an

---

[1]) Vgl. die Zusammenstellung bei R. Scheich a. a. O. S. 19 f.; ferner E. Bernhardt a. a. O. S. 15 und Th. Wieser, Bruder Berthold von Regensburg, Brixen 1889 (Progr.), S. 9.

die boshaft-launige Auslegung, welche Moscherosch im vierten Gesicht („Das Todten-Heer") des Philander von Sittewald gibt.[1]) Einen witzigen Doppelsinn verknüpft Murner mit den Worten flesch, gendt und ita. Im 18. Kapitel von NB kehrt flesch bald in der eigentlichen Bedeutung, bald wortspielend für Säuferin wieder. Die Form gendt kann sowohl als Imperativ von gehen wie von geben aufgefaßt werden. Beide Bedeutungen schillern an folgender Stelle: Sol ich gon zům sacrament, So spricht man zů mir: „hie her gendt!" NB 42 65 f. Im Kapitel 72 der NB „Ein esel latyn leren" bringt es der Esel nicht über seinen Ruf ita. Ita ist aber auch ein Dirnenname. Beide Bedeutungen klingen in NB 61 a—d an: Ich hab eins mals ein schůsack fressen, Das ichs latyns nit kan vergessen Vnd weiß me, dann ein ander christ: Ita gredt müllerin tochter ist. Der verrufenen Müllerin gelten die wortspielenden Verse:[2]) Bestia sag ich für war, freylich die best in allen war, Insingnis meretrix auch do mit, ỵasingen nach dem meister drytt. (MS 154 ff.) Geiler fügte häufig Buchstabenspiele in seine Predigten ein. Im Jahre 1488 hielt er sogar in Augsburg Kanzelvorträge über das ABC.[3]) Die Buchstabensymbolik war im Laufe des 15. Jahrhunderts echt volkstümlich geworden. Man nähte damals Buchstaben auf die neuen Modekleider; L bedeutete z. B. Liebe, S staete, T Treue usw. Der Elsässer Meister Altswert weiß in seinem Gedicht „Der tugenden schatz" eine lange Reihe solcher symbolischer Buchstaben aufzuzählen, welche auf Kleider aufgenäht wurden. Es ist anzunehmen, daß der gemeine Mann ohne weiteres Murners Buchstabenspiele verstehen konnte, so die Stellen: Vil lieber ist im allein das e, Dann manchem das gantz abc. So dann ein x wirt vß dem e, Dann thůt es nit mer also we (NB 47 20 ff.) oder: Das ist die größte sünd vff erden, Wann vß dem e ein x wil werden (NB 80 59 f.).

[1]) Vgl. E. Holländer, Die Karikatur und Satire in der Medizin, Stuttgart 1905, S. 70.

[2]) Es ist möglich, aber keineswegs sicher, wie Rieß (a. a. O. S. 35) annimmt, daß Murner zu der Spielerei mit dem Schimpfwort bestia durch die Stelle in Hartliebs Quaestio fabulosa de fide meretricum angeregt wurde, wo es heißt: „O bestia", interrupit illa e vestigio, „o frylich bin ich die best". Neu ist Murners witzige Anspielung auf singen in insingnis.

[3]) Vgl. Ott a. a. O., S. 71.

Drittes Kapitel.

Dramatische Lebendigkeit und Gegenständlichkeit der Darstellungsweise.

Alles Lebendige braucht um sich eine Atmosphäre. Eine solche war im ausgehenden Mittelalter reichlich über dem volkstümlichen Boden gelagert, so daß sich hier frisches und gesundes Leben entwickeln konnte. Die Intensität des sozialpsychischen Lebens der unteren Volksschichten teilte sich notwendigerweise auch dem Stil mit. Wir merken in der volkstümlichen Literatursprache dieser Zeit das raschpulsierende Leben und atemlose Hasten ruheloser Kraftmenschen. Die Versmelodik ist meist sehr bewegt, einzelne Haupthebungen springen über die mittlere Stimmlage hinaus, die gepaarten Reime sind ungleich hoch gelegt, so daß das Ganze auch rhythmisch den Eindruck der Hast und Unruhe erweckt. Die Literatur dient ganz den Zeittendenzen, sie steigt in die Tiefen des Volkslebens hinab und empfängt von ihm lebendige Kraft und übersprudelnde Lebensfülle. Die Schilderung gleitet hastig und sprunghaft dahin und geht nicht in die Tiefe, nur Kernpunkte werden stark akzentuiert und in behaglicher Breite ausgemalt. Den unruhigen Sinn fesseln stets wieder neue Gedanken, neue Gefühle, neue Situationen und neue Einfälle. Alle Seelenkräfte drängen vereint zum Ausdruck, der ohne Umschweife und Reflexionen Schlag auf Schlag erfolgt. Lyrische und dramatische Stilelemente mischen sich unter epische. Diese Mischung ist ein charakteristisches Merkmal des volkstümlichen Stils. In der Kunstpoesie bleiben diese Elemente mehr gesondert. Im satirischen Stil wirken sich vor allem die impulsiven Erregungen und Stimmungen der Zeit ungehemmt und leidenschaftlich aus. Murners Satirenstil ist reich an dramatischen Elementen.

I. Einiges zur Syntax.

Epische Stilmittel wie Parallelismus, Wiederholung und Häufung fordern und fördern asyndetische Verbindung. Jede Seite von Murners Satiren bietet Beispiele für unverbundene Sätze und Satzteile. Der Stil wird dadurch lebhaft. Der volkstümlich-naiven Ausdrucksweise entspricht die Anwendung weniger schlichter und einfacher Beiwörter.[1]) Die Sätze werden am liebsten parataktisch nebeneinander oder hintereinander gestellt. Hie und da finden sich priamelartige Satzgebilde. Fortlaufende logische Gedanken- und Satzreihen bildet unser Satiriker bei seiner volkstümlichen, improvisatorischen Schaffensart nicht. Die Zwischenglieder fehlen oft, Anakoluthe[2]) treten ein, Parenthese und ἀπὸ κοινοῦ kommen dazu. Ein streng logisches syntaktisches Abhängigkeitsverhältnis der Sätze wird nicht erstrebt. Dieses Sichgehenlassen und Zurücktreten des logischen Denkens ist ein charakteristisches Merkmal der Volkstümlichkeit von Murners Stil. Zwischen kurzen, aneinandergereihten Hauptsätzen tauchen fast nur konsekutive und hypothetische Satzformen in einem Abhängigkeitsverhältnis auf. Letztere überwiegen stark. Sie sind wie im Volkslied, das seine Gedanken und Schlüsse an bestimmte Voraussetzungen zu knüpfen pflegt, die häufigste Form der hypotaktischen Sätze und werden hier wie dort mit Inversion oder einleitendem „wer", selten mit „wenn" gebildet. Kausale Nebensätze liebt Murner nicht. Diese sind auch viel jünger als die konsekutive und hypothetische Redeweise und weniger volkstümlich.[3]) All das macht die Sprache unseres Satirikers leicht und fließend und nähert sie der frischen, lebendigen Volkssprache. Da Murner leidenschaftlich und

---

[1]) Murner hat nicht die bewußte künstlerische Absicht zu charakterisieren, wenn er ein Epitheton setzt. Wie der gemeine Mann verwendet er nur eine geringe Zahl von Adjektiven, meist nur ganz allgemeine. Auffallend häufig kehren wieder: arm, bős, erber, frum, fründtlich, groß, gůt, lieb, őde, rein, süberlich, zart. Etliche werden als stehende Epitheta festgehalten, so arm und frum bei man. Hierfür nur einige Belege aus NB: frummer man 4_{145} 6_{21} $13_{33,74}$ 15_{37} 18_{72} 36_{28} 45_{3} 72_{62} 73_{65} 80_{118} 82_{2}; armer man NB 21_{4} 23_{37} $33_{60,89}$ 39_{63} 53_{26}. $59_{28,51}$ 67_{28} 69_{4} 70_{19} $76_{34,44}$.

[2]) Zu Berthold vgl. Hasse a. a. O. S. 182 f.

[3]) Vgl. K. Burdach, Reinmar S. 57.

mit innerer Erregung dichtet und lebhaft zu gestalten sucht, verwendet er oft, namentlich in Partien mit direkter Rede, Ausrufe-, Wunsch- und Fragesätze auch dort, wo er in schlichtem, ruhigem Ton in Aussage- und Behauptungssätzen hätte erzählen können. Oft wird ein Substantiv, das bei starker Betonung den Satz eröffnet, nach ganz kurzer Pause wieder durch ein rückweisendes Pronomen aufgenommen. Diese stilistische Erscheinung findet sich hie und da auch in der Kunstdichtung; häufiger tritt sie in der Predigt, in der Spruchdichtung und im Volkslied auf.[1]) Der lebendigen Umgangssprache ist die plastische Hervorhebung durch Prolepse durchaus geläufig. Die häufige Verwendung dieser Redeform entspricht ganz dem volkstümlichen Gepräge von Murners Stil. Einige Beispiele mögen folgen: Der drit der schwindlet mit dem mul NB 12$_{10}$; der selb vicary, den er setzt, den hab ich für ein pferdt geschetzt NB 54$_{25}$; vwer liegen das nimpt kychen NB 56$_{18}$; myn můtter, herr, die můß ich schlagen NB 95$_{127}$; myn elß die antwurt NB 86$_{47}$; die böck die dulden kein im stall MS 661; die mat die můß geschoren syn MS 397; Eua die etzet GM 1327; Paris der sůcht ein kurtze freyd GM 1710; der tüffel, gouch, der sy dyn kindt GM 3700; wolhyn, myn zorn den wil ich zwingen GM 3799; alle ding die haben ein maß LN 92; die man die hetten auch gern weib LN 1344; die zôl die müsen ab am rein LN 3091. Murner gibt jedem Satz möglichst sein eigenes Subjekt und Objekt. Uhls Anmerkung zu GM 1618 „M. scheint mit Vorliebe beim Verbum das Subjekt auszulassen“, ist unrichtig. Uhls Belege beweisen gar nichts. In Wirklichkeit ist an allen diesen Stellen ein Subjekt oder Objekt vorhanden.[2])

II. Die dramatisch-gegenständliche Vorführung von Personen und Haustieren.

Einem Volksmann wie Murner, der mitten im bewegten Leben steht und es leidenschaftlich zu erfassen sucht, genügt das Reden

---

[1]) Vgl. Hasse a. a. O. S. 25; Roethe, Reinmar S. 294; Höber, Acta Germanica VII, 1, S. 77; Paul, Mhd. Gram. 6. Aufl. § 325, S. 147.

[2]) Vgl. Spanier, Z. f. d. Ph. 29, S. 421.

über die Gegner und Narren in der Art Brants nicht. Er beobachtet die Menschen nicht von der Gelehrtenstube aus, sondern mischt sich selbst unter das gemeine Volk und greift die Gestalten unmittelbar aus dem vollen Leben heraus, um sie lebend und handelnd wie dort in seine Satiren hineinzustellen. Holzschnitte prägen die Gestalten der vorgenommenen Personen der hungrigen Phantasie des gemeinen Mannes scharf ein, so daß sie lebendig und leibhaftig vor seinem geistigen Auge stehen.[1]) Vertreter aller möglichen Stände und Lebensberufe vom Kaiser und Papst bis zum Bettler und Bettelmönch herab werden in dramatischer Revueform vorgeführt. Diese Technik der successiven Vorführung verschiedenartiger Personen war besonders in den Fastnachtaufzügen und Fastnachtspielen jener Zeit stark entwickelt. Unter ihrem Einfluß haben Brant und Murner sicher gestanden. Bei Murner kommt noch das Erbe der franziskanischen Predigtweise hinzu. Die volkstümliche, freie Sittenpredigt der Bettelmönche richtete sich an einzelne Sünder unter steter Bezugnahme auf das praktische Leben. Schon Berthold[2]) führte mit Vorliebe die einzelnen Arten der Sünder nacheinander vor und trat gleichsam mit jedem von ihnen in eine persönliche Unterredung. Ein Zug zu konkreter, dramatischer Lebensgestaltung macht sich bei den meisten volkstümlichen Schriftstellern des ausgehenden Mittelalters bemerkbar. Man fühlt das Bedürfnis, alles in eine fingierte Wirklichkeit und in ein echt volkstümliches Milieu zu rücken. Volkstümliche Schriftsteller wie Murner steigen in die Tiefen kleinbürgerlichen und bäuerlichen Lebens hinab, reden die Sprache des gemeinen Mannes und stellen sich absichtlich auf sein Niveau, um auf ihn als ihresgleichen eindringlicher wirken zu können. Brants Verhältnis zu den vorgeführten Narren ist recht steif und äußerlich. Er macht sich zwar auch zum Narren, verschmäht es aber, mit der Kappe mitten unter seine Narren hinzutreten und in der derben Narrensprache mit ihnen hin und her zu disputieren. Bei Brant spricht, wie Ott[3])

---

[1]) Dem volkstümlichen Schrifttum jener Zeit durften Holzschnitte nicht fehlen. Ihre gegenständliche Sprache konnten alle verstehen, auch die des Lesens Unkundigen. Vgl. NS Ein vorred V. 24 ff.

[2]) Vgl. Hasse a. a. O. S. 186.

[3]) a. a. O. S. 69.

richtig hervorhebt, der gelehrte Dichter, bei Murner die handelnde Person wie im Drama. Im NS hat der Leser oder Hörer die Gestalt des mahnenden Moralpredigers lebhaft vor Augen, in Murners Satiren aber die bunte Gesellschaft der Narren, Schelme, Gäuche und Schwindelsheimer. In der Mitte steht, wenig auffallend, der Dichter, der Mönchskutte und Doktorbarett unter dem Narrenkleid versteckt. Er bewegt sich unerschrocken in der Gesellschaftssphäre des Publikums und dichtet ganz aus der Stimmung der Menge heraus.[1])

Wie in Volksliedereingängen die Personen gleich mit Namen genannt oder deutlich charakterisiert werden, so werden auch die in den Satiren auftretenden Personen in gegenständliche Erscheinung gerückt. Sehr oft geschieht es durch volkstümliche Appellativnamen. Solche verwendet auch Brant im NS.

Dirnen erhalten folgende Namen: adelheit NB 32$_{30}$, LN 1371, 3980, 4172, 4234, vgl. W. Arndt, Die Personennamen der deutschen mittelalterlichen Schauspiele, Diss. Marburg 1904, S. 53; W. Wackernagel, Kleine Schriften III, S. 157; elß NB 86$_{47}$, elßlin NB 50$_{8}$, gredt NB 44$_{1}$, GM 1452, gredt müllerin NB 5$_{119}$, 6$_{121}$, 11$_{100}$, 12$_{78}$, SZ 1$_{26}$ u. ö. in MS, foltzen gredt SZ 1$_{22}$, foultzen diebolt, wickers gredten NB 20$_{23}$, gredten fürdůch GM 2810, 4337, gredtlin NB 50$_{8, 25}$, GM f 1 b, LN 1524, margredt NB 80$_{35}$, alle gredtschen, wibschen man GM 157; vgl. hierzu Wackernagel, Kl. Schr. III, S. 132, 137; katheryn NB 18$_{14}$, GM 4363, ketterlin NB 65$_{66}$, 73$_{48}$, 80$_{132}$, GM 3484, 3596, LN 1524, 4233; vgl. J. Boltes Index zu seiner Ausgabe von J. Freys Gartengesellschaft, Stuttg. lit. Ver., Bd. 209 unter ketterle; Wackernagel, Kl. Schr. III, S. 148, trin NB 77$_{2}$, trinchen GM 3757; metz NB 18$_{14}$ ist Kosename für Mechtild und Appellativum für Hure, vgl. metzen gschefft NB 20$_{35}$, GM 4441; Wackernagel, Kl. Schr. III, S. 166; Arndt a. a. O. S. 55; yrmeltrut, yrmeltrütlin NB 25$_{74}$, 47$_{10, 12}$.

Lotterbuben und faule Menschen tragen die Gattungsnamen: henßlin NB 25$_{40}$, 60$_{29}$, 88$_{34}$, SZ 12$_{40}$, GM e 2 b, 799; vgl. NB 86$_{27}$, Zarncke zu NS 26$_{55}$, 27$_{32}$, Wackernagel, Kl. Schr. III, S. 132, Arndt a. a. O. S. 21; lorentz NB 48, auf Schlemmer geistlichen Standes

[1]) Eine ähnliche enge Verbindung mit dem Publikum haben auch die Liederdichter des 14. und 15. Jahrhunderts. Vgl. Fr. Jacobsohn a. a. O. S. 62 f.

angewendet: NB $11_{15, 59, 65}$; lentz NB $65_{37, 49}$, vgl. Wackernagel, Kl. Schr. III, S. 165.

Törichte, einfältige und schläfrige Menschen erhalten die Appellativnamen: iecklin NB 5_{191}, 78_{35}, SZ 1_{23}, LN 216; vgl. Wackernagel, Kl. Schr. III, S. 162; Boltes Ausgabe von Freys Gartengesellschaft S. 39_{3}; lauwels lauwel von bernstetten NB 20_{24}. Lauwel ist vielleicht aus Nikolaus mit Angleichung an lauen, laueln = träge, schläfrig sein umgebildet. Bolte (vgl. den Index zu der Ausgabe von Freys Gartengesellschaft) macht darauf aufmerksam, daß in der Königshofer Chronik (Chroniken deutscher Städte 9_{1023}) bei dem Namen Lawelin noch der Anklang an laueln vorhanden ist. Vgl. auch Boltes Ausgabe des Wegkürzers des Montanus, Stuttg. lit. Ver., Bd. 207, S. 381_{1}; Wackernagel, Kl. Schr. III, S. 102.

Prahler und Großsprecher werden mit dem Appellativnamen hans benannt: hansen NB 6_{29}, iunckherr hans NB 64_{33}, marterhansen SZ 4_{19}, hanßmann NB 96_{37}; vgl. Wackernagel, Kl. Schr. III, S. 133 ff. Zu diesem Namen können charakterisierende Zusätze verschiedenster Art hinzutreten, welche dem Appellativum dann besondere Bedeutung verleihen: hans rier NB 35_{125}, hans narr NB 64_{58}; vgl. NS 5 (Holzschnitt); hans acht MS 589; vgl. NS 85_{27}; hans mist LN 3274; vgl. NS 76_{83}, vgl. Zarnke zu NS 76_{15}; karsthanß[1]) LN 18, 36, 3344, 4741 u. ö.

Geschäftige, eifrige Leute, insbesondere Knechte heißen: heintz NB 22_{6}, SZ 9_{29}, heynßmann GM 1415, NB 19_{11}. Vgl. DWb. 4, 2_{889}; Boltes Ausgabe von Montanus' Wegkürzer S. 359_{8}, wo heintzmann als Katzennamen verwendet ist.

Hierzu kommen Appellativa aus dem Bereiche der *Sage*. Aus der Tiersage ist der appellativische Name ysengryn (NB 59_{9})

---

[1]) Dieser Spottname für Bauern, die den Karst führen, findet sich bereits in Geilers Predigten über Brants Narrenschiff (Scheibles Kloster Bd. 1, S. 512). Vor dem Erscheinen des „Karsthansen“ (1521) verwendet Murner diese Bezeichnung zweimal in der Form „hanß karst“: An den Großmechtigsten adel tütscher nation, hsg. von Voß, Neudr. Nr. 153, Halle 1899, S. 5; Von dem babstenthum G 2 b. Zur Geschichte des Wortes karsthans (DWb. 5_{232}) vgl. Herbert Burckhardts Einleitung zu seiner Ausgabe des Karsthans, Flugschriften aus den ersten Jahren der Reformation Bd. 4 (1910), Heft 1, S. 37 ff.

entlehnt. Das Wort ist an dieser Stelle Mannsnamen. Eisengrein findet sich auch in den Fastnachtspielen, im „Ring“ und in „Metzens Hochzeit“ als Appellativum für einen grimmig hassenden Bauern. Vgl. DWb. 3_{370}; Arndt a. a. O. S. 42. Aus der in späten Volksepen gepflegten Sage wurden im ausgehenden Mittelalter die bekanntesten Namen zu appellativischen Bezeichnungen entnommen. In Murners Satiren kommen folgende Stellen in Betracht: Münch ylsan, wa hastu es gelert, Das man die narren wyß beschwert NB 2_{17} f.; Wenn frow crymhilt kummet gan NB 17_{90}; Fraw krimhilt wecken vß dem bett MS 71; Fraw kriemhilt hat den sack gespunnen MS 1082; die bildung sollent manen mich, An die sindt in dem hymelrych, So sindts von bern herr dietherych NB 74_{43} ff.; So wer mir worlich wol geholfen, Das ich trůg ein solchen marckolffen, Dich vnflat trůg in mynem hertzen GM 3720 ff.

Diese Namen waren zu Murners Zeit durchaus volkstümlich. In den untersten Schichten der Bevölkerung lebte die alte Sage verroht und vergröbert bis in die Neuzeit fort. Noch im Jahre 1488 ließ Kaiser Friedrich III. auf dem Friedhof zu Worms ein Grab öffnen, wo der Tradition nach die Gebeine des „hürnen Risen Sifridus“ ruhen sollten.[1] Die appellativische Bedeutung der Namen entspricht dem Stande der Sage im ausgehenden Mittelalter. Die ersten Drucke sorgten für die weite Verbreitung im Volke und führten ein seltsames Blühen der alten Heldensage herauf.[2] Die groteske Figur des streitbaren Mönches Ilsan[3] war aus dem Rosengarten, der mehrfach aufgelegt wurde, bekannt. Aus dem Rosengarten war auch Kriemhild populär geworden. Bei Murner ist sie das Bild einer sittlich-leichtfertigen, stolzen und weltlich-eitlen Frau. F. Lauchert[4] will die Bedeutung sittlicher

---

[1] Vgl. K. Drescher, Studien zu Hans Sachs I, Acta Germanica II (1890), S. 2.

[2] Vgl. über die Straßburger Drucke oben S. 51.

[3] Über die Rolle dieses Mönches im mhd. Volksepos handelt Wolf a. a. O. S. 64 ff.; vgl. auch Zarncke zu NS 72_{25}.

[4] Vgl. Alemannia 18 (1890), S. 158.

Leichtfertigkeit ausschließen. Daß diese Bedeutung, die Zarncke[1]) vermutete, tatsächlich mit dem Namen Kriemhild in Verbindung und in Umlauf war, beweist folgende Stelle aus einer altdeutschen Predigt: „pejor quam Jezabel, quam Atalia, Herodias, Venus, Diana, Semiramis, dicitur quod Crimhilt omnino mala fuerit, sed nihil est.“[2]) Damit soll offenbar gesagt werden: Die in üblem Ruf stehende Kriemhild war nicht so schlecht, wie man sie macht. Dietrich von Bern ist bei Murner wie bei Geiler und Luther der Repräsentant des Irdischen, Weltlichen und Nichtigen.[3]) Die Schlauheit des ungeschlachten Bauern Markolf klingt in GM 3721 nicht mit an, nur die Häßlichkeit und Unflätigkeit ist noch in Erinnerung geblieben.

Murner gebraucht auch witzig erfundene charakterisierende Personennamen. Imperativisch gebildet sind: friß den pfennig NB 82$_{83}$, hans acht syn nit MS 589, vgl. NS 85$_{27}$, schmacken brettly SZ 16$_{1}$. Dieser Name scheint ursprünglich schmack den braten, schmackenbraten gelautet zu haben, wovon die anorganische Deminutivbildung schmacken brettly hergeleitet werden kann. Vgl. Wackernagel, Kl. Schr. III, S. 108 f., ferner Zarncke zu NS 85$_{27}$ und 110 a$_{69}$. Hierzu kommen witzige und satirische Bezeichnungen wie: fraw ganß gagack NB 17$_{95}$, seltenfridt SZ 18$_{1}$, junckherr dörflinger NB 12$_{47}$, junckherr roßdreck NB 37$_{39}$, herr grobian SZ 21$_{7}$. An die wüsten Namen in den Fastnachtspielen[4]) erinnert der obszöne Mädchenname junckfraw hebnegel LN 4622. Meister peter von hochen synnen NB 5$_{7}$, GM 1788 (vgl. NB 6$_{106}$) ist kein gemachter Name für sich klug dünkende Narren, sondern der bekannte magister sententiarum Petrus Lombardus de Alta Siena (vgl. J. Meier, Z. f. d. Ph. 27, S. 551 gegenüber Spaniers Anm. zu NB 5$_{7}$). Von hohen synnen ist die volkstümliche Bezeichnung für die berühmte Hochschule von Siena. Geiler (das irrig schaf D 5 a) führt Petrus Lombardus mit derselben volkstümlichen Bezeichnung an.

[1]) Vgl. seine Anm. zu NS 44$_{12}$; ferner F. Schultz, Das Narrenschiff und seine Holzschnitte (Nachwort zum NS), Jahresgaben der Gesellschaft für Elsässische Literatur I (Straßburg 1913), S. LI.

[2]) Jänicke, Zeugnisse und Exkurse zur deutschen Heldensage, Z. f. d. A. 15, S. 316.

[3]) Vgl. W. Grimm, Die deutsche Heldensage, 2. Aufl., Berlin 1867, S. 313.

[4]) Vgl. Arndt a. a. O. S. 71 f.

Auch Haustiere pflegt Murner in seinen Satiren gegenständlich mit Namen vorzuführen. Der Fuhrmann ruft seinem Roß „liebs brünnlin" zu (NB 87$_{35}$). Grauschimmel tragen die Namen griß oder gromen: griß, du alter gul SZ 37$_{28}$; Mein gůter gromen starb daran LN 917; Also kennt griß den gromen NB 19$_{107}$. Gromen bedeutet keineswegs, wie Spanier[1]) behauptet, soviel wie altes Pferd, sondern bezieht sich wie brünnlin und griß nur auf die Farbe. In dem ergötzlichen Kapitel NB 31 (Der hundt, der das leder fraß) redet Murner das arme Hündlein mehrmals mit dem Namen weckerlin an (NB 31$_{1, 28, 68, 80}$). Diesen Hundenamen kennt auch Hans Sachs;[2]) wir finden ihn auch noch im 18. Jahrhundert. In MS 72 wird die Kapitelüberschrift von NB 31 mit den Worten mein betzly um das leder schlagen umschrieben. Der Hundenamen betzly findet sich auch bei Geiler (Sünden des munds 81 a) und in Freys Gartengesellschaft, Stuttg. lit. Ver. Bd. 209, S. 33$_{3}$.

III. Das Gespräch und seine Einführung.

In Murners Satiren ist sehr viel direkte Rede enthalten. Indirekte Rede ist nur sehr spärlich eingestreut. Es sind nur kürzere Sätzchen wie etwa NB 23$_{31}$: er sy zů arm. Vereinzelt steht folgendes Beispiel von drei Versen: Ich solt das schriben zů latin, Vnd nit dütsche rymen machen; Es syendt nit eyns doctors sachen! (GM 5295 ff.). Murner disputiert mit seinen Personen in der volltönenden Volkssprache. Die Rede in der ersten Person ist in seinen Satiren wie schon in der Lehrdichtung und Predigt des 13. Jahrhunderts ein beliebtes, häufig verwendetes Mittel, um den Kontakt mit dem Publikum herzustellen.[3]) Die Narren machen Einwürfe, stellen Fragen und antworten. Es entspinnt sich bisweilen ein dramatisches Unterhaltungsgespräch.[4]) Selbst wenn der Dichter Vergangenes berichtet, wählt er gern die volkstümlich-

[1]) Anm. zu NB 19$_{107}$.

[2]) Vgl. Goedekes Ausgabe der NB, Anm. zu 31$_{1}$.

[3]) Vgl. Ranke a. a. O. S. 106, zu Berthold Hasse a. a. O. S. 185.

[4]) Vgl. z. B.: NB 1, NB 5, NB 39, NB 50, NB 93. Über das dramatische Element, das in Bertholds Predigten besonders in die Augen sticht, vgl. M. Scheinert a. a. O. S. 30 f.; E. Bernhardt a. a. O. S. 24 f.; H. Greeven a. a. O. S. 6 ff.; Hasse a. a. O. S. 186 ff.; Wackernagel, Altd. Pred. S. 367.

frische Erzählungsweise mit direkter Rede. Man vergleiche etwa die längere Stelle GM 4846 ff. Brant erteilt seinen Narren in ruhigem Ton nützliche Ratschläge und hält lange, gelehrte Mahnreden, seine Darstellung ist steif und schwerfällig. Murners Ausführungen dagegen sind gewandt und fließend, voll Leben und Frische. Geilers lebendige und volkstümliche Art ist mit der dramatischen Beweglichkeit der Murnerschen Sprache nahe verwandt.

Sehr oft setzt die direkte Rede bei Murner wie im Volkslied ohne jede Einführung plötzlich ein, so z. B.: An syn hals bindt ers geschwindt Vnd treits, wa vil gesellen sindt: „Ju über iu! sy gab mir das! Gott grieß sy, do sy by mir was!" (NB 9₅₆ ff.). Verba des Sagens und Antwortens werden manchmal nur angedeutet in Wendungen wie: Die nerrin an syn hals anfelt: „Hertz aller liebster.... NB 9₄₀ f.; So weint er dann so innigklich: „Ach gott... NB 9₄₅ f.; Noch londt sy nit von irem bitten: „Ach lieber gsell..... NB 18₆₁ f.; Facht mit irem man an strytten: „Lieber hans.... MS 1433 ff.

Wird die direkte Rede eingeleitet, so geschieht es in der Regel mit dem Verbum sprechen. Selten werden die Verba sagen und iehen gebraucht.

IV. Formen der Anrede und Begrüßung.

In Murners Satiren verkehren die Personen in einfach-herzlichen, volkstümlichen Anrede- und Begrüßungsformen miteinander. Auch der Dichter gebraucht sie, wenn er sich an seine Narren, Schelme, Gäuche und Schwindelsheimer richtet. Selbst in der giftigen Satire LN treffen wir eine große Menge volkstümlich-treuherziger Anreden und Begrüßungen. In Brants NS ist das Verhältnis der Personen kalt und veräußerlicht. Noch viel mehr gilt dies von dem Verhältnis des Dichters zu seinen Personen. Brants Darstellung wird dadurch trocken und nüchtern. Murners Stil dagegen trägt den Stempel volkstümlicher Beredsamkeit. Wie der Prediger[1]) wendet sich unser Satiriker nicht an

[1]) Häufige Aufrufe und Anreden an einzelne Sünder sind für Bertholds Stil besonders charakteristisch. Damit sucht der Bettelmönch auf das Gewissen des einzelnen einzuwirken. Während sein Blick prüfend über die Menge schweift, steigt dem einen oder anderen die Schamröte ins Gesicht, er glaubt, der Prediger könne nur ihn meinen, und es ist ihm, als ob ihn die Nachbarn höhnisch anblickten. Vgl. H. Greeven a. a. O. S. 4 f.; M. Scheinert a. a. O. S. 34 f.

die Allgemeinheit der Sünder, sondern greift gern durch persönlichen Anruf und Aufruf denjenigen, den es gerade betrifft, aus der Gesamtheit heraus. Dadurch wird der Stil frisch und lebendig und erhält durch die vielen lyrischen Anredeformen den einschmeichelnden Ton und volkstümlichen Ausdruck warmer Anteilnahme und inniger Zutraulichkeit. Seine lyrischen, volksmäßigen Formen der Anrede und des Grußes sind oft ganz formelhaft wie im Volkslied,[1]) wecken aber doch stets Gefühl. Nicht nur Personen, auch Tiere werden in dieser volkstümlichen Weise apostrophiert. Man wird an des hl. Franziskus Lied von den Kreaturen erinnert, wenn man in Murners NB auf den Abschnitt 31 stößt, wo ein tiefes Mitgefühl für das arme, geplagte Hündlein zum Ausdruck kommt, namentlich in Versen wie: Sesse! sich, weckerlin, kumm her Vnd sag mir dise seltzam mer, Warumb man dich zů todt wil schlagen, Weckerlin, das soltu sagen! — liebs weckerlin, lyde dich, Du kompst in der hundt hymelrych! Zů todt geschlagen vnd geschunden, den lon die welt gibt allen hunden. (V. 1 ff., 68 ff.) In Bertholds Predigten finden sich Parallelen, so etwa: Röselin, dir tůt dîn meister unrehte, kündest du ez, gemerken unde gemelden, swenne er dich des růwetages arbeitet, wan dû soltest růwen.[2])

Ich beginne nun mit Beispielen für einfache Anredeformen und setze die Zusammenstellung in aufsteigender Linie fort: Landtschelm SZ 5_{7}, landtßmann NB 88_{39}, schelm SZ 33_{7}, würt SZ 7_{19}, buntgnossen LN 3623 u. ö., Herr NB 24_{7}, 57_{50}, 58_{66}, $95_{98, 127, 144, 170, 193}$, SZ 48_{128}, herr domine NB 95_{197}, herr grobian SZ 21_{7}, herr narren bschwerer NB 20_{1}, 39_{1}, herr offizial NB 20_{9}, 20_{63}, herr schryber NB 23_{1}, herr vatter SZ 48_{36}; ach herr GM 3903, ach gredtlin GM 3706, ach herzly GM 4872, ach hertz GM 3693, ach weckerlin NB 31_{28}; o müller MS 711, o junckfraw adelheit LN 1371, o münch SZ 21_{32}, o Murner LN 3952, o schåffer NB $50_{35, 37}$, o schelmen zunfft SZ Vor. 86; ir dͦchter GM 1967, ir frumen LN 4087, ir katzen LN 4479, 4486, ir wyber GM 59, 1467, 4909, ir zunfftgenossen GM 4927,

---

[1]) Vgl. Daur a. a. O. S. 56 f.

[2]) Fr. Pfeiffer, Berthold von Regensburg. Vollständige Ausgabe seiner Predigten I (Wien 1862), S. 288.

ir betzly BT 103 (Bl. 3 a); genedige künegin GM 546, gnedig frouwen GM 5126, zart vȯgly GM 1506, gůt gsel NB 78$_{5}$, gůter frindt LN 4032, gůten fründt LN 3623, gůt weckerlyn NB 31$_{80}$; ach gnedigé frow MS 652, ach gnediger herr GM 3455; o groser nar LN 475, o wyplich gschlecht GM 1918, o falsche zung SZ Vor. 81, o starcke biß LN 721, du grosser gouch GM 4801, du alter, douber gouch GM 4793, du falscher man SZ 15$_{29}$, du vil ȯder man NB 50$_{35}$, du unmüssiger man MS 711, du omechtig man SZ 3$_{8}$, du armer tropff SZ 31$_{37}$, du arme christenheit NB 42$_{95}$.

Am häufigsten verwendet Murner Anreden mit den Zusätzen lieb und myn, wozu oft noch die Interjektionen ach und o treten: Lieber dochtermann LN 3952, lieb elß NB 86$_{42}$, liebe flesch NB 18$_{5, 38}$, lieben frindt MS 517, GM 4562, LN 4124, lieber gesell NB 18$_{62}$, lieben geuch NB 6$_{149}$, lieben gsellen NB 35$_{58}$, 92$_{171}$, LN 3245, lieber guatter NB 19$_{77}$, lieben guattern NB 18 a; lieber hans NB 86$_{27}$, MS 1434, lieber herr NB 14$_{84}$, 93$_{39}$, 95$_{9}$, $_{13}$, $_{18}$, $_{107}$, GM 5285, lieben herren SZ 22$_{26}$, lieber herr domine NB 11$_{59}$, lieber herr der aduocat NB 21$_{53}$, liebes kindt GM 3596, 4872, lieber luther LN 3721, lieber man NB 60$_{32}$, LN 4255, 4259, lieben mann MS 685, lieber narr NB 9$_{20}$, 12$_{31}$, 81$_{63}$, lieber schelm SZ 24$_{37}$, liebs vȯgle GM 1503, liebs weckerlin NB 31$_{68}$; — ach lieber NB 80$_{134}$, SZ Vor. 21, ach liebe dirn NB 22$_{10}$, ach liebes geuchlin GM 4806, ach lieber gsell NB 18$_{62}$, ach lieben heiligen NB 35$_{1}$, ach lieber herr NB 14$_{84}$, 93$_{64}$, 95$_{162}$, GM 1081, ach lieber pur NB 33$_{95}$, ach lieben knecht LN 3262, ach lieber vetter LN 387, 2565, 2676, 4620, 4643, ach lieben kind BT 260 (Bl. 5 b); o liebe flesch NB 18$_{38}$, o lieber narrenbeschwerer LN 260, o lieber vetter LN 775; myn dȯchter GM 2086, myn gott SZ 48$_{127}$, myn herr der aduocat NB 23$_{17}$, mein kindt SZ 48$_{69}$, mein luther LN 3939, myn nachpur NB 57$_{14}$, myn sun NB 87$_{16}$, mein vetter LN 2483, myn zů versicht GM 1641, myn hoffnung GM 1642, myn trost GM 1643, o Murner mein LN 4316, o groser nar vnd vetter mein LN 475, mein schȯnes wyb MS 1146, gnedige frouwe myn GM 3855, zart vȯgly myn GM 1242; — lieber myn NB 63$_{46}$, lieber dyltap myn GM 4875, mein lieben fründ LN 3333, myn lieber gouch GM 1240, 1245,

3630, liebs myn henßlin NB 25$_{40}$, meyn lieber her SZ 31$_{3}$, myn lieber herr decan NB 19$_{68}$, myn lieber herr fiscal NB 32$_{75}$, myn lieber herr vnd guatter dechen NB 19$_{32}$, myn liebes kindt NB 65$_{54}$, GM 3313, 3507, myn lieben kindt NB 45$_{26}$, myn lieber sun NB 45$_{17}$, SZ 48$_{60}$, myn lieber vetter LN 4516, min lieben betzly BT 125 (Bl. 3 b); — ach liebster hußwirt LN 4255, ach liebster vetter liebster LN 590, mein liebster dochterman LN 4084, liebster vetter mein LN 2668, ach mein liebste adelheit LN 3980, du liebster müller myn MS 1602, hertz liebstes kindt SZ 48$_{02}$, hertz aller liebster NB 9$_{41, 76}$, hertz liebster vatter SZ 48$_{233}$, hertz liebster vatter meyn SZ 48$_{47}$, ach aller liebster vetter mein LN 2710, du aller liebste kranckheit myn GM 1640; mein hȯchster frindt LN 4259, meyn hochster hort SZ 20$_{32}$, GM 3706, 3757, MS 966.

Hie und da sind zwei oder mehr solcher Anredeformen miteinander verbunden, so: herr lorentz, lieber herr domine NB 11$_{59}$, lieber herr, herr domine NB 95$_{107}$, o falsche zung, du bitters krut SZ Vor. 81, weinrieffer, du omechtig man SZ 3$_{8}$, o schåffer, du vil ȯder man NB 50$_{35}$, o müller, du unmüssiger mann MS 711, lieber myn, du grosser gouch GM 4801, lieber man, mein hȯchster frindt LN 4259, o Murner, lieber dochterman LN 3952, o groser nar vnd vetter mein LN 475, o vetter, liebster vetter mein LN 2668, ach gredtlin, du myn hȯchster hort GM 3706, ach trinchen, du myn hȯchster hort GM 3757, ach hertz, myn kindt GM 3693, ach hertzly, liebes kindt GM 4872, ach liebster hußwirt, lieber man LN 4255; ach liebster vetter, liebster LN 590; o ir min betzly, junge kind BT 51 (Bl. 2 b); o ir Walleser, lieben frindt BT 233 (Bl. 5 a).

Nicht so mannigfaltig und zahlreich, aber alt und volkstümlich sind die Formen der Begrüßung und des Abschieds: Nun grůß dich gott GM 541; Mein lieber vetter, grüß dich got, Wie gat es dir? was ist dir not? LN 4516 f.; Gott grieß sy NB 9$_{58}$, vgl. Daur a. a. O. S. 58; bei alemannischen Dichtern ist diese Grußformel mit Vorliebe als Gruß im Liebesbrief gebraucht. Siehe W. Volhöfer, Gruß und Abschied in ahd. und mhd. Zeit. Diss. Göttingen 1912, S. 39. Sindt gott wilkumm, her ir frůmmen! NB 46$_{2}$;

Ach sein got wilkum LN 1518; got wilkum sagen LN 1376; Sein mir got wilkum her, ir frumen, Al die mir zů eren sein kumen! Sein noch ein mal got wilkum schon LN 4087 ff. Vgl. Bolhöfer a. a. O. S. 31—38, Haupt zum Erek 5093; Vogt zu Salman und Morolf 56$_{3}$.

Hierzu gesellen sich Begrüßungsformeln geistlich-gelehrten Charakters, die aber im ausgehenden Mittelalter volkstümlich geworden waren: Domine iohannes, kumpt heryn NB 61$_{5}$; Gar bald wynscht ir ein bona dies Vnd fragt, wa ir vffricht ein quies NB 11$_{32}$ f.; wynschen deo gracias NB 11$_{64}$; Beneueneritis pater abraham NB 61$_{1}$; Beneueneritis nobis, herr grobian SZ 21$_{7}$. Mit diesen Grußformen waren zu Murners Zeiten auch die des Lateins unkundigen Personen vertraut. Vgl. J. Wickram im Losbuch, Werke Bd. 4, Stuttg. lit. Ver. Bd. 230, S. 55; R. Köhler, Vier Dialoge von Hans Sachs, Weimar 1858, S. 81; Belege aus Schade, Satiren und Pasquille stellt Ebert a. a. O. S. 42 zusammen. Der erste Dialog von Hans Sachs[1]) beginnt z. B. mit den Begrüßungen: S. Bonus dies, köchin! — K. Semper quies! seit wilkum meister hans! — S. Gott dank euch! — K. Beneveneritis, meister hans! — S. Deo gratias! Weitere Belege aus Hans Sachs bei Ebert.[2]) Ott[3]) führt Beispiele aus Geilers Predigten an. — Eine launige, witzige Begrüßung in gemachtem Latein ist: Sich, herr lorentz, gnadeatis NB 11$_{15}$. Vgl. hierzu das „Monopolium des Lichtschiffs“ bei Zarncke, Die deutschen Universitäten des Mittelalters, S. 60$_{23}$.

Die Abschiedsformeln ade und alde haben einen volksliedmäßigen, lyrischen Charakter.[4]) Folgende Stellen kommen in Betracht: Ade! so mag ich nüm belyben By solchen ôden, bôsen wyben. GM 459 f.; Alde! ich far in in hymels thron, Do ich Mariam hab gelon. GM 461 f.; All dee! all dee! ich far do hyn. GM 317; Alde, far hin, du ôde welt! LN 4436; Alde, alde, ich far dahin! LN 4659. Diese Wendungen kehren

---

[1]) Keller-Goetze 22. Bd., S. 6$_{5}$ ff.

[2]) a. a. O. S. 44.

[3]) a. a. O. S. 72 f.

[4]) Vgl. Spanier, Z. f. d. Ph. 26, S. 213. Siehe auch Bolhöfer a. a. O. S. 79.

im Volkslied[1]) häufig wieder. Mit den drei Belegen aus GM, wo die klagende Frau Scham spricht, ist zu vergleichen: Der scham sagen sie alde, alde (Geiler, Brós. 1₄₁b). In der Schwankliteratur werden ähnliche Abschiedsformeln häufig verwendet.[2])

V. Deminutiva.

Murners Sprache ist überaus reich an Deminutivbildungen. Alemannische Treuherzigkeit und Vertraulichkeit, innige Zuneigung und lachende Freude gelangen in diesem Stilelement zum Ausdruck. Von jeher war diese stilistische Erscheinung in unserer Volkssprache heimisch. „Ihren eigentlichen Boden hat sie überall in der vertrauten Verkehrssprache, würdevoller Rede, ernster Betrachtung, kalter Geschäftssprache ist sie fremd.“ [3]) In der Literatur werden die Verkleinerungsformen erst um die Zeit des späteren Umlauts gebräuchlich und treten von da ab immer häufiger auf. Der Dichtung der Kleriker und der Predigtliteratur sind sie nicht sehr geläufig; nur Berthold hat seine volkstümliche Sprache auch in dieser Hinsicht dem Volksempfinden angepaßt. Sie ist wie die Sprache der volkstümlichen weltlichen Literaturgattungen deminutivreich. Der Befund der mhd. Denkmäler spricht durchaus gegen Polzins Ansicht, nach der Predigt und Unterricht die dem Germanischen ursprünglich nicht eigentümlichen Deminutiva in die Literatur eingeführt und in weiteren Kreisen verbreitet haben sollen. In der mhd. Zeit ist in der Literatur der einzelnen Landschaften im allgemeinen ein quantitativ verschiedener Deminutivgebrauch nicht festzustellen, obschon die österreichisch-bayerischen und schwä-

---

[1]) Daur a. a. O. S. 68 f.

[2]) Vgl. Pauli, Schimpff und Ernst, Stuttg. lit. Ver. Bd. 85, S. 359₁₈; Eulenspiegel, Braunes Neudr. Nr. 55/56, S. 130₁₃.

[3]) Wilmanns, Deutsche Gram. II, § 294; vgl. auch Z. f. d. A. 47, 174 ff. Polzins Theorie vom lateinischen Ursprung der germanischen und deutschen Diminution (vgl. Q F 88) ist verworfen worden. Wrede (Deutsche Dialektgeographie 1) suchte zu erweisen, daß die deutschen Deminutiva von hypokoristischen Namensformen ausgegangen sind. Gegen Polzin richtet sich auch Fritz Hastenpflug in seiner Dissertation „Das Diminutiv in der deutschen Originalliteratur des 12. und 13. Jahrhunderts“ (Marburg 1914); vgl. besonders S. 43 ff., wo u. a. mit Beziehung auf den volkstümlichen Prediger Berthold darauf hingewiesen wird, daß gerade dem Volke die Deminution geläufig war.

bisch-alemannischen Mundarten dem Volkscharakter entsprechend schon damals auffallend deminutivreich waren. Im ausgehenden Mittelalter fließt aber der ganze Reichtum an Deminutivbildungen mit der alemannischen Volkssprache in die Literatur über. In Murners Satiren besitzen die Verkleinerungsformen meist den Charakter von naiv-vertraulichen oder ironischen Koseformen, in verächtlichem Sinne hat sie unser Satiriker nur selten verwendet. Trotz aller Schärfe erhalten die Satiren dadurch einen warmen Einschlag herzlicher Teilnahme, die uns im Volkslied so sehr anheimelt.

Bei Murner ist die große Mehrzahl der Deminutiva auf —lin (—lyn) und —ly gebildet (z. B. Elßlin, gredtlin NB 50₈, krentzlin GM 3334, menlyn GM 1432; henßly SZ 12₄₀, drütly NB 14₇₃, betzly BT 57 (Bl. 2 b), hertzly GM 356, sparnößly[1]) LN 3991 ff. Daneben finden sich hie und da Bildungen auf —le (z. B. ripple GM 145, küchle GM 175) oder auf —il (—el) (z. B. bersingil, schnadvischil u. a. MS 671 f., hertzil GM H 4 a, bendel GM 1747). Die Belege aus GM, der deminutivreichsten Satire, hat Bebermeyer[2]) zusammengestellt. Es sind 58 verschiedene Deminutiva, die an 122 Stellen verwendet sind.

VI. Interjektionen und Exklamationen.

Interjektionen und Exklamationen finden sich in Murners Satiren zahlreich. Dieser Reichtum ist ein charakteristisches Merkmal des volkstümlichen, stark akzentuierten Stils. Der Ruf ist als das primitivste Zeichen einer seelischen Erregung oder eines Gefühlsübermaßes das ursprünglichste poetische Ausdrucksmittel. Das Volk gibt seiner Trauer und Freude unwillkürlich in kräftigen Exklamationen, in frohen Jauchzern und lauten Klagerufen Ausdruck. Der Naturmensch ist nicht imstande, seine Gefühle in wohl geordnete, syntaktisch festgefügte Sätze einzuzwängen, sondern bekundet sie in Ausrufen, die das Satzganze durchbrechen, lebendig, kräftig und frei. Stark erregte, nach unmittelbarem Ausdruck

[1]) Vgl. unten S. 93.

[2]) a. a. O. S. 60. Der für den männlichen Sperber verwendete Vogelname sprentzerling (GM 1606) ist hier zu Unrecht unter die Belege aufgenommen. Bei diesem Worte wurde die Deminutivbildung längst nicht mehr empfunden.

ringende Empfindung ist also das Element, das dem volkstümlichen Stil die große Menge von Interjektionen zuführt. Dasselbe Element mischte auch dem Stil der Stürmer und Dränger[1]) eine ganz beträchtliche Anzahl von Empfindungswörtern ein. Im Volkslied[2]) finden wir einen ähnlichen Reichtum an Interjektionen wie in der volkstümlichen Predigt. Heil- und Wehrufe gehören schon zum traditionellen Stilgut der altdeutschen Predigt.[3]) Berthold[4]) ist mit Interjektionen außerordentlich freigebig, ebenso Murner. Bei ihm finden sich folgende Empfindungswörter und Exklamationen: ab ab LN 1041; ach NB 35$_{1}$, 77$_{62\,63}$, 83$_{52}$, 93$_{64}$, SZ 14$_{30}$, 38$_{23}$, GM 1081, 1083, 1506, 2564, 3455, 4445, 4805, 4806, LN 689, 1127, 3806, 3332 u. ö. besonders in Verbindung mit Anreden; ach gott NB 5$_{164}$, 6$_{109}$, 7$_{5}$, 9$_{5}$, 9$_{46}$, 12$_{96}$, 26$_{32}$, 40$_{63}$, 42$_{95}$, 55$_{21}$, 56$_{72}$, 57$_{64}$, 67$_{22}$, 68$_{20}$, 80$_{9}$, 81$_{30}$, SZ 42$_{31}$ MS 937, GM 813, 2313, 2548, 3660, LN 576, 2714, 2923; ach leider gott NB 35$_{1}$; achen ia NB 85$_{57}$; ach leyder NB 35$_{4}$, 80$_{14}$, 81$_{25}$, GM 2160; ach nein GM 3636; ach nein, ach nein NB 93$_{107}$; drutz (interj. minantis) NB 19$_{37}$, 26$_{54}$, 26$_{71}$; ey GM 3650; frisch dran, frisch dran NB 93$_{111}$; gelt GM 4299; gott geb (bei Murner überaus häufig, ist mit Ausnahme von wenigen Fällen wie NB 93$_{51}$ zur Partikel erstarrt. Vgl. Zarncke zu NS 57$_{21}$.) = einerlei, es sei dem, wie ihm wolle: NB 6$_{24}$, 39 c, 41$_{34}$, 51$_{59}$, 60$_{14}$, 62$_{37}$, 83$_{5}$, 91$_{31}$, 95$_{171}$, SZ 6$_{35}$, GM 1907, 3734, LN 105, 607, 844, 1051, 1789, 2323, 3196, 3593, 4778; gott geb, gott grieß NB 5 a, 32$_{92}$, 54$_{55}$, GM 1048, LN 2184 hat die gleiche Bedeutung wie gott geb;[5]) ha MS 1130; hem hem GM 3328, 4852, hem hyn GM 4853, vgl. DWb. 4, 2$_{785}$; her, her NB 93$_{106}$; her her, frisch dran LN 2265; here wol here NB 5$_{124}$; ho hoch NB 4$_{147}$; hot hunder (Fuhrmannsruf) NB 35$_{170}$; hy NB 9$_{75}$, 56$_{86}$, 78$_{62}$, 82$_{47}$, 92$_{125}$; hy leider NB 46$_{16}$; ia NB 29 d,

[1]) Vgl. R. Philipp a. a. O. S. 13.

[2]) Vgl. Höber a. a. O. S. 75 f.

[3]) Vgl. Haß a. a. O. S. 74.

[4]) Vgl. Hasse a. a. O. S. 188 f.

[5]) Als gott er spreche NB 44$_{63}$ ist eine erstarrte syntaktische Formel, aus „als ob gott geb wer spreche" entstanden. Heute ist die Formel im elsässischen Volksmund zu „gottersprich" und „gottwersprich" versteinert. Aus „gott geb wer seit" ist die Formel „gotterkeit" entstanden, die in der unterelsässischen Mundart heute noch gang und gäbe ist. Das Wörterbuch der elsässischen Mundarten (bearb. von E. Martin und H. Lienhart) kennt diese Formel nicht.

35$_{69}$, 56$_{52}$, 78$_{7}$, 83$_{6}$, 91$_{44}$, 93$_{15}$, 95$_{87}$, SZ 35$_{22}$, MS 1312 u. ö.; ia ia LN 1559; jo SZ 5$_{37}$, MS 952, 957, GM 4542, 4801, 4875; ja wol NB 22$_{12}$, SZ 6$_{30}$, LN 183, 193, 515; jo wol, io wol GM 1003; juch GM 3484; iu über iu NB 9$_{57}$; juch heya ho LN 4109; morde jo NB 85$_{a}$, vgl. Pauli, Schimpf und Ernst, Stuttg. lit. Ver., Bd. 85, S. 16$_{2}$, 44$_{2}$, 153$_{2}$, 158$_{2}$; dibio: ebenda S. 69$_{1}$, feur io: NS 86$_{a}$;[1]) nein NB 66$_{48}$, 92$_{163}$, 93$_{93}$, MS 789, GM 3666; nein ich SZ Entsch. 72; neyn nit GM 3646; nichtz, nichtz LN 141; nüt nüt LN 2015; o NB 35$_{129}$, 59$_{26}$, 91$_{32}$, 92$_{4}$, MS 108, GM 4799, LN 714, 721, 2760, häufig vor Anreden; och GM 1821, och och NB 5$_{183}$; verstärkt mit â zu ocha NB 27$_{26}$, 60$_{29}$; vch NB 26$_{65}$; o got LN 202, 341, MS 494 u. ö.; o gott o gott NB 46$_{19}$; o we NB 94$_{58}$, SZ 27$_{27}$; o we vnd o we LN 4633; pfuch (pfui!) LN 2660; sich NB 11$_{15}$, 25$_{1}$, 31$_{1}$, 84$_{1}$ u. ö.; sesse NB 31$_{1}$, ein Lockruf, vgl. J. Grimm, Deutsche Gram., n. Abdr. III, S. 304; we NB 22$_{2}$, 40$_{24}$, MS 538, 874; we aber SZ 33$_{9}$; we vnd o we LN 251; we yemer we GM 325, 2492; wol aber MS 1528; wol aber her GM 1789; wol an NB 31$_{98}$, 95$_{11}$, GM 213, 4062; wol an wol an SZ 44$_{35}$, GM 884; wol her LN 137; wolher, wolher NB 10$_{3}$, LN 3240; wol hin NB 55$_{3}$, GM 163, 3799, LN 363; wol hin, wol hin NB 39$_{75}$, GM 2235; wol ynher NB 59$_{4}$; wol vff LN 4242; wol vß NB 6$_{73}$, 16$_{98}$, 36$_{62}$, 44$_{70}$, 82$_{32}$; wol vß, wol vß LN 4278 (vgl. NB 19$_{130}$: vß); zů her NB 92$_{164}$. Hieran ließen sich noch Ausrufe reihen wie: do von nit NB 86$_{47}$, 93$_{111}$; wyt von mir NB 36$_{61}$ u. ä.

VII. Schimpfwörter, Beteuerungs- und Verwünschungsformeln.

Neben der Fülle der Empfindungswörter und Exklamationen steht in Murners Satiren dem dramatisch-lebendigen Verhältnis der Personen und ihrem volkstümlich-derben Wortwechsel entsprechend eine große Anzahl von kräftigen Schimpfwörtern, Beteuerungen, Flüchen und Verwünschungen. In diesen Stilelementen kommt die besondere Lebhaftigkeit, mit der ein Gefühl betont werden soll, und die Wucht, mit der Behauptungen gestützt werden sollen, ungedämpft zum Ausdruck. Brant wendet diese

[1]) Über diese Notschreie siehe Kluge, Z. f. d. Wortf. 2 (1902), S. 48.

Stilmittel ganz selten an, Murner übertrifft Geiler, Rosenblüt und Hans Sachs um vieles. Nur Folz streut eine Menge ähnlicher derber und grober Verwünschungen und Flüche in das Gespräch ein.[1]) Unser Satiriker verrät die intimste Kenntnis der niederen Volkssprache. Damals war eine erstaunliche Fülle von Schimpfwörtern und fluchartigen Formeln in Umlauf, die jenes zornige, grobe und kraftstrotzende Zeitalter aus innerem Drang heraus prägte.[2]) Am meisten waren die Kochersberger Bauern, die Landsknechte und besonders die schweizerischen Reisläufer wegen ihrer gottlosen Flüche berüchtigt. Vgl. NB 95_{70}, 6_{30} f., Geiler, Navicula 67_{6}; NB 95_{74} ff., LN 1805 ff., Geiler, Sünden des munds, fol. 38. In Ratsprotokollen werden diese Schimpfwörter und Flüche oft als gottlos und straffällig erwähnt. R. Brandstetter[3]) hat in zwei Arbeiten aus den Luzerner Ratsprotokollen lehrreiches Material zusammengetragen. Weiteres Quellenmaterial veröffentlichte G. Bing.[4]) Viele dieser blasphemiae finden sich in Murners Satiren. Im Gegensatz zu Hans Sachs u. a., die Scheltworte und Flüche meist nur anderen in den Mund legen, mischt sich unser Satiriker selbst schimpfend und schwörend mit der Narrenkappe unter seine verdorbene Narrengesellschaft, deren Sprache er absichtlich redet. Ein gewisses Maß von Zorn und Derbheit dürfen wir dem heißblütigen, streitbaren Murner in jener Zeit ohnehin schon zutrauen. Ausdrücke wie ö d e r b ö s e r m a n und Appellativnamen, die zu Schimpfwörtern herabgesunken sind, werden in der folgenden Zusammenstellung nicht berücksichtigt.

Schimpfwörter.

Affe, häufig gebraucht z. B. NB 80_{88}, 95_{156}, vgl. DWb. 1_{183}; Belege aus älterer Zeit siehe bei Zarncke NS XLVII f.;

---

[1]) Vgl. Michels, QF 77, S. 22 ff.

[2]) Vgl. zur Derbheit und Rohheit der alemannisch-schweizerischen Volkssprache des Reformationszeitalters: A. Blatter, Schmähungen, Scheltreden, Drohungen. Ein Beitrag zur Geschichte der Volksstimmung zur Zeit der schweizerischen Reformation. (Progr.) Basel 1911.

[3]) Blasphemiae accusatae, Z. f. d. A. 30, S. 399 ff.; Prolegomena zu einer urkundlichen Geschichte der Luzerner Mundart. Einsiedeln 1890, S. 44 ff.

[4]) Basler Schimpfwörter aus dem 15. Jahrhundert, Z. f. d. Wortf. 8 (1906/07), S. 161 ff.

— pfaffen vnd ouch affen LN 1475, ein volkstümliches Wortspiel, vgl. Murners Gots hl. Meß B 4 b; Schade, Satiren und Pasquille I, S. 8; — banckharten BT 198 (Bl. 4 b), uneheliche Kinder; — begyn NB 25_{82}, 59_{19}, LN 4076, 4536, 4553 u. ö. Dieser Name für Laienschwestern war zu Murners Zeit zu einem volksläufigen, viel gebrauchten Schimpfwort herabgesunken, vgl. DWb. 1_{1296}. Dieses Wort kehrt in obszönen Wendungen mehrfach wieder: beginen gerben LN 4597, vgl. LN 4571 f.; beginen schaben LN 4580; vgl. Zarncke zum NS 102_{47}; zur Beginenfrage J. Greven, Die Anfänge der Beginen, Münster i. W. 1912; Vorreformationsgeschichtliche Forschungen H. 8; über die Straßburger Beginenhäuser Ch. Schmidt in Stöbers „Alsatia" 1858—61, S. 149 ff.; — blotzbrůder NB 25_{64}, ein Schimpfname für Laienbrüder. Zarncke bringt das Wort mit „blottern" (= Blattern) in Zusammenhang; vgl. die Anm. zu NS 102_{47}; — bestia MS 154, ein Schimpfwort, das auf Frauen bezogen wurde, vgl. die Zimmerische Chronik, hsg. von Barack, Freiburg und Tübingen 1881, Bd. 2, S. 434 und 464, ferner DWb. 1_{1677}; — bôßwicht NB 80_{2}, GM 4320, LN 2361, 3402; fleisch bôßwicht GM 3690, vgl. Brandstetter, Z. f. d. A. 30, S. 403; — die alte brecken NB 67_{42}, ein wüstes Schimpfwort für eine alte, unsittliche Person, eigentlich = alte Hündin, vgl. Geiler, Emeis 17 b, Simplicianische Schriften II, Stuttg. lit. Ver. Bd. 34, S. 840. Über das Schimpfwort Hund siehe Brandstetter, Z. f. d. A. 30, S. 408; — bůbe NB 19_{130}, 36_{33}, 41_{95}, $45_{2,38}$, 56_{74}, 80_{137}, 63_{1}, MS 752, LN 668, 2137, 4308, ein Schimpfwort für unsittliche, nichtsnutzige junge Männer, häufig in der Verbindung hůrn vnd bůben, z. B.: NB 19_{130}, LN 4308, Geiler, Brös. 1_{52} b, vgl. Brandstetter, Z. f. d. A. 30, S. 408; — burenmetz LN 1779 = Hure, vgl. metz vnmůß SZ 2_{14}, metz katheryn NB 18_{14}; — dyltap GM 4875 = Tölpel, alberner Mensch, häufig in Fastnachtspielen, vgl. Uhl zu GM 4875, Hans Sachs bei Keller-Goetze Bd. 9, S. 420_{23}, Bd. 21, S. 323_{25}; — endcrist (LN 1850) heißt der Papst. LN 3764 lautet das Schimpfwort entencrist. Diese Formen sind wortspielende, volkstümliche Umbildungen von Antichrist; vgl. E. Preuß, Vorstellungen vom Antichrist im späteren Mittelalter, Diss. Leipzig 1906; — entendieb LN 3340 = unehrlicher Mensch. Dieb ist nach

Brandstetter, Z. f. d. A. 30, S. 403, ein beliebtes Schimpfwort, das oft spezialisiert wird, z. B. zu Hahnendieb, Entendieb usw.; — esel NB 10$_{34, 35, 67, 81, 82, 86}$, LN 1863, GM e 2 b, BZ 80 (Bl. 2 b) u. ö.; esels kopff NB 10$_{37}$; eselßköpffer nennt Luther (LN 1874), die alten scholastischen Hochschulen zu Paris und Köln; esels or NB 10$_{55}$, vgl. Zarncke NS XLVII; — galgenkindt SZ 48$_{44}$; galgen schwenckel SZ 26$_{27}$; — gouch NB 2$_{84}$, 6 a, 59$_{26}$, 86 a c$_{1, 4, 6}$, MS 117 u. ö. in GM = Tor, Weibernarr, entsprechend geuchin = Buhlerin, vgl. Zarncke NS XLVIII f.; — geffels mul NB 11$_{53}$, SZ 38$_{9}$, MS 1206 = Maulaffe, abgeleitet von geffeln = gaffen; — gecken NB 1$_{81}$, 9 d; NB 1$_{79}$ = Armagnaken, die im Volksmund „arme Gecken" hießen, vgl. zu der Namensverdrehung Eck = Geck in LN 1875 Z. f. d. Ph. 37, S. 108. In LN 1852 ist der Name in Gickus geckus verdreht; im Karsthans lautet er Geckius; gickenheintzen LN 2715, vgl. gickenschweiß GM 5244; — — grobian NB 10$_{90}$, 18$_{87}$, SZ 21$_{1}$, vgl. Zarncke zu NS 72$_{1}$; Hauffen, QF 66, S. 22; — grintbutz LN 4283; gugelbůben LN 1867, gugel fritz LN 899, Schimpfnamen für Mönche, vgl. Kurz, Glossar zu LN, S. 220; neben gugelfritz kommt auch gugelfranz vor; gugelfrenzin ist ein Schimpfwort für Nonne, vgl. H. Klenz, Schelten-Wörterbuch, Straßburg 1910, S. 40; — hippen bůb NB 16$_{92}$, SZ 1$_{31}$, SZ 13, SZ 13$_{1}$, LN 1290, 3719 = Spitzbube, Lästermaul, eigentlich ein Bube, der Hippen (Backwerk) feilbietet; — holtz bóck NB 70$_{98}$ = ungeschickte Menschen; — hůr NB 19$_{130}$, 45$_{2}$, 67$_{39, 46}$, GM 5129, BT 205 (Bl. 4 b) u. ö.; óde münchshůr LN 4272; hůrn kinder SZ 2$_{12}$; vgl. Brandstetter, Z. f. d. A. 30, S. 405; — katze LN 1855. Die Gegner pflegen Murners Namen in Beziehung zu Kater und Katze zu bringen. In Streitschriften wird er nicht anders als mit einem Katzenkopf abgebildet. So läßt er sich auch selbst auf den Holzschnitten im LN darstellen. Die Führer der Parteien wurden in der Reformationszeit hüben und drüben in Tiergestalt abgebildet und verhöhnt. Hans Wolf wird z. B. von Nas als wilder Wolf verspottet, seine Predigt wird als Wolfsgeheul hingestellt. Vgl. Hauffen, Z. f. d. Ph. 36, S. 468 f. Weitere Beispiele siehe bei Fr. Lepp, Schlagwörter des Reformationszeitalters = Quellen und Darstellungen aus der Geschichte des Reformationsjahrhunderts 8 (1908), S. 5; — keib NB 41$_{14}$,

LN 442, 4415, 4447, GM 4221 u. ö., ein rohes Schimpfwort, das ursprünglich eine Viehseuche, dann das an der Seuche verendete Tier und schließlich einen Ekel erregenden Gegenstand von tiefster Verachtung bedeutet, vgl. DWb. 5_{431}, Stöbers Alsatia 1856, S. 73, Anm. 2; — kȯppels knaben NB 32_{6}, nach Zarncke (Anm. zu NS 17_{30}) = Baderknecht; Spanier (Glossar zu NB, S. 359) denkt an koppen, kȯppeln = kastrieren; — nasse knaben NB 60_{45}, 82_{7}, SZ 6_{30}, 14_{11}, 23, 23_{37}, nasser kunde NB 81_{40}, ironisch: trucken knab SZ 48_{1}, es sind dies Namen für Trunkenbolde und Schlemmer; — kotze NB 31_{24}, 80_{103}, MS 473, 478, 1324 = Hure, oft in Verbindung mit „lunge", vgl. DWb. 5_{1901}; — kregen speyß SZ 26_{27}; — lecker NB 26_{54}, 36_{58}, 66_{39} u. ö., bȯser lecker NB 45_{42}, 82_{72}, SZ 48_{45}, GM f 2 b, leckers bȯßwicht GM 3687 = Lump, Schlemmer, unsittlicher Mensch; dieses Schimpfwort ist ungefähr gleichbedeutend mit bůbe, mit dem es oft verbunden ist, vgl. Geiler, Emeis 76 a, Brȯs. 1_{50} a, 1_{52} b; Brandstetter, Prolegomena S. 41; — leichnam LN 3345 = keib; — lȯffel NB 27_{5}, $8_{4, 8, 13}$ u. ö., eine Weiterbildung von laffe (vgl. lappen LN 2760) = einfältiger Tölpel; — Lother LN 3463, eine Verdrehung von Luthers Namen, an lotter und lotterbůb erinnernd, vgl. Lepp a. a. O. S. 5; — lumpen lüt LN 3530; — lunge NB $80_{103, 123}$, MS 473, 1324 u. ö. = Hure, vgl. Brandstetter, Z. f. d. A. 30, S. 405, Bing a. a. O. S. 163; luren BT 199 (Bl. 4 b), als volkstümliches Schelt- und Schimpfwort für schlaue, verschmitzte Menschen, Lügner, Schelme und Spitzbuben schon um 1327 in der Literatur gebräuchlich. In dieser Bedeutung lebt das Wort heute noch in der alemannischen Mundart weiter. Das Wort lûr ist eigentlich eine Bezeichnung für elbische Wesen und bedeutet soviel wie „der Blinzelnde". Vgl. das schweizerische Idiotikon Bd. III, 1376, ferner W. Hertz in den Sitzungsber. d. Münch. Akad. d. Wiss., phil.-hist. Klasse 1886, S. 238 ff.; — mertzen kalb NB 18_{65}, mertzen kinder SZ 26_{25}, 41_{7}, LN 3887, Schimpfwörter für Nichtsnutzige und für Ungezogene, die nicht zu gebrauchen und deshalb „auszumerzen" sind. Spanier leitet im Glossar zu NB S. 362 die Bedeutung von der Sitte ab, im März Schafe und Kälber aus der Herde auszusondern. Diese Erklärung verdient vor R. M. Meyers Deutung (mertzen kinder = Kinder des Mars) den Vorzug. Vgl.

Z. f. d. Ph. 27, S. 352; — mulaffen LN 2135, hier ein Schimpfwort für die Geistlichen; — murnar LN 1855 ist eine Verunstaltung von Murners Namen, vgl. Lepp a. a. O. S. 5; — murwaw LN 3515, murmeierin LN 4282; — narr, ein ganz gelindes Scheltwort, das in jener lebensfreudigen Zeit der Fastnachtlustbarkeiten in Alemannien ganz allgemein auf Menschen, die mit Lastern, Gebrechen und üblen Eigenschaften behaftet waren, angewendet wurde. Die Sünde erscheint verkleinert und vermenschlicht als Narrheit. Das Wort „Narr" spielt in der alemannischen Literatur eine ähnliche Rolle wie der Teufel in der mitteldeutschen Teufelsliteratur. Murner verwendet das Scheltwort „narr" überaus häufig. In NB und LN gibt es das Einkleidungsmotiv für die Satire ab. — nolharten NB 25_{64}, ein Schimpfname für schlechte Laienbrüder und Mönche, nollen = futuere DWb. 7_{870}, vielleicht liegt aber auch ein Wortspiel vor: Paternoster: Paternoller, nollenbeten, vgl. H. Klenz, Schelten-Wörterbuch S. 42; — ölgötzen LN 1863 = steifer, dummer Mensch, im Munde der Lutheraner ein Schimpfwort für Priester, vgl. DWb. 7_{1278} ff., G. Kawerau, Caspar Güttel, Halle 1882, S. 11, Anm. 2 und Ch. Schweitzer in den Hans-Sachs-Forschungen, hrsg. von A. L. Stiefel, Nürnberg 1894, S. 369; — relling LN 1857, 3377 = unflätiger, unsittlicher Mensch, eigentlich = brünstiger Kater; — rypp, rypply, ripple MS 299, 301, 303, 309, 319, GM 145, 3108, 3072, 3074, 4217 = böses, stolzes Weib. Es ist wunderlich, daß Uhl im Glossar zu GM 145 eine Anspielung auf penis und „adams gerte" vermutet; — sack NB 13, 13 a d, 13_{1}, 22_{1}, 22_{65}, 65_{48}, LN 4272 u. ö., bseichter sack NB 17_{96}, 22, 22 a, MS 54, drecksack MS 1369, schlepseck MS 1369, 1431, BT 207 (Bl. 4 b), überaus derbe Schimpfwörter für Dirnen und Huren, das letzte eigentlich für solche, die einen schleppenden Gang haben. Plautus (bei Gellius III 3, 6) nennt sie nach ihrem Gange scrupedae. Vgl. Zarncke zu NS 6_{55}; Brandstetter, Z. f. d. A. 30, S. 405; Binz a. a. O. S. 163; H. Klenz, Schelten-Wörterbuch S. 34. — schalck NB 63, 63 a b c, $63_{1, 7, 8, 9, 12, 14}$, u. ö.; — schelm NB $15_{9, 78}$, 18_{87}, 36_{25}, 46 a, 66_{58} u. ö., in SZ überaus häufig, ein Schimpfwort, wenn auch die alte Bedeutung schelm = cadaver im 16. Jahrhundert verblaßt war, vgl. Spanier, PBB 18, S. 51 ff.; schmutz kolb

BT 99 (Bl. 3$_{a}$), hier ein Schimpfwort für abgefallene Geistliche; kolbe = Kopf, Haupthaar, Tonsur; — schwindelßheimer (knaben) MS 60, 132, 405 u. ö. = Schwindler, Narren, insbesondere meint der Dichter Liebesnarren. Schwindelßheim ist eine witzige Verdrehung von Schwingelsheim = Schwindratzheim. — sparnößly LN 3991 ff., nach Martin, Allg. deutsch. Biogr. 23, (1886), S. 76 „ein ganz gemeines Schimpfwort", eigentlich = Sparhäfchen (vasculum). Goedeke, Gengenbach S. 697 deutet dagegen das Wort als Lämmchen, junges Mädchen, Liebchen. Vgl. hierzu DWb. 10, 1$_{1945}$, Enders, Eberlin von Günzburg Bd. 3 (Halle 1902), S. 377. — fuler tropff NB 65$_{36}$; — vnflat NB 18$_{87}$, SZ 21$_{2}$, GM 3722, LN 4301 = unflätiger, grober Mensch; — wein rieffer NB 36$_{11}$, SZ 3$_{8}$ (vgl. SZ 3, GM 3791) = Lästermaul, vgl. Spaniers Anm. zu NB 36$_{11}$.

Beteuerungs- und Fluchformeln.

1. Offene und versteckte Anspielungen auf Gott und die Heiligen.

Harmlose Beteuerungen sind: by gott NB 4$_{148}$, 35$_{69}$, 56$_{54}$, 60$_{6}$, 80$_{135}$, 66$_{48}$, 67$_{21}$, 73$_{21}$, 75$_{a}$, 78$_{7}$, 92$_{96}$, 93$_{15}$, 95$_{100}$, SZ Entsch. 72, GM 3311, 4533, 5269 u. ö.; in gotz nammen GM 652, vmb gots willen GM f 1$_{a}$, blůts willen NB 56$_{1}$, bei gott vnd heiligen LN 4571, vff myn göllen NB 26$_{57}$, heiliges crütz NB 44$_{1}$, 61$_{6}$, 84$_{1}$, vmb den werden got LN 4269. Schwüre und Flüche: Wie man schwŏrt am kochersperg: Gŏtz luß, gŏtz dreck, gŏtz darm, gŏtz schweiß! Vnd flůch als, das ich yendert weiß. Stat es nit wohl in mynem huß, die byl vnd hinsch můß auch heruß. NB 95$_{74}$ ff.; Wie man schwert am kochersperg: Gŏtz byl, gŏtz hinsch, gŏtz treck, gŏtz krŏß, Die flůch tů ich, wan ich bin bŏß. LN 1805 ff.; Ich schwier botz darm vnd ouch botz lung SZ 1$_{7}$; heyliger leichnam vnd botz darm SZ 19$_{1}$; Vnd kan die grossen schwier nit recht: Gotz marter, wunden, velten, küreyn SZ 4$_{8}$; So er (Gott) nit nach dym willen thůt, dann flůchstu synem fleisch vnd blůt Vnd hebst im vff syn marter, wunden. NB 81$_{37}$ ff., vgl. NB 6$_{30}$ f.; — botz buch NB 93$_{93}$, botz ferden blůt NB 10$_{30}$, verdenblůt NB 6$_{129}$, 48$_{61}$, 93$_{23}$, GM 4839, LN 3720 u. ö., botz lychnam NB 10$_{27}$, lychnam

NB 29$_{10}$, 95$_{24}$, gotz marter LN 3649, gotz iudas LN 1732, gotz iudas vnd fier elament LN 1738, gotz marter vnd gotz iudas LN 1755; — Noch sein der andern heiligen mer, Die bruch ich, so ich schwer, Sant veltlin vnd sant kürin beid, Sant veit sein dantz mit anderm leid, Sant huprecht vnd cornelius auch, Sant deng mit feüer vnd auch mit rauch Vnd gotz marter auch damit: Die heiligen mag ich lassen nit LN 1793 ff.; deren fründtelichster grůß Ist allzeyt aller heyligen bůß: Huprecht, velten, sant kürein Vnd sant vit im hollen stein NB 6$_{32}$ ff.

Verwünschungen: Das gotts marter schendt SZ 4$_{2}$, **vgl.** LN 1730, 1810, das üch gott schendt NB 88$_{33}$, SZ 39$_{19}$, gott gesegns im wie dem hundt das graß NB 38$_{66}$, gott geseg den geuchen disses bad GM 1026, das gott dem münch den ritten gebe SZ 41$_{33}$, wolt gott, das sie der ritten schit LN 1813, wolt got, das alle wybschen man ... der moß zů schüttren můsten gon GM 1811 ff., wolt got, das er im ryn duß lag MS 555, **vgl.** LN 2523, das in gott schend den öden man LN 3401, got schend den selben allefantz LN 1360. **Diesen Verwünschungen stehen auch einige fromme Wünsche gegenüber**: Hilff got GM 165, 3686, ach helff jm got GM 1090, nun helff gott MS 1457, nun helff dir gott NB 93$_{73}$, nun dank dir gott GM 4856, Gott danck vch vwer gůttadt all Vnd bhiet vch gott vor vngefal BT 281 (**Bl.** 6 a); vor allem leidt Behiet vch gott, der vch bewar BT 297 ff. (**Bl.** 6 a). **Zu diesen Abschiedssegen vgl. Bolhöfer a. a. O. S.** 69 ff.

2. Anspielungen auf den Teufel.

Beteuerungsformeln: ins tüffels namen NB 18$_{93}$, 92$_{99}$, 92$_{32}$, SZ 18$_{28}$, 29$_{14}$, 47$_{25}$, Entsch. 74, MS 192, 1366, LN 1192, **euphemistisch**: ins baders namen NB 4$_{119}$; in tusent tüfel namen NB 16$_{98}$, 92$_{164}$, SZ 5$_{37}$, GM f 4 a, **H** 4 b, 1789, 3710, LN 4270, in hundert tusent tüfel namen SZ entsch. d. z. 11; in aller tüfel namen SZ 31$_{25}$, NB 69$_{65}$, 79$_{9}$, LN 1943, 2088; in aller tusent tüffel namen LN 859. **Verwünschungen**: Der tüfel hol mich GM 3552, der tüffel brech mir ab ein beyn GM 4380, das der tüffel dar jn schlag GM 3650, der tüffel, gouch, der sy dyn kindt GM 3700, der tüfel beschwer üch me GM 99, Ich wolt, das in der tüfel nem NB 95$_{116}$, do schlag der liplich deüffel zů SZ 28$_{7}$, das mirs der teüffel geseg MS 556, das vch der teüffel schend NB 6$_{73}$, vgl. 10$_{62}$; der tüfel mieß üch den hasen gesegen NB 23$_{40}$, das im die seiff der tüfel gseg NB 56$_{72}$, das mich tusent tüfel nemen NB 85$_{53}$, do schlieg der tüfel lieber dryn NB 88$_{20}$, hy, do schlieg der tüfel dryn NB 78$_{62}$, vgl. LN 3944, 502, der tüffel hol dich mit dem kindt LN 4303, ich wolt, das ein der tüffel schent LN 1739.

3. Anspielungen auf Blitz, Donner und Hagel.

Verwünschungen: Das der dunder dreyn schlag SZ 7$_{39}$, das üch der plix, der dunder schlag! SZ 35$_{16}$, hey, nun schlag der dunder dreyn, das boese zungen sindt so gemeyn, der blix, der hagel vnd der schne SZ Vor. 67 ff., das dich drum der hagel schendt MS 789, der dunder schlag mich NB 6$_{59}$, der dunder schlach in bettel sack NB 25$_{51}$, vgl. SZ 36$_{36}$, LN 1185, das üch der hagel schend NB 44$_{70}$, das der dunder schlag NB 56$_{88}$, das der dunder in hymel schlag NB 59$_{27}$, das dich der dunder schlag NB 65$_{37}$, ach gott, schlieg nun der dunder dryn NB 67$_{22}$, schwebel, hagel, dunder dryn NB 70$_{35}$, Der hagel, blix vnd ouch der dunder Setze yeden gouch besunder GM 2558 f., das üch der geuchisch dunder schlag GM 4743, das in der blitz, das wetter schlag LN 3319, das dich der dunder schlack LN 4273.

Bekräftigungen und Beteuerungen: Vnd schlieg der dunder gar daryn MS 398, Vnd schlieg der dunder, blix daryn GM 2505, ob der dunder schlieg Håfen, kanten, alle krieg NB 93$_{41}$ f., vgl. NB 18$_{1}$ f., Vnd solt der dunder darzů schlagen NB 5$_{99}$.

4. Anspielungen auf Krankheit und Tod.

Verwünschungen: Das gott dem münch den ritten gebe SZ 41$_{33}$, hie ließ man in den ritten han SZ 16$_{26}$, das dich der rytten schyt MS 1448, NB 31$_{92}$ f., 82$_{32}$, 86$_{48}$, SZ 36$_{25}$, Wolt gott, das sy der ritte schit LN 1813, das dich der hertz ior ritten schitt SZ Vor. 87, 5_{40}, NB 95_{103}, 95_{65}, LN 3640, Lügk, das dich tusendt bül an kum! GM 3603, Das dich die bül erwürgen mů ß, Die hünsch vnd ouch domit die drieß GM 3610 f. Wolt got, das du legst in dem rein Vnd schwimst ins niderland dahin LN 2523 f., Sy wolt, das er dieff leg im reyn GM 1502, Wolt got, das er im ryn duß leg MS 555, Ach legens in dem bodensee LN 3806, vgl. LN 689, 1127, Ach legstu in dem dieffen see GM 4805, Ach legend wir all beyd im ryn SZ 14_{30}, vgl. MS 108, Ach leg er tusend meil im grunt LN 3332, NB 33_{8} f. Über die Verwendung des Rheins in Verwünschungen, vgl. DWb. 8_{854} f.

5. Beteuerungen und Verwünschungen verschiedener Art.

bei aller narren oren LN 181, bei brůder eberhart seinem bart LN 253; Ach, werent sy zů portugall, Ach, werents an der selben statt, Do der pfeffer gewachsen hatt. NB 77_{62} ff.; wer der im pfeffer landt NB 55_{21}, vgl. 77_{64}; Ach weren sy im mören landt BZ 171 (Bl. 3b); Das du jm schißhuß mittel legst GM 4863 f., vgl. LN 4447, 4413, so wel er die rechten grollen sagen, das schopff den galgen rů̈ren mûß vnd bett gott wer sy jm nit gynn, das es jm syn hertz abstoß GM f 4a.

VIII. Aufforderungen zur Aufmerksamkeit, Wahrheitsbeteuerungen und Quellenberufungen.

Im Mittelalter waren die Beziehungen eines Dichters zu seinem Publikum viel enger als heute. Dies gilt besonders von volkstümlichen Dichtern, die mit ihrem Denken und Fühlen, ihrer Bildung und ihrem Wissen wenig aus dem Publikum hervorragen wollten. Die Rücksichtnahme auf die Leser oder Zuhörer kommt in mancherlei Stileigenheiten zum Ausdruck, vor allem in Anreden, Ermahnungen, Wahrheitsbeteuerungen und Quellenberufungen. Spielmannsdichtung und Volkslied sind mit solchen Elementen durchsetzt.[1]) Wenn der Kunststil auch von solchen Elementen durchdrungen ist, so haben wir das Eindringen volkstüm-

[1]) Vgl. Vogt a. a. O. S. CXXXVII, Daur a. a. O. S. 65, 77 ff.

lichen Gutes zu konstatieren, nicht etwa das Bestreben, den Eindruck des gewissenhaften Historikers und Menschenkenners zu erwecken. Der Stil Konrads von Würzburg und seiner Nachahmer zeigt diesen volkstümlichen Einschlag. In der Lügendichtung, im Lehrspruch und in der Didaktik waren Wahrheitsbeteuerungen, Zitate, Berufungen auf die Weisen wohl angebracht.[1]) Auch die Schwankliteratur weist derartige Beziehungen des Dichters zu seinem Publikum auf.[2]) Der satirisch-hyperbolische Stil Murners bedarf notwendigerweise einer Anzahl von Wahrheitsbeteuerungen und Quellenberufungen. Auch der gemeine Mann greift unwillkürlich zu Wahrheitsbeteuerungen, wenn er beim Erzählen den Mund recht voll nimmt. Er vermag kaum anders als in diesem kräftigen Ton zu erzählen. So erzählen und reden die Personen in Murners Satiren. Der Dichter selber verleugnet auch hier seine volkstümliche Predigernatur nicht und sucht wie ein Volksprediger durch allerlei Wendungen Interesse und Aufmerksamkeit der Leser zu wecken und wach zu halten, so namentlich durch:

Ermahnungen zur Aufmerksamkeit.

Wißt ir, in der alten zyt... NB 5 $_{139}$, Wißt ir, wann ir hatten gladen... NB 23 $_{15}$, Jetz sag ich üch von gůtten schwenken NB 27 a, Nun will ich yetzundt weiter sagen MS 134, Nun můß ich weyter mich versprechen MS 1421, Nun kum ich auch das dritt zů sagen LN 2446, Sag an, wer wolt... NB 26 $_{20}$, Sag mir, was ist yetz nit feil NB 42 $_{22}$, Hŏrt, was ein junger lŏffel thůt NB 8 $_{59}$, Hŏrt, wie es dem gůtten man ergieng NB 19 $_{20}$, vgl. NB 38 $_{1}$, Hör noch eins LN 3598, Hŏrt buntgnossen LN 3623, Hŏrt, hŏrt jetz jedermann LN 2925, Hŏrt mir zů, ich wils üch leren NB 24 $_{11}$, Nun hŏren, was sy wytter thaten NB 15 $_{30}$, Nun hŏr, ob die nit narren sindt NB 51 $_{25}$, Nun hŏr zů, wie er es heimlich halt MS 206, Nun hŏren all des narren frünt LN 4721, Nun hŏrt, von sym verdienst ich sag GM 3265, Ir alten geuch, nun hŏrt myn klag GM 4741, Nun

[1]) Vgl. Roethe, Reinmar S. 259.

[2]) Vgl. z. B. von der Hagens Gesamtabenteuer Nr. 28 ff.

hört ir Eydtgnossen kläglich meere BT 8 (Bl. 2 a), Do sit die wurtzel, merck das recht NB 4$_{42}$, merck das eben LN 3716, wiß das wol LN 598, Dan merck mich eben LN 4387, Merck, das ich nun die bősen meyn GM 3076, diß bůch, ir Baßler, merckt mich eben, das hab ... GM 5418, Das selbig wůsch er all zyt vor (Du mercksts wol!) vor dem hinder thor GM 3428 f. **Rückdeutungen**: Ich habs doch in dem anfang gseit, das ich auch steck im narren kleidt NB 80$_{17}$ f., Ich sag es noch, habs vor auch gseit, Mein lerer ist die cristenheit LN 2436 f., Doch, wie ich vormals hab geredt: Diß dicht kein frum frouw by jm hett. GM 4657.

Wahrheitsbeteuerungen.

Das ist war NB 4$_{72}$, 82$_{47}$, LN 4615, das ist leider zů vil wor NB 72$_{21}$, es ist war NB 50$_{17}$, 72$_{36}$, MS 1366, 1580, ich sags für war NB 5 a, 17$_{2}$, MS 154, 1403, 1409, Lüg ich oder sag ich wor? NB 50$_{22}$, Frylich ist das ein worlich red GM 103; die warheit sag ich dir LN 2347, das selb ich euch die warheit nen LN 2241, mich das dunckt ein worheit syn GM 1169, Kein warheit wil ich daran sparen NB 29$_{34}$, Dann ichs in gantzer warheit weiß NB 47$_{54}$. Ich weiß, das ich die warheit sag NB 56$_{85}$, Ich mags wol mit der warheit sagen LN 2027, vgl. 2039, GM 3435, Man hat in warheit mir geseit LN 1200, vgl. NB 58$_{55}$, GM 5131, 5364, Wann ichs in aller warheit tracht NB 79$_{21}$; — Gloub mir NB 26$_{13}$, 62$_{25}$, $_{29}$, 66$_{28}$, MS 997, 1221, LN 641, 1761, GM 1989, 4603, Gloubt mir SZ entsch. d. z. 30, GM 285, 647, 2235, glouben mir LN 3686, das magstu frőlich glouben mir NB 35$_{110}$, das gloub sicherlich NB 41$_{18}$, gloubt daran LN 2891; — Ich gloubs vff mynen eydt NB 14$_{82}$, GM 1079, Ich můß das vff myn eidt veriehen NB 18$_{81}$, vgl. NB 95$_{123}$, SZ 19$_{35}$, MS 1277, GM 2422, 5351, LN 4217, Ich sag das vff myn hőchsten eydt GM 3188, vgl. NB 97 c, by gschwornem eydt NB 5$_{66}$, GM 5280, by eidt NB 75$_{5}$, 83$_{53}$, MS 1181, by eidt vnd ere SZ 39$_{20}$, by eidt vnd vff myn ere SZ 17$_{27}$, GM 5260, So schwőr ich das ein hohen eidt NB 58$_{49}$, Ich hab gethon eyn eidt, das SZ 32$_{34}$, ich schwier dusent eyd dorum SZ 29$_{19}$; — Der tüffel hol mich, ists nit wor GM 3552, Ists nit war, so bschir mich gar NB 4$_{33}$, Der tüffel brech mir ab ein beyn, Wenn ir an gott gedencket eyn GM 4380 f., Des wett ich vmb ein summen kron GM 4638; — Gott zů lob, der sy myn züg, Das ich in dieser red nüt lüg NB 97$_{54}$ f., Strafft mich frelich, ists erlogen MS 1119, Ich lüg gantz nüt in disen dingen NB 27$_{8}$, Ich habs nit vß den fingern gsogen MS 308, GM 3084.

Viele dieser Wahrheitsbeteuerungen dienen nur zur Versfüllung. Dies gilt fast ausnahmslos von den beteuernden Adverbien zwor, fürwar, warlich, warlichen. Murner hat eine ausgesprochene Vorliebe für solche Wörtchen. Zwor (= mhd. ze wâre) ist selten verwendet, überaus häufig dagegen fürwar, warlich und warlichen. Vgl. Bebermeyer a. a. O. S. 64.

Quellenberufungen.

Berufungen auf die eigene Meinung, meist bei ganz selbstverständlichen Behauptungen angewendet: Ich gloubs, das NB 74$_{7}$, 79$_{14}$, LN 359, Ich gloub, es beschehe noch hüt betag MS 411, Mich dunkt, ich hab... GM 5357, 5399, Mich dunkt,... das... GM 4365, 4370, So hab ich, dunckt mich, wol geredt GM 5323.

Berufungen auf das Hörensagen: Man sagt NB 9$_{7}$, 24$_{12}$, 45$_{21}$, man sagt mir SZ 19$_{15}$, 39$_{1}$, GM 208, BT 149 (Bl. 4 a), Sy sagen NB 83$_{51}$, Die alten, die das gsehen handt, Sagent... NB 1$_{77}$ f., vns sagt all landes mer NB 8$_{52}$, nach alter sag NB 14$_{11}$, Darumb seit mans NB 29$_{8}$, Ich habs gehort SZ 30$_{16}$, So hŏr ich wol NB 38$_{49}$, Das ich hab von den alten gehort NB 68$_{40}$, Ich habs gehŏrt vor langen zytten NB 74$_{8}$, 83$_{59}$, Ich habs vor manchem iar gehŏrt NB 64$_{1}$, Die alten hondt das lang geredt NB 71 a, Dann mine vordren handt mich gelŏrt BT 65 (Bl. 2 b); Ich habs doch on das gehŏrt also NB 33$_{38}$, Von dem ich das hab grundtlich gehŏrt SZ 40$_{23}$, Ich hab wol gehŏret zů Lutzern BZ 120 (Bl. 3 a), Also hab ich mich berichten lan GM 1577, Als ich der sach berichtet bynn GM 4601, Als ichs hab vernummen NB 28 a, Als man mir seit LN 4509, GM 1401, BT 166 (Bl. 4 a), Wie man mir seyt MS 1580, Wie man dar von seyt GM 2775.

Berufungen auf Selbsterfahrung und Selbsterlebtes: Ich hab so manche nacht gewacht Vnd alle ständt der welt betracht NB 1 1 f.; vgl. Brants Vorwort zum NS; Gloub mir fürwar, ich habs erfaren NB 26 13, Das red ich vß erfarenheit GM 204, Ich redte vß erfarenheit GM 4554, vgl. GM 3191, Das hab ich erlebt vff erden NB 17 5, Ich bin nit alt, noch denckt mir, das... LN 270, Ich selber gdenck eins künigs tag NB 27 13, Als ob ich nit verstünd die sachen MS 1383, Als ich verstandt NB 50 17, Ich kant sy all mit irem namen NB 13 71, Ich wolt sy üch mit namen nennen GM 5172, Ein nerrin hab ich ein mal kandt NB 11 111, Ich kant eins mals ein eng begyn NB 77 1, wie ich sie vormals hab erkent MS 133, Ich was erst gestern by eim man, Der selb ist ouch gestorben dran NB 2 73 f.; Ich hatt ein mal ein grossen sack (Dirne) NB 13 66; Ich dingt ein mal ein liebe flesch NB 18 11, Ich weiß ein pfaffen NB 32 69, Der ryter hab ich ein gewißt NB 74 26, Mich fragt eins mals ein grosser narr NB 81 13, Als mir der einer selber that NB 88 30, Ich hab jn selber weschen sehen GM 3434, Ich truwte selbs eim schonen B GM 4836, Ich fraß selbs ouch ein mal ein stick MS 528. Das sind natürlich fingierte Selbsterlebnisse; biographischen Wert darf man keiner dieser Stellen zumessen. E. Martin[1]) ist inkonsequent, wenn er einmal gesteht, daß auf solche Geständnisse und Bekenntnisse kein Gewicht gelegt werden kann, und trotzdem die Stelle: Ich truwte selbs eim schonen B (GM 4836 ff.), biographisch verwerten will.

Berufungen auf Bücher: Wer diß bůch gedichtet hett, Der hatt mer denn ein bůch gesehen GM 5373, Wie ich denn in den bůchern fandt GM 15, Die ich in gschrifften bǒß erfandt GM 3801, An manchem ort ich gschriben find NB 35 5, Das hab ich aber wol gelesen NB 62 9, Von... stat geschriben NB 48 8, Gezwungen ding, find ich geschriben, Sindt... GM 1 f., Ich liß vnd habs ouch selbs ergrindt NB 75 29, Als vns die selb history seydt GM 2727, Darumb das Aristoteles lert MS 434, Wie vns das Esopus schribt GM 4883, Als mich bericht das erste bůch Der heiligen bibel NB 4 16 f., Salomon spricht NB 1 47, Salomon hat das selb geredt GM 1248, Salomon schrybt vnd

[1]) Vgl. ADB Bd. 26, S. 75.

lernet mich NB 2 65, Als mir das sant iheronimus seit NB 5 109, Als paulus seit LN 2291, Als christus selb thůt leren dich NB 39 14, Dann Christus sagt GM 5084, In allem das vns Christus spricht GM 5164, Ist es war, was Christus seyt GM 3190, Wir hant von Christo das gelört BZ 5 (Bl. 1 b). In solchen Wendungen bricht in den Satiren hie und da die Zitierlust des Predigers durch. Ohne Autorität konnte auch unser Dichter in jenem autoritätsgläubigen Zeitalter nicht auskommen.

IX. Anspielungen auf lokale Verhältnisse und Zeitereignisse.

Hier liegt ein weiteres Symptom für Murners Streben nach konkreter Gegenständlichkeit der Darstellung vor. Besonders häufig werden alemannische, vor allem elsässische und speziell Straßburger Verhältnisse erwähnt.

Lokalen, elsässisch-schweizerischen Charakter tragen schon die Überschriften der beiden Satiren „Die Mülle von Schwyndelßheim vnd Gredt Müllerin Jarzeit", „Die geuchmatt zů straff allen wybschen mannen durch den hochgelerten herren Thoman Murner der heiligen geschrifft doctor, beyder rechten Licentiaten, vnd der hohen schůl Basel des Keyserlichen rechtens ordentlicher lerer erdichtet, vnnd eyner frummen gemeyn der lôblichen statt Basel in freyden zů eyner letz beschriben vnd verlassen" und die beiden Streitschriften „Des alten Christlichen beeren Testament" und „Von des jungen Beren zen we im mundt".

Schwindelsheim ist eine witzige Verdrehung des mundartlichen Dorfnamens Schwingelsheim. Gemeint ist das elsässische Dorf Schwindratzheim bei Brumath, das zu Murners Zeit Gegenstand des Volkswitzes war. Man gab dem wüsten Grobian den guten Rat, sich bei dem Schwingelsheimer Müller taufen zu lassen.[1])

---

[1]) Wenn Murner in dieser Satire die zufälligen und beruflichen Verrichtungen des Müllers für seine satirischen Zwecke verwertet und allegorisch ausdeutet, so folgt er einer alten literarischen und künstlerischen Tradition. Über das volkstümliche Mühlenmotiv vgl. E. Egli's Ausführungen zu Zwinglis „Göttliche Mühle" (Zwingliana 1910, S. 363 ff.), sowie W. Köhlers Nachtrag über die Verwendung dieses Motives in der Kunst (ebenda S. 366 ff.).

Den Titel der Gäuchmatt hat Murner Gegenbachs gleichbetiteltem Fastnachtspiel nachweislich nicht entlehnt.[1]) Uhl[2]) behauptet, daß beide Dichter, wohl anknüpfend an einen Baseler Lokalscherz, durch die Gauchmatten bei Basel zu ihren Dichtungen angeregt wurden. Murners Gedicht, das 1519 zu Basel erschien, ist eine Umarbeitung der vier Jahre vor dem Baseler Aufenthalt entstandenen „geuchmatt", deren Drucklegung bei Hüpfuff der Straßburger Rat unterdrückte. Daß es bei Basel einmal eine Lokalität „Gäuchmatt" gegeben habe, ist nicht nachweisbar.[3]) Ich glaube, daß Murner in dieser gleichzeitig mit MS entstandenen Satire auf die mitten im Elsaß liegenden „Gauchmatten" im Schäfertal bei Sulzmatt anspielt. Man hat bis jetzt noch nicht daran gedacht, die Entstehung von Murners Plan zu einer Gäuchmatt auf diese elsässische Örtlichkeit zu beziehen. Dieses Gauchfeld bei Sulzmatt war jedenfalls damals im Elsaß weit bekannt. Traditionen aus heidnischer Zeit waren sicher im abergläubischen Volke zu Murners Zeit noch nicht ausgestorben. So wird man auch allerlei von den Gauchmatten bei Sulzmatt erzählt haben, wo die Kelten in alter Zeit eine Opferstätte hatten und wo noch ein 3 Meter langer Menhir im Gebüsch versteckt liegt. In christlicher Zeit wurde an dieser heidnischen Kultstätte eine Kapelle errichtet, zu der die Bewohner der Umgegend heutzutage noch wallfahren. Heute umwebt die Sage von den weißen Frauen diese feuchten Matten, vielleicht ein letzter Rest alten Wunderglaubens, der sich leicht an diese Opferstätte knüpfen konnte. Die Protokolle der „vergichte" aus der Zeit von 1585—1627 im Rufacher Stadtarchiv erwähnen bereits diese Gauchmatten im Schäfertal, die also schon viel früher nachzuweisen sind als das topographische Lexikon „Das Reichsland Elsaß-Lothringen" III, S. 325 angibt. In den beiden Streitschriften erscheint Bern, das satirische Objekt, unter dem Bilde eines „beren". Murner geht hier von der volkstümlichen schweizerischen Städte- und Länderbezeichnung aus, die sehr oft an die Wappentiere angeknüpft ist. Zwischen den fechtenden Waldstättern und Bernern flog der Reiz-

[1]) Vgl. J. Bächtold, Geschichte der deutschen Lit. in der Schweiz, Frauenfeld 1892, S. 278 ff.; Spanier, PBB 18, S. 51.

[2]) Vgl. seine Ausgabe der GM, S. 2.

[3]) Vgl. A. Socin, Literaturblatt für germ. und rom. Philologie 19 (1898), S. 324.

ruf Hie kůdräck — hie bärendräck![1]) hin und her. Überaus häufig wird in den historischen Volksliedern des 14. und 15. Jahrhunderts Bern als „ber“ bezeichnet. In ganzen Liedern ist dies Bild beibehalten; dem Bären wird sogar ein Jäger gegenübergestellt.[2])

Mehrmals (NB 34 116, 95 74, SZ 31 17, LN 1805, GM 4588) werden die Kochersberger Bauern erwähnt, die wegen ihrer Flüche, ihrer Grobheit und ihres konservativen Sinnes im Elsaß weitbekannt waren. Von den Bewohnern des Kochersbergerlandes (2 Stunden westlich von Straßburg) sagt Bernhard Hertzog (Chronicon Alsatiae 1592, Buch III, S. 20): „Das Volk am Kohelsperg gebraucht sich nach alter kleidung und sprachen, daher man sie auch zu einem gemeynen sprüchwort führet, wann man einen groben, bäurischen, vnerfahrenen menschen wil anzeigen.“ Vgl. ferner die zahlreichen Belege, die Bolte in seiner Ausgabe von Freys Gartengesellschaft zu S. 116 26 aus Pauli, Wickram, Hans Sachs, Moscherosch und Arnolds Pfingstmontag beibringt, dsgl. Spaniers Hinweise im Glossar zu NB S. 359.

Auf elsässische, meist sprichwörtlich bekannte Ortschaften wird an folgenden Stellen angespielt: Ich für nit wyter den gen Barr GM 4846. Barr ist am Fuß des Odilienberges gelegen. — Das heißt zů gerspach: hinder sich! GM 4578. Gerspach ist ein Weiler bei Steinsulz im Kreis Altkirch. — Ein solcher buntschůh was Vff dem hungers berg vereint LN 761 f. Der Ungersberg, auf dem sich im Jahre 1490 die aufständischen Bauern versammelten, liegt zwischen Barr und Schlettstadt. — Ich wolt in fragen, wie weyt were Zwischen schnerßheim gon ferrere SZ 31 15 f. Das Dorf Schnersheim liegt im Landkreis Straßburg. — Ich darff in gar nüt widersprechen Als von wangen thet der dechen NB 19 24 f.; Die von wangen sindt ir fyndt, Hondt sy schier all sampt erblindt NB 25 47, vgl. 82 53, LN 1326. Gemeint ist hier wohl das Dorf Wangen (Kreis Molsheim). — Gon widertz-

---

[1]) Chronik des Hans Salat, Archiv für Schweiz. Reformationsgeschichte Bd. 1 (Solothurn 1868), S. 365. Vgl. auch A. Blatter a. a. O. S. 28.

[2]) Vgl. Liliencron, Die historischen Volkslieder der Deutschen. Leipzig 1865 ff., Nr. 8, 19, 112, 138. Belege für die Ausmalung des Bildes vom grimmen stier (Uri), vom steinbock (Chur), von der krei (Tirol) und der Schwizer kü mit ihren kelblin siehe bei Jacobsohn a. a. O. S. 51 f.

dorff sant Anstet fieren LN 55, vgl. NB 15 36. Zu Wittersdorf bei Altkirch befand sich eine Wallfahrtskapelle, die dem heiligen Anastasius, dem Patron der Besessenen, geweiht war. Vgl. Spanier, zu NB 15 36; Johannis Georgii Scherzii Glossarium Germanicum medii aevi...ed. Oberlin I (Argent. 1781) p. 52. Mit dem im Elsaß häufig vorkommenden Flurnamen „Lüsbühl" spielt Murner in NB 96 27; zur Deutung dieses Wortes siehe Aug. Stöber, Revue d'Alsace 1872, p. 516.

Straßburg und Straßburger örtliche Verhältnisse erwähnt Murner recht oft. Die Roßäpfel kommen auf dem Rhein „von straßburg har geschwummen" (NB 37 d). Auf die stadtbekannte Inschrift: Audiatur altera pars, die im Straßburger Rathaus mit goldenen Lettern prangte, wird in NB 91 21 ff. hingewiesen.[1]) In NB 77 50 ff. ist von Leuten die Rede, die wissen, was jeder in der ganzen Stadt Straßburg tut, und böser sind als die „kupplerin im dummenloch". Im ausgehenden Mittelalter war dies der Name einer verrufenen Gasse in Straßburg.[2]) Spanier faßt „Dume" als Vulgärform von „Thomas", Ch. Schmidt als mundartlich entstelltes „Domherrn" auf. Beide Deutungen sind möglich. In dem vorliegenden Falle hat Ch. Schmidt wohl das Richtige getroffen. Die Form „Dume" für Domherr ist im ausgehenden Mittelalter durchaus gewöhnlich und volksläufig; in den Bergreihen[3]) findet sie sich bereits. In einen schlechten Ruf kam die Gasse erst um 1450, als die Domherren schon fast 200 Jahre in der Stadt zerstreut wohnen durften. 1505 wird in Hartliebs „De fide meretricum" eine Dirne „Elsa, ein Fürstin schön im Dummenloch" genannt. — Auf die Ruderpartien vergnügungslustiger junger Leute nach dem Straßburger, auch von Brant (NS 76 48) erwähnten Vorort Ruprechtsau bezieht sich die Stelle NB 94 63 f.: Vnd farent ouch in růprechts ow, Das man die nerrin aneschow.[4]) Ähn-

[1]) Hierüber und über ähnliche Inschriften vgl. A. Schultz, Deutsches Leben im 14. und 15. Jahrhundert. Wien 1892, S. 37.

[2]) Vgl. Ch. Schmidt, Straßburger Gassen- und Häusernamen, 2. Aufl. Straßburg 1888, S. 60 ff.; Spanier, Glossar zu NB, S. 347 f.

[3]) Vgl. J. Meier, Z. f. d. Ph. 27, S. 552. In dem elsässischen Dorfe Börsch, das früher dem Straßburger Domkapitel zugehörte, führt heute noch eine Gasse den Namen „Domloch".

[4]) Vgl. Zarncke zu NS 76 48, ferner Le Roy de Sainte-Croix, L'Alsace en fête. Strasbourg 1880, p. L, LI.

liche Ausflüge wurden auch nach dem Kloster St. Arbogast unternommen: Noch ist ein anders wasser ouch, Das treit vil manchen grossen gouch Zů sant arbogast vnd herumb NB 94 59 ff.; Vil besser ist es, sie gon zům dantz, Vnd helffen vnß ein reyen springen, Vnd ein hübsches liedlein singen, Gen sant Arbogast faren hyn LN 1361 ff. In üblem Ruf standen die in LN 488 genannten „metziger auwen“, wo sich heute der Metzgerplatz befindet.[1]) In einer Straßburger Kirche war um 1490 ein Bild zu sehen, an welches folgende Stelle erinnert: Wir (Geistlichen) wysent dich den rechten weg Vnd louffent wir den affensteg. Der selbig weg die hymel stroß, Jetz ist er eng, dann ist er groß, Jetz ist er lang, yetz ist er wyt, Nach dem ein yeder opffer gyt NB 3 39 ff. (vgl. Spaniers Anm. zu diesen Versen). Auf das stadtbekannte große Heiligenbild im Straßburger Spital bezieht sich auch der Vers: So groß Cristoffel in dem spittal ist (LN 172). Roraff, bretstel und pfaw (LN 3665 ff.) sind Namen berühmter Straßburger Kanonen.

Zu diesen Anspielungen auf elsässische Örtlichkeiten kommen noch zahlreiche Hinweise und Andeutungen auf fremde Länder und Städte, die dem Volke bekannt waren, wenigstens vom Hörensagen. Viele Elsässer griffen in jener Zeit, wo das Wallfahrtswesen blühte, zum Pilgerstab und zogen in ferne Länder. Wenn sie zurückgekehrt waren, erzählten sie von den heiligen Orten und von allerlei Abenteuern, die sie auf der Reise erlebten. Murner wurde sicher verstanden, wenn er in seinen Satiren Örtlichkeiten anzog, die der mittelalterliche Palästinapilger zu besuchen pflegte, so Damaskus NB 4 26 f., Hebron NB 4 60 ff. Auch die Büßerfahrten nach Rom und St. Jacob de Compostella werden genannt: Ich wil von aller findschafft ston, Gen rom, gen och sant iacob gon LN 3725 f., vgl. NB 1 84. Letzteres war schon im 9. Jahrhundert ein vielbesuchter Wallfahrtsort, der das ganze Mittelalter hindurch seine Berühmtheit und Popularität beibehielt.[2]) Murner erwähnt auch ferne Städte wie Ferrara, Paris, Siena, die berühmte Hoch-

[1]) Vgl. die von Kurz LN S. 236 zitierte Stelle aus Fischarts Gargantua; ferner Jörg Wickram, Werke 7. Bd. (Stuttg. lit. Ver.), S. 264.

[2]) Vgl. Euling, Die Jakobsbrüder von Kunz Kistener, Germ. Abhandl. 16 (1899) S. 42 ff.

schulen besaßen, die erstere Stadt einmal (SZ 31_{15} f.), die beiden andern dreimal (NB 47_{37}, 47_{43}, 94_{11} f.; NB 5_{7}, 61_{45}, GM 2400f.).

Die Entdeckungen neuer Inseln und Länder begleitete das Volk mit regem Interesse; Büchlein verbreiteten die Kunde im ganzen Lande. Zu Straßburg druckte Hüpfuff z. B. im Jahre 1506 „Von den nüwen insulen vnd landen so yetz kürtzlichen erfunden synt durch den Künig von Portugal“; 1509 folgte eine ähnliche Schrift mit dem Titel: „Diß büchlin saget wie die zwen durchlüchtigsten herren her Fernandus K. zů Castilien vnd her Emanuel K. zů Portugal haben das weyte mör ersůcht vnd funden vil Insulen vnd ein Nüwe welt“. In diesem Entdeckungszeitalter wurde die sprichwörtliche Bedeutung des fernen Pfefferlandes Portugal auf das portugiesische Kalikut übertragen. So heißt der Ort Indiens, den die Portugiesen in Malabar zuerst kennen lernten und zu einem Hafenplatz machten. Land und Leute beschrieb schon Sebastian Münster in seiner Kosmographie.[1]) Kalikut erscheint bei Murner sprichwörtlich für ein fernes Wunderland. In MS 1122 ff. wird der Name volksetymologisch erklärt. Der Dichter fragt sich angesichts eines Modenarren, der in übertriebener Kleiderpracht einherstolziert, ob er von allen kutten kumb. In Kalikut läßt Murner auch den Pfeffer wachsen, vgl. LN 4131 f. Aber auch Portugal selbst gilt ihm daneben noch als Pfefferland: Ach, werent sie zů portugall! Ach werents an der selben statt, Do der pfeffer gewachsen hat. NB 77_{62} ff., vgl. 55_{21}. Da man das neuentdeckte Amerika anfangs für Westindien hielt, setzte man es mit Kalikut in Beziehung. Auch Murner tut dies: Man seit von künig ferinandt, Wie er vil nüwer inselen fandt, By dem calecutter landt (NB 24_{12} ff.)[2]) Ungarn wird nach dem DWb. 4, 2_{1946} verächtlich für ein armes Land gesagt. In NB 88_{15} steht die witzige Redensart „hungerisch sterben“, vgl. NB 34_{45}. Mit dem Wortspiel lackeyer landt (GM 788) meint Murner das Algäuer Land, nicht Algier, wie Uhl[3]) vermutet.

Berühmte Handelsplätze waren um 1500 im verkehrsreichen

---

[1]) Basel 1561, S. 1415 ff. Über Kalikut vgl. Hauffen, Z. f. d. Ph. 27, S. 428 f.
[2]) Vgl. Ott, a. a. O. S. 75.
[3]) Vgl. die Anm. zu GM 788.

Elsaß vielfach Gegenstand des Tagesgespräches. Allerlei Ortsneckereien wurden von solchen Städten erzählt, so z. B. von Nürnberg, vgl. NB 33$_{26}$, LN 1018, NB 79$_{14}$, SZ 16$_{27}$. Auf dem Meßort Frankfurt nimmt Murner in NB 67$_{2}$ ff., SZ 25$_{10}$, GM 1082 Bezug. Die Handelsstädte Basel und Bingen werden in NB 92$_{178}$ sprichwörtlich verwendet. In NB 14$_{20}$ wird die Sehenswürdigkeit Heidelbergs, der Affe mit der scherzhaften Inschrift auf dem Hindern, erwähnt.[1] Im Volke umgehende Neckereien haben unsern Satiriker wohl auch zur Erwähnung von Butzbach und Eßlingen[2] veranlaßt: SZ 14$_{14}$, LN 2575. „Monte flaschkon" (NB 88$_{37}$) ist eine witzige Umbildung der italienischen Stadt Monte Fiascone, deren Weine weltberühmt waren (vgl. Zarncke zu NS 108$_{7}$). „Rynfal" (NB 94$_{42}$) ist nach Spanier (Glossar zu NB, S. 365) ein berühmter Südwein, vinum rivale, aus Rivoglio, Rivoli oder Rivallo.

Um der Darstellung den Charakter der Gegenständlichkeit volkstümlichen Gesprächs zu verleihen, webt der Dichter auch zahlreiche Anspielungen und Andeutungen auf die Zeitgeschichte ein. Die Landsknechte z. B., die beim Weine sitzen und große Reden führen, können vil von naplos liegen, Von gellern vnd vom niderlandt, Wie sy mit schwytzern gfochten handt (NB 6$_{8}$ ff.). Die Geistlichen, die zerstreut im Chor stehen und gar nicht bei der Sache sind, denken an die Tagesereignisse draußen in der Welt und möchten gern Kunde haben vom venediger krieg, Was der künig zů meilandt dieg? Oder wie der kriegs louff standt Zů veron im welschen landt? Ob padua sy gewunnen schier (NB 11$_{22}$ ff.). In NB 32$_{20}$ ff. kommt bei der Charakterisierung von Aufschneidern, Schlemmern und Schürzenjägern gelegentlich die Türkengefahr zum Ausdruck, die in der Literatur jener Zeit eine nicht unbedeutende Rolle spielt.[3] Die Erinnerung an die Streifzüge der armen Gecken

[1]) Vgl. Zarncke zu NS 60$_{24}$, ders., Die Universitäten des Mittelalters S. 101$_{34}$.

[2]) Eßlingen findet sich sprichwörtlich in der Redensart zwischen pfingsten vnd eßlingen, vgl. De fide concubinarum bei Zarncke, Die Universitäten des Mittelalters S. 96$_{30}$.

[3]) Der Kampf gegen die Türken wurde von den Humanisten gefordert. Vgl. Wimpfelings „De bello Thurcico", Lochers Tragödie „De Thurcis et Suldano" (1497) und Brants „Thurcorum terror et potentia" (1498). Männer wie Hutten, Luther, Aventin, Rosenblüt riefen den kaiserlichen Adler gegen die Türken auf. Es sei auch hingewiesen auf Dürers Stich „Die große Kanone" vom Jahre 1518.

(Armagnaken) klingt in NB 1_{70} ff. und GM f 3_{a} nach. Weitere Anspielungen auf Zeitereignisse ließen sich leicht zusammenstellen.[1])

X. Einbeziehung volkskundlicher Elemente.

Um die Wende des Mittelalters zur Neuzeit hat die deutsche Volkskunde einen mächtigen Aufschwung genommen. Mit schärferem Blick schaut der Mensch auf einmal ins Leben, das ihn so frisch, so vielgestaltig und so kraftvoll umwogt. Der demokratische Zeitgeist drängt allenthalben zu liebevoller Beobachtung des Volkslebens, der Volkssitten und der Volkssprache. Die Schriften Konrad Celtis', Enea Sylvios, Geilers, Luthers u. a. sind reich an volkstümlichen und volkskundlichen Elementen. Murners Satiren bilden keine Ausnahme, auch sie entstammen jener lebensfreudigen Zeit, wo Humanisten und Volksmänner in gleicher Weise die ganze Fülle volkstümlicher Realien in ihre Schriften, Dichtungen und Moralpredigten einflochten, um ihnen denselben frischen, lebensvollen Zug einzuhauchen, der ihnen aus den Schichten des aufstrebenden Volkes derb und herb entgegenwehte. Unser Bettelmönch kennt das Leben des Volkes, seine Anschauungen, Sitten und Redewendungen wie kaum ein anderer seiner Zeit. Wie Bruder Berthold hat er ein ungewöhnlich scharfes, offenes Auge für alle Verhältnisse des Lebens; er ist ein gründlicher Menschenkenner und kann wie jener[2]) seinen Darstellungen durch Einbeziehung volkstümlicher Elemente den Charakter lebendiger Volksmäßigkeit und frischer Gegenständlichkeit verleihen, welcher der volkstümlichen franziskanischen Sittenpredigt von jeher eigen war. Das Sammeln volkstümlicher Materialien, das später Fischart und andere als Selbstzweck betrieben, kennen Geiler, Murner und Luther noch nicht. Sie weben aus didaktischen und auch aus stilistischen Gründen volkskundliche Elemente zur gegenständlichen Ausmalung der Darstellung in ihre Schriften ein. Freude am Volkstümlichen führt ihnen allen die Feder,

---

[1]) Siehe R. Ischer im „Neuen Berner Taschenbuch auf das Jahr 1902", S. 78 f.

[2]) Vgl. A. E. Schönbach, Studien zur Geschichte der altdeutschen Predigt. Zweites Stück: Zeugnisse Bertholds von Regensburg zur Volkskunde, Wien 1900 = Sitzungsber. d. Kais. Akad. d. Wiss. in Wien phil.-hist. Klasse, Bd. 142; H. Gildemeister, Das deutsche Volksleben im 13. Jahrhundert nach den deutschen Predigten Bertholds von Regensburg, Diss. Jena 1889.

wenn es gilt, mit diesem Reizmittel die Darstellung zu spicken und dem Volksgeschmack anzupassen.

1. Tanz und Lied.

Hierüber hat Spanier[1]) bereits ausführlich gehandelt. Ich stelle trotzdem das bemerkenswerteste Material zusammen, um von Murners volkstümlicher Eigenart, soweit sie sich im Stil ausprägt, ein möglichst vollständiges Bild zeichnen zu können. Im 50. Kapitel der NB nimmt der Satiriker Stellung gegen die unsittlichen Tänze, bei denen „gredtlin sich hoch ynher bricht, Das man ir weiß nit wa hin sicht" (NB 50$_{23}$ f.). Murner spricht nicht in allgemeinen Redensarten über ausgelassene Tänze, sondern nennt bestimmte üppige Tänze, die jedermann kennt, den „dranranran" (NB 50$_{7}$) und den „schåffer von der nüwen statt" (NB 50$_{30}$), der schon manches Mädchen in das Frauenhaus gebracht habe. Dieser üppige Tanz (eine Art Kußpolonaise) ist nach dem dabei gesungenen Lied benannt. In den Dunkelmännerbriefen wird seiner Erwähnung getan mit folgenden Worten: „Nuper chorisavi in chorea serotinali in domo sculteti; tunc fistulator fistulavit cantilenam de pastore de nova civitate et statim omnes chorisantes amplexabantur suas virgines, sicut mos est."[2]) Tanz und Lied waren damals eng miteinander verknüpft. Ein ähnliches Tanzlied erwähnt der Dichter in dem Kapitel „Der beseicht sack" (NB 22$_{15}$): Es heißt ein liedt: der pfouwen schwantz, Das hört vil baß an puren dantz, Den das man das zů kirch sol singen. Murner meint hier eine geistliche Kontrafaktur. Als welterfahrener Bettelmönch weiß er auch von Einzelheiten und Heimlichkeiten beim Tanzen zu berichten: Das critzen krammen in der hendt, Das winckel louffen, heimlich fragen, Fründtlich grieß her wider sagen Als ich verstandt (NB 50$_{14}$ ff.). Die Hochzeitstänze werden in LN 4165 ff. in dem Abschnitt „wie vff des murners hochzeit gedantzet ward" beschrieben und gegenständ-

---

[1]) Vgl. Z. f. d. Ph. 26, S. 201 ff., über das Tanzen im ausgehenden Mittelalter siehe auch A. Schultz, Deutsches Leben im 14. und 15. Jahrhundert, Wien 1892, S. 488 ff.

[2]) Epistolae obsc. virorum (ed. Böcking) 33, p. 50.

lich angeführt. Der Mönch soll mit Luthers Tochter den Reigen eröffnen, weigert sich aber bei der Hochzeit zu tanzen, weil man es ihm auf geistlicher Seite übel genommen habe, daß er schon bei anderer Gelegenheit den „kochers perger geschwantzt“ und „den grossen dran ran ran“ getanzt habe (LN 4186 ff.). Nach einigem Zureden Luthers erklärt er sich bereit zu tanzen mit den Worten: Muß es dan ie gerumplet sein, So far doch her, mein ketterlein, Schlag vff, schlag vff, liebe adelheit, Vnd mach vnß mit der luten freidt. Kum her, Du schön vnd wol geboren, Ich dantz mit dir den denteloren, Vnd geb vmbs predigen nit ein heller, Den paduaner, westerweller. Es ist so gůt ind hell gesprungen, Als mit rütschen drein gerungen (LN 4232 ff.). In LN 3699 ff. wird auch ein kloster dentzlin erwähnt, das den Namen „ihesus genglin“ hat.

Spanier stellt verschiedene Grade der Beziehungen Murners zum Volksgesang fest. Er zeigt, wie in NB 6 und SZ 4 Landsknechtlieder anklingen, weist volksliedmäßige Wendungen wie meyn höchster hort, meyn keyseryn, die dusent schön u. a. in zahlreichen Versen nach und trägt die Stellen zusammen, wo der Satiriker bestimmte Volkslieder im Sinne hat, andeutet oder nennt. In NB 22 tadelt er das Singen unanständiger Lieder in der Kirche und führt, seinem Streben nach gegenständlicher, frischer Darstellung entsprechend, gleich etliche näher an. Zuerst nennt er den „pfouwen schwantz“, es folgen weiter: „Ach, liebe dirn vnd werder mundt“, „vß hertzen grundt“, „Ob aller schönst on freüd verzer“, „biß mir holdt, Vil lieber bist, dan rotes goldt!“ Auf ein Lied vom „haber sack“ wird in NB 19₁₈ ff., GM 1404, LN 577 ff. hingewiesen. Anspielungen auf das böse Lied vom „schnyder mit der geiß“, das der Straßburger Rat im Jahre 1508 verboten hatte,[1]) finden sich in NB 14₁₃ und 90₈. Diese Volksliederanfänge und Volksliederbruchstücke sind in der genannten Abhandlung von Spanier fast ausnahmslos mit Stellen aus Volksliedern belegt worden. Ganz unerwähnt blieb LN 411: den armen iudas von dir gesungen, eine Redensart, die an ein geistliches Volkslied[2]) erinnert und soviel bedeutet wie „höhnen“.

---

[1]) Vgl. J. Meier, Z. f. d. Ph. 27, S. 550 f.

[2]) Vgl. DWb 4, 2₂₈₃₁.

2. Sage, Märchen, Fabel und Schwank.

Durch die Elemente, die dem reichen Schatze volkstümlicher Erzählungskunst entlehnt sind oder doch deutlich darauf hinweisen, sucht unser Satiriker das Interesse des gemeinen Mannes zu steigern und seinen Ausführungen wärmere Anteilnahme zu sichern. Über die Heldensage in Murners Satiren wurde gelegentlich oben S. 76 ff. gehandelt. Es bleiben hier noch einige Anspielungen auf Volkssagen nachzutragen. Zwei Stellen setzen die Bekanntschaft mit der Sage vom Tannhäuser und vom Venusberg voraus. In NB 6$_{51}$ ff. heißt es: Dornoch kumpt vns der farendt schůler, Vß frouw venus berg ein bůler, Vnd kan vill vom danhüser sagen. In GM ist ein ganzes Kapitel (Vers 5096 ff.) mit den Worten „Frouw Venusberg“ überschrieben. Der vorangestellte Holzschnitt stellt den Venusberg dar. Oben sitzt Venus neben einem Strauch, sich im Spiegel beschauend, unten steht ein verliebtes Paar im Begriff, in die Höhle einzutreten. Der alte, getreue Eckhart steht mit warnender Gebärde daneben. Elfensagen und Elfenglauben haben zur Bildung von Wendungen wie „lürlis bad“ (NB 62) und „lürlis thandt“ (NB 20$_{46}$, SZ 10$_{25}$) geführt und klingen noch in BT 199 (Bl. 4 b) nach, wo das Wort lur als Scheltwort verwendet ist, ebenso im Ketzerkalender; vgl. Scheibles Kloster 10, S. 207. „Lürlis“ ist Genetiv von „lürli“, das ein von dem mhd. Wort „lûre“ abgeleitetes Deminutivum ist. Es bedeutet soviel wie „elfisches Wesen“.[1]) Das Wort „lûre“ hat sich bis heute im Alemannischen erhalten, so in einem elsässischen Sprichwort: „E Bür isch e Lür un e Schelm von Natür.“[2]) Ein Quell, der im Frühjahr unter der katholischen Kirche zu Buchsweiler fließt, trägt den Namen „Lure-Jerri“.[3])

Die fremden Sagen von Vergil im Korbe und von Aristoteles, der von Phillis geritten wird, wurden im Mittelalter populär und

[1]) D. B. Shumway, Notes on Murners Schelmenzunft, Modern Language Notes 18 (1903), p. 10 leitet „lürlin“ und „lōrlen“ von „Lori“ ab, welches ein Kosename von Lorenz sein soll. Shumway weiß leider nichts von Spaniers vortrefflicher Ausgabe der NB mit Glossar und Anmerkungen, wo bereits auf die gründliche Arbeit von W. Hertz über „Lorelei“ verwiesen ist; jetzt wieder abgedruckt in den „Gesammelten Abhandlungen“, hsg. von Friedrich von der Leyen. Stuttgart u. Berlin 1905, S. 456 ff.

[2]) Vgl. auch das Schweiz. Idiotikon Bd. 3, S. 1376.

[3]) Siehe A. Stöber, Sagen des Elsaß, St. Gallen 1858, S. 276.

kehren in den stereotypen Aufzählungen von Männern, die von Weibern geäfft wurden, regelmäßig wieder.[1]) Murner läßt Venus in GM ihre eifrigen Diener aufzählen: Salomon (511 ff.), Alexander (515 ff.), Aristoteles (564 ff., vgl. MS 1255 f.), Paris (570 ff.), David (574 ff.), Samson (578 ff.), Vergilius (604 ff., vgl. Zarncke zu NS 13 $_{74}$). Diese Namen begegnen uns später wieder in dem Abschnitte „Summa summarum aller geuch“, GM 2552 ff. Dem Volke waren alle diese Weiberknechte bekannt. Die Holzschnittkunst des 16. Jahrhunderts suchte immer wieder die Wahrheit des „cherchez la femme“ mit diesen Gestalten zu veranschaulichen. A. Holbein schnitt z. B. für Gengenbachs Gäuchmatt ein Titelbild mit verschiedenen Szenen: oben ist Delila dargestellt, wie sie Samson die Haare schneidet, auf der einen Seite schwebt der Zauberer Vergil im Korbe unter dem Fenster der Geliebten, auf der anderen sehen wir den von seinen Frauen zum Götzendienst verleiteten Salomon, unten endlich ist Aristoteles abgebildet, der von Phillis geritten wird. Diese Geschichte von Aristoteles und Phillis stellten auch der Kolmarer Meister M. Schongauer, der Straßburger Hans Baldung Grien, der Baseler Urs Graf u. a. dar.[2]) Ein Straßburger Domfenster zeigt ebenfalls ein solches Bild. Für die Volkstümlichkeit dieser Aristotelessage spricht vor allem ihre Verarbeitung in einem Fastnachtspiel (Keller Nr. 128). Reiche Literatur gibt V. Michels (QF 77, S. 44 f.) an.

In das Kapitel 50 der NB, das über das unehrbare Tanzen handelt, webt Murner am Schluß eine Anspielung auf die volksläufige Legende von den braven Jungfrauen ein, die mit Maria im Himmel tanzen dürfen, weil sie die irdischen Tänze gemieden haben (NB 50 $_{60}$ f.). Spanier hat in der Anm. zu dieser Stelle diese Legende bei Geiler und in einer Predigt des 15. Jahrhunderts nachgewiesen. Vgl. auch Gottfried Keller, Das Tanzlegendchen (Gesammelte Werke Bd. 7, Berlin 1889, S. 421 ff.).

Das Märchen vom „äschen gryddel“ klingt in einer Redensart von GM e 1 b an. Es heißt da im vierten geschworenen Artikel: Es sol ein gouch syn wyb regieren lassen vnd meister sin.

---

[1]) Vgl. Roethe zu Reinmar, Spruch 103.

[2]) Vgl. Freiherr von Lichtenberg, Über den Humor bei den deutschen Kupferstechern. Straßburg 1897, S. 50.

Nit das du sy alwegen für ein fůßtůch woltest halten, denn sy ist dem man vß der syten genumen vnd nit vß den fůssen, das sy sőll ein åschen gryddel syn. Das Wort „gryddel“ kann unmöglich Deminutivum zu „Grete“ sein, wie Uhl[1]) meint, sondern es kommt von dem Verbum „gryddeln“ = schüren, suchen.[2]) Geiler spielt in ganz ähnlicher Weise auf dieses Märchen an, sogar die Wendung „für ein fůßtůch halten“ kehrt an der betreffenden Stelle wieder, die sich in der Emeis fol. 17 findet. Eine ausführlichere Stelle steht in den Brős. II. fol. 79 ff.; Ch. Schmidt zitiert in seinem historischen Wörterbuch der els. Mundart (S. 92) noch Brős. II. fol. 31. Im DWb. (1_{582}) wird weiterhin auf eine Anspielung in „Der Seelen Paradies“ verwiesen. Dieses Märchen, das auch der Elsässer Meister Ingold im „goldenen Spiel“ [3]) kennt, muß im ausgehenden Mittelalter dem elsässischen Volke gut bekannt gewesen sein.[4])

In Murners Satiren sind auch Tierfabelelemente verarbeitet. So heißt es z. B. in NB 5_{116} f.: (ir) stondt dem christen menschen by Wie der fuchs der cancelly. An eine Fabel bei Camerarius erinnern folgende Verse: Ein han kam eins mals vnder roß Vnd dunckt sich selber ouch so groß Vnd sprach mit hőffelichem trit: „Keiner tret den andern nit!“ NB 37_{63} ff.[5]) Das Kapitel 40 der NB trägt die Überschrift „Des wolffs predig“. Die Fabel vom Wolf, der den Gänsen predigt,[6]) ist hier geschickt in 98 Versen auf menschliche Verhältnisse angewendet und ausgedeutet. Ähnliche Predigten hält in der Tierfabel auch der Fuchs. Der Hinweis J. Meiers[7]) auf den Straßburger Haus- und Gassennamen „Wo

[1]) Anm. zu GM e 1b.

[2]) Vgl. DWb 1_{582}; Martin und Lienhart, Wörterbuch der els. Mundarten I (1899), S. 269 f.

[3]) Schröders Ausgabe (Els. Literaturdenkmäler III), Straßburg 1882, S. 155.

[4]) Vgl. S. Singer, Schweizermärchen = Untersuchungen zur neueren Sprach- und Literaturgeschichte, H. 10 (1906) S. 1 ff.

[5]) Vgl. Goedekes Anm. zu dieser Stelle in seiner Ausgabe der NB.

[6]) Vgl. NB 5_{128} f.

[7]) Z. f. d. Ph. 27 S. 651. Meier behauptet irrtümlich, daß dieser Name jung sei und erst seit Anfang des 18. Jahrhunderts vorkomme. In Wirklichkeit führten aber schon im Mittelalter das Haus und die daran vorbeiführende Gasse den Namen „an der entenletz“. Vgl. meine Anm. zu Arnolds „Pfingstmontag“, Jahresgaben der Gesellschaft für Elsässische Literatur II (1914), S. 226 f.

der Fuchs den Enten predigt" wäre hier eher am Platze als bei Kap. 17. Auf die Fabeln vom Wolf und den Schafen wird in NB 5 126 und ausführlicher in LN 983 ff. hingewiesen: Ich folg dem wolff in disem rat, Der zů dem hirten gesprochen hat: Ach lieber hirt, was zühestu doch Die armen schäflin in dem loch, Vnd zwingst sie in den engen stal? Sie werden daruon krempffig al. Laß sie sich doch ein mal ergon, Das sie sich doch nit lam ston. Ich red es von meiner wegen nit, Für arme schäflin ich dich bit.

Auch Tierschwankmotive weiß Murner geschickt für seine satirischen Zwecke nutzbar zu machen und auszubeuten. In MS 1478 ff. läßt Murner den Müllerefel zu hohen Ehren gelangen. Er wird von den Fürsten geadelt und gekrönt, von den Bürgern in den Rat gesetzt, von den Handwerkern und Kaufleuten geehrt, von Mönchen zum Prior und Guardian gemacht, von den Geistlichen auf den Chorstuhl und in den hohen Schulen auf das Katheder erhoben. Über diese meisterhafte Stelle satirischer Kunst und Formgebung handeln Rieß [1]) und J. Bolte.[2]) Rieß meint, ein Holzschnitt aus Hartliebs „De fide meretricum", der einen Esel auf einem Katheder vor allerlei Vieh lesend darstellt, tue der Leistung Murners erheblichen Abbruch, da sie nicht originell sei. Der Wert jener Stelle besteht aber nicht in der Originalität der Erfindung, sondern in der originellen, geistreichen Verwendung von volkstümlichen Tierfabel- und Tierschwankmotiven zur formellen Einkleidung seiner satirischen Gedanken. Nicht das Material, der Stoff, sondern die satirische Ausdrucksweise, die stilistische volkstümliche Formgebung ist hier die Hauptsache und das Originelle. Es ist überhaupt nicht sicher, daß Murner durch den von Rieß erwähnten Holzschnitt angeregt wurde. Er könnte die Anregung gerade so gut von dem Holzschnitt in Wimpfelings „De fide concubinarum" (1501) oder direkt von der mündlichen Tradition des Motives empfangen haben, das Bolte in einem lothringischen Märchen und in zahlreichen europäischen und orientalischen Volksschwänken nach-

---

[1]) a. a. O. S. 32 f.

[2]) Der Schwank vom Esel als Bürgermeister bei Thomas Murner, Zeitschrift des Vereins für Volkskunde 8 (1897), S. 93 ff.

weisen konnte. Es ist auch nicht ausgeschlossen, daß Murner durch ein volkstümliches Wortspiel wie choralis—Choresel[1]) hätte auf den Gedanken gebracht werden können, den Müllers esel im Chor unter den Geistlichen in domherrlicher Tracht die erste Stelle einnehmen zu lassen.

Murner erwähnt auch den Pfaffen vom Kallenberg und seine Streiche. Einen sprichwörtlich gewordenen Ausruf des Pfaffen führt er in NB 5$_{101}$ f. an: Buck dich iecklin, du můst in ofen! Wert ir schon keiser, künig, grofen. Man vergleiche hierzu Bobertags Narrenbuch S. 51: „Nun bück dich, Jeckel, du must in ofen, werst babst ob allen bischoffen.“ In NB 19$_{128}$ f. und 38$_{a}$ f. wird der Pfaff vom Kallenberg unter Namensnennung angezogen: Darumb der pfaff vom kallenberg Riefft mit luter stymm allein: „Vß hůrn vnd bůben all gemein!“; — Ich bin der pfaff vom kallenberg, Myn ding gond gwonlich überzwerg. Auf einen bestimmten Streich des Kallenbergers[2]) wird in NB 59$_{61}$ ff. angespielt. F. Lauchert[3]) hat auch verschiedene inhaltliche Anklänge an den Eulenspiegel feststellen wollen. Es sind aber nur ganz allgemeine, naheliegende Motive, deren Herkunft nicht mit Sicherheit auf den Eulenspiegel zurückgeführt werden kann.[4]) Mit einem bekannten Schwank aus Poggios Facetien läßt sich die Stelle NB 74$_{68}$ ff. vergleichen: Als ob im trómpte in der nacht, Wie er ein schatz gefunden hett Vnd er geschissen hat ins bett.[5]) SZ [44] Der tüfel ist Apt ist eine sprichwörtliche Anspielung auf den bekannten Schwank.[6]) Das Motiv vom lateinlernenden Esel, der nur „ia“ — bei Murner zu dem Dirnennamen „ita“ erweitert — sprechen kann, kehrt in NB 72 und MS 1562 ff. wieder. Ob Murner hier aus dem Pfaffen Amis, aus Poggios Facetien oder aus dem Eulenspiegel schöpfte, läßt sich nicht entscheiden.[7])

---

[1]) Vgl. Schade, Satiren und Pasquille III., S. 216$_{33}$.
[2]) Bobertags Narrenbuch S. 24 ff.
[3]) Vgl. Alemannia 18, S. 160 f.
[4]) Vgl. H. Lemcke, Der hochdeutsche Eulenspiegel, Diss. Bonn 1908, S. 73.
[5]) Siehe Spaniers Anm. zu dieser Stelle.
[6]) Bobertags Narrenbuch S. 363 ff.
[7]) Vgl. Lemcke a. a. O. S. 72 f.

3. Volkstümliche Spruchweisheit.

Abstrakte und doktrinäre Eindringlichkeit und gelehrter Sentenzenkram sind echter Volksdichtung fremd. Die volkstümliche Didaktik strebt nach Gegenständlichkeit und frischer Vergleichung. Dieser Zug führt zum Einflechten festgeprägter, volkstümlicher Spruchweisheit. Einzelne Erfahrungen werden neben andere gestellt, die bereits vom Volksmund verallgemeinert und unter einen allgemeingültigen Erfahrungssatz subsummiert wurden. Das Sprichwort enthält ein vollständiges Erfahrungsurteil in einer festgeprägten, allgemein anerkannten Ausdrucksform. Ich halte es nicht für gut, sprichwörtliche Redensarten und eigentliche Sprichwörter vermischt vorzuführen, wie es A. Stöber in der „Alsatia" 1862, S. 131; 1868, S. 318 ff.; 1873, S. 83 ff. bei Zusammenstellungen aus Geiler, Moscherosch und Pauli getan hat. F. Lauchert (Alemannia 18, S. 167 ff.) hat in demselben Sinne Sprichwörter und sprichwörtliche Redensarten aus Murner zusammengestellt. Die sprichwörtlichen Redensarten in Murners Satiren werde ich weiter unten in anderem Zusammenhang behandeln. Hier werden nur eigentliche Sprichwörter, d. h. festgeprägte, volksläufige Redeformen, die eine vollständige Erfahrungsmaxime enthalten, berücksichtigt.

Sprichwörterreichtum ist ein charakteristisches Merkmal aller volkstümlichen Didaktik. Freidanks „Bescheidenheit" mit ihrem reichen Gehalt an Sprichwörtern ist volkstümlich, nicht aber der sprichwörterarme Winsbecke mit seinen langweiligen Vorschriften. Die populäre Bettelmönchspredigt, die in jeder Hinsicht auf das Volksempfinden Rücksicht nimmt, ist ihrem ganzen Wesen nach sprichwörterreich. Der volkstümliche Prediger nimmt stets auf das Leben Bezug und drückt seine Wahrnehmungen und Lehren in allgemein gültigen, praktisch verwendbaren Formen aus, die der Volksmund geprägt hat. Berthold[1]) von Regensburg bekräftigt mit Vorliebe seine Ausführungen mit Sprichwörtern, die er im Bewußtsein eines jeden voraussetzt. In diesem Punkte berührt sich

[1]) Vgl. J. Strobls Ausgabe von Bertholds Predigten Bd. II (Wien 1880), S. XXII; Hasse a. a. O. S. 190 f. Eine gute Zusammenstellung der Sprichwörter gibt Greeven a. a. O. S. 14 ff.

Murners Satirenstil stark mit der volkstümlichen Predigtweise. Die volkstümliche Gnomik spielt in seinen Satiren eine große Rolle. Viele Verse sind vom Dichter so prägnant gefaßt und so sauber abgerundet, daß sie echten Sprichwörtern ganz ähnlich sind und auch als solche gelten können, falls sich ihre Volksläufigkeit und allgemeingültige Fassung erweisen läßt. Uhls [1]) Hypothese, Murner habe eine Sammlung alemannischer Sprichwörter und Floskeln benützt, die vielleicht auch Brant, jedenfalls aber Johann von Morßheim zur Hand gehabt habe, schwebt vollständig in der Luft. — Ich verzeichne nachstehend ausschließlich belegbares, echtes Spruchgut.

Wer an der strassen buwen wil, Der selb hat wider sprecher vil NB 2$_{119}$ f.; Herr got, behiet vor gabel stich.. NB 5$_{1}$; Wie kompt es, das man spricht: ie gelerter, Je verrůchter vnd verkerter NB 5$_{136}$ f., vgl. NB 3$_{23}$ f., MS 575 f.; Der schůler schlecht dem lerer noch. Der alt krebs lernt syn kindt den strich, Das sy noch hüt gondt hinter sich NB 5$_{184}$ ff.; Der wyn hinyn, der gouch heruß NB 6$_{5}$, vgl. SZ 46$_{31}$; Der wyn hinyn, die witz heruß MS 1062; Wo man schmiert, do fart man gern NB 6$_{81}$, vgl. SZ 25$_{3}$ f.; Sy buchent, wyl sy lougen handt NB 8$_{65}$; Ein wybs bild ist nit alzyt stet NB 10$_{51}$; Hinderm ofen ist es warm NB 11$_{119}$, vgl. 82$_{48}$, 92$_{124}$, GM 4304; Bȯß ist es, fuchs mit fuchs veriagen NB 14$_{46}$; Dry machen ein zům narren NB 15$_{2}$; Ich flüg ein ganß hin vmendum Vnd kumm doch gagag widerumb NB 17$_{a\,b}$; Breitfiessig genß zertrettendt mere, Den in zů spyß notdurfftig were NB 17$_{45}$ f.; Wen ein ganß das wasser sicht, Sy meint, sy sech das hymelrych, Vnd meint, sy schwym mit freüden dynn, So ist noch wyt vnd verr do hin NB 17$_{68}$ ff., vgl. 74$_{94}$ ff.; Ein yede ganß, wen sy durch gat Ein port, das houpt sy nider lat Vß forcht, sy stoß sich oben an NB 17$_{79}$ ff.; Wa genß hin schyssen, als ich hȯr, Do waßt kein grůn graß nymmermer NB 17$_{97}$ f.; Grieß ich myn guatter über den zun, So grießt er mich herwider schon NB 19$_{a\,b}$, vgl. 19$_{79}$ f., 95$_{168}$ f.; Also kent griß den gromen wol NB 19$_{107}$; Hewschrecken vnd ein wann mit fleh Thetten mir zů hietten nit so we, Als wann ich sol ein frow bewaren NB 26$_{a\,b\,c}$; Frowen

---

[1]) Exkurse zu GM, S. 261 ff.; vgl. hierzu Spanier, Z. f. d. Ph. 29, S. 423.

vnd ducaten goldt, Ist man sunst vergebens holdt NB 26_{77} f.; vgl. SZ 29_{32} f.; Pfaffen kolen riechen wol NB 26_{97}, vgl. 57_{70}, MS 725, LN 2865; Niemans ist, dem nüt gebrist NB 27_{68}, vgl. 2_{126}, 57_{36}; Es hört in die puren haber stro NB 28_{62}, vgl. 33_{38} f.; Verlast dich vffs iuristen bůch, Jüdscher fundt, der mågt fürtůch, Dise dry schedlicher gschir Machendt stett vnd lender ir NB 29_{5} ff., vgl. SZ 2_{14} f.; Grosse bůcher, grosse narren NB 29_{35}; Fründtschafft wann es gat an not, Gond vier vnd dryssig vff ein lot, Vnd wann sy sollent behilflich syn, So gondt siben vff ein quintyn NB 31_{64} ff.; Vil gen der schaff in einen stall NB 35_{61}; Mit narren vß, mit gecken heim NB 38_{38}; Vnden wolfeil, oben thür NB 45_{6}, vgl. 70_{68}, SZ 25_{13} ff.; Es ist nit alles goldt fürwar, Das an der sunnen glitzet clar NB 45_{10} f.; vgl. 74_{92} f.; Herren dienst hat manchen geruwen NB 55_{56}; Heißt fegen mich vor myner thür; Wan ich myn huß gesübert hab, Dann sol ich synem kören ab NB 57_{6} ff.; In synem oug sehe ich ein spryß, Solt ich mir lůgen selbs mit fiyß, Ein balcken find ich in dem myn NB 57_{9} ff.; Das ist der gschmack, wa sindt die braten? NB 57_{54}; Mancher narr nym leschen kan, Das er hat gezindet selber an NB 68_{15} f.; Sag du niemans, wer er ist, So seit dir niemans, wer du bist NB 68_{35} f.; Landßman, schantzman ist das wort, Das ich hab von den alten gehort NB 68_{39} f.; Wie man rieffet in eim walt, Glych also das selb wider schalt NB 68_{41} f., vgl. BT 183 f. (Bl. 4 b); Die alten hondt das lang geredt: Wer an dieben mangel hett, Vom galgen nym ein solchen man, Darnach so henck in wider dran NB 71 a ff.; Dann was ich henßlin iung nit ler, Das lern ich hans ouch nymmermer NB 72_{34} f.; Doch wer wol wenet, dem ist wol NB 74_{76}; Wer vil hat, dem gibt man me NB 76_{21}; Vff das solch gůt, das mal quesit, Ouch widerumb werd mal perdüt NB 80_{99} ff., vgl. GM 1101 f.; Es ist doch hůrn vnd bůben recht, das ire krieg bald werden schlecht NB 80_{137} f.; Vnd sy so gůt in die hell gesprungen Als mit rütschen dryn gerungen NB 81 c d, vgl. LN 4240 f., GM 1826 f.; Das ist in aller welt gemein, Das kein vnfall kumpt allein NB 81_{1} f.; Darumb spricht man, die beste hůt Sy die der man im selber thůt NB 84_{39} f.; Truw wol reit mir myn roß hin weg NB 89_{39} f.; Sy bricht håfen, so brich ich krieg NB 95$_{161}$; Mit nachpurn kan ein yeder man Syn hüser vffrecht machen stan NB 95$_{172}$ f.; Ich hab des sprich worts dick gelacht, Das keyn kreg eyn dullen macht SZ Vor. 75 f.; Wen man schilt, der schribts in steyn, Der do schilt, in stoub hyn eyn SZ 13$_{19}$ f.; Es lernt sich alle wochen selber, Das kieg im stal geberen kelber SZ 17$_{37}$ f.; Man sagt myr, wer fil hantwerck kan, Der werdt zů letst eyn armer man SZ 19$_{15}$ f.; vgl. GM 277 f.; Dorum so heißt es: oben thür, Oben sieß vnd vnden sür SZ 25$_{17}$ f.; Die alten hondt das wol gewist, Das nüt vß godt, do nüt in ist SZ 26$_{5}$ f.; Ich habs gehort, der wasser krůg Laß sich so lang zům brunnen tragen, Biß das er wurdt in stück zerschlagen SZ 30$_{16}$ ff.; Mach keyn feür, so meydst den rouch SZ 31$_{28}$; Mach kein für, forchstu den rouch MS 989; Frů vacht die nessel brennen an SZ 41$_{12}$; Was der tütsch vff erd anfacht, so wurdt da by der fleschen gdacht SZ 46$_{14}$ f.; Reden ist nit alzyt gůt SZ 47$_{7}$, vgl. 47$_{14}$ f.; Denn wo der tüffel vogel facht, das wyb er zů eim kutzen macht MS 305 f.; Die mat die můß geschoren syn, Vnd schlieg der dunder gar daryn, so will das krütli han syn synn MS 397 ff.; Man kent die narren an den sytten MS 550; Die andren müssendt wychen all, Die böck, die dulden kein im stall MS 660 f.; Man mag dem lichtlich pfiffen an, Der sunst gern wil zů dantzen gan MS 844 f.; Besser ist es herr denn knecht MS 933; Lange cleyder, kurtze syn MS 970; Von drincken sein vil mer gestorben, den sunst natürlichs tods verdorben MS 1067 f.; Vil ist zů vil vnd wurdt zů vil, Bruch das myttel, tryff das zyl MS 1196 f.; Ein red, kein red MS 1222; Denn ich wol weiß, das stro im schů, die spill im sack nit haben rů Vnd mögend lang nit dyn belyben MS 1396 ff., vgl. GM 1182 f., LN 1528 f.; Fiegt man mir den schaden zů, das selben glychen ich ouch thů MS 1487 f.; Zům spot můß sy den schaden han GM 1124; Der wyber lieb endt sich geschwindt GM 1494; Sůchend ir, so werdt ir finden GM 3450; All zyt glichs findt syns gelich GM 3991; Wie wol man spricht das in der gmeyn: „Wer glück hat, fiert die brut mit heym“ GM 4539 f.; Ich hab gebuwen an die straß, Do mancherleyen köpff by was; Was disser lobt, das schilt mir der GM 5336 ff.; Man trit vff einen wurm so lang, Biß das sich krümpt ein solcher schlang LN 80; Alle ding die haben ein maß LN 93; Dan teilen, nemen frembdes gůt, Vnd stellen, rouben thet nie gůt LN 769 f.; Man sol zů hart kein rietlin biegen LN 1114; Es würt offt groß vnd vngeheüer Vß kleinen funcken ein groß feüer LN 1816 f.; Wort sein wort, der dat nim acht LN 3960.

4. Anspielungen auf volkstümliche Art und Sitte.

Murners Darstellung birgt reiche Niederschläge von Anspielungen auf volkstümliche Bräuche und Sitten. Durch die Heranziehung und Verarbeitung dieses Materials erhält das Ganze einen frischen, volkstümlichen Hauch lebenswahrer Gegenständlichkeit, die den gemeinen Mann anheimelt, seine Aufmerksamkeit erregt und festhält. Titel, Einkleidung und Motive der Satiren NB und LN erinnern an den mittelalterlichen Fastnachtsbrauch des Narrenaustreibens. Bei den Fastnachtsumzügen pflegten Vermummte den „Fastnachtsbutz“ auf einer Bahre herumzutragen oder auf einem Wagen oder Schlitten herumzuführen, um ihn zuletzt zu begraben oder zu verbrennen oder auch von den Wellen in die weite Ferne fortschwemmen zu lassen. Nach altem Glauben sollte bei diesem Reinigungsfeste durch das Vernichten und Unschädlichmachen dieser symbolischen Figur des Übels alles Unheil aus dem Volke ausgetrieben werden. Zur Verkleidung diente in heidnischer Zeit die symbolische Dämonenhülle (Tierfell), die in christlicher Zeit von der Teufelsmaske [1]) verdrängt wurde. Im Mittelalter konnte sich aber das Teufelskostüm nur dort halten, wo ernste und schwerblütige Menschen mit der Not des Lebens rangen und sich Unheil und Sündenschuld nicht gut anders als unter dem fratzenhaften Bilde des Teufels vergegenwärtigen konnten, so in Mitteldeutschland und in den Bergen der Schweiz. Nur in solchen Gegenden konnte sich auch aus der Lebensstimmung des Volkes heraus eine volkstümliche Teufelsliteratur entwickeln. Im kulturell blühenden und leichtlebigen Elsaß aber war es anders. Hier hatte das Narrenkleid die Teufelsmaske vollständig verdrängt. Aus der Ethik und

[1]) Solche hölzerne, geschwärzte Teufelsmasken wurden vor 50 Jahren noch in der Ostschweiz, z. B. in Wyl, an der Fastnacht getragen.

Kultur des elsässischen Volkes ist die elsässische Narrenliteratur und ihre volkstümliche Einkleidung zu verstehen und zu erklären. In dieser Zeit des moralischen Niedergangs traten ernste Männer, denen das Elend ihres Volkes ans Herz rührte, warnend auf und geißelten die Auswüchse mit scharfen Worten, so Wimpfeling und Geiler. Brant und Murner suchten mit der Satire in der dem fastnachtsfreudigen Volke zusagenden Form eines literarischen Narrenaustreibens zu wirken. Brant sammelt auf einem Schiffe eine Menge von Narren und läßt dieses „Narrenschiff" dem Verderben entgegen steuerlos ins weite Meer treiben. Die Einkleidung dieser Satire ist echt volkstümlich; alljährlich ließ ja das Volk Fastnachtsbutze im Narrenkleid den Rhein hinunterschwimmen. Von dem Dichter des Narrenschiffes wurde Murner, der große Narrenbeschwörer, angeregt. Unser Mönch trägt der Stimmung des Volkes Rechnung, die in behaglicher Narrenfreude gipfelte, und beschwört nicht Teufel, sondern N a r r e n. Der Holzschnitt über LN 256 ff. zeigt uns einen mittelalterlichen Fastnachtsumzug: der große lutherische Narr wird als Fastnachtsbutz auf einem Schlitten herumgeführt.[1]) In diesem Abschnitt (LN 247—328), der mit den Worten „warumb der groß nar in einem schlitten ist umb gefiert worden" überschrieben ist, spielt Murner auf den alten Volksbrauch des Narrenaustreibens an und weiß ihn sehr witzig für seine satirischen Gedanken dienstbar zu machen. Auch MS und GM enthalten Anspielungen auf Fastnachtsitten; in MS 96 spricht der Satiriker von dem „mümlen gon", in MS 657 gebraucht er den Vergleich: „wie ein fastnacht butz" und in GM 4132 ff. schildert er die Fastnachtszeit, die dem Liebhaber teuer zu stehen kommt: Die faßnacht will sy gon spatzieren, So můß ichs mumlen vmbhar fieren; Das kost denn ouch wol zwelffthalb pfunt: We dem, der in das mumlen kumpt! An dieser Stelle, die die Überschrift: „Dem gouch zinß richten" trägt, werden auch die übrigen Gelegenheiten genannt, wo der Geldbeutel des verliebten armen Teufels herhalten muß. An Weihnachten und Neujahr muß er reiche Geschenke geben (GM 4120 ff.). Am Dreikönigstag muß er schon wieder einen vollen Beutel haben (GM 4124 ff.). Uhls Anmerkung

[1]) Vgl. den Holzschnitt in Balkes Ausgabe, Kürschners deutsche Nationalliteratur Bd. 17, S. 23.

zu dieser Stelle: „Ein künig machen“ = als König verkleidet herumziehen, ist unzutreffend. Das sogenannte „Sternsingen“, das Uhl im Sinne hat, ist nicht gemeint. Die Erklärung der Stelle gewinnt gar nichts, wenn Uhl hinzufügt: „Eigentlich sind es allerdings drei Könige (die heiligen, mit ihrem Stern). Im Folgenden ist wohl auf die weiteren Gebräuche des Tages angespielt.“ Diese weiteren Gebräuche scheint Uhl aber nicht zu kennen. Murner spielt an der ganzen Stelle überhaupt nur auf einen einzigen Dreikönigsbrauch an, nämlich auf die Sitte, einen Bohnenkönig zu machen.[1]) — An Ostern erwartet die Liebste ein Osterlamm zum Geschenk (GM 4139 ff.) Im Mai muß ihr der Liebste einen schönen hohen Maibaum stecken und Mittel zur Verfügung stellen, damit sie an einen Badeort gehen kann: So man der geuchin ein meyen stecken sol, füg er sich zwentzig myll vff den schwartz wald, vnd sůch die hǒchsten dannen zů stecken (GM e 3 b). — Im meyen farend wir gen baden; Lůg, das der seckel sy geladen! Denn das bad hat solche art: Wer mit wybren dar yn fart Vnd bringt nit pfennig, gelt do mit, So würckt das selbig bad do nit; Denn syn natürlich würckung thůt, Das du verdouwest gelt vnd gůt! (GM 4147 ff.). In höchst witziger Weise weiß Murner einen Nikolausbrauch bei der satirischen Darstellung des Lasters der Trunksucht zu verwenden. Er zollt den Trunkenbolden ironisches Lob: Die můß man ietz all sammen loben. Doch handts am sant Niclausen aben In dem schů ein narren funden, der ist in in den halß verschwunden Vnd ist der nar kein christen nit, darumb ir ieder vff in schüt, Das er getauffet werd von in Vnd nit vnchristlich far do hyn (MS 1026 ff.). Die Sitte, am Niklausabend den Kindern Geschenke in Holzschuhe zu legen, besteht heute noch im Elsaß. In NB 9₈₈ ff. beutet der Dichter die Farbensymbolik der Blumensträuße, mit denen sich Liebende beschenken, witzig für die satirische Formgebung aus: Der Liebhaber soll die liederliche Liebste „mit eim eichen bengel beren, Vnd sol sy ferben mit der handt, Wie er die farb am strüßlin fandt, Blaw vnd rot, ouch grien vnd gel; Er lůg nur, das kein streich nit fel“. Die farbigen Bänder am Blumenstrauß geben

[1]) Vgl. Martin und Lienhart, Wörterbuch der els. Mundarten I, S. 407; A. Pfleger, Volksbrauch und Volkssitte im alten Schlettstadt, Elsässische Monatsschrift IV (1913) S. 53 f.

Murner Anlaß zu ironischer Deutung. Blau versinnbildlichte damals allgemein die Treue (staete), grün den Anfang der Liebe, ein in seiner Wahl noch freies, von Liebe unbezwungenes Herz.[1]) Unser Satiriker schließt aus diesen Farben das Gegenteil: Dann schenckt sy im ein rosen struß — Die geuchin dinn der gouch ist duß — Das ist vmbwunden mit syden blo Vnd bedüt: narr hie, narr do; Bindt sy es dann mit syden grün, So bedüt es: lieber narr, far hien! (NB 9₁₅ ff.). Das alte Kinderspiel, das Fischart „geiswerfe“ und „geisuffsetzers“ nennt,[2]) deutet Murner im Kapitel 7 der NB, das die Überschrift „Mit gott der geiß hietten“ trägt, geschickt auf die Gotteslästerung aus. Rieß (a. a. O. S. 20) hat gezeigt, wie Murner wahrscheinlich durch den Holzschnitt über Brants NS 87, wo der Gotteslästerer Christus am Kreuze eine dreispitzige Lanze ins Bein stößt, an dieses Kinderspiel erinnert und zu dem erwähnten Kapitel über die Gotteslästerung angeregt wurde. In MS 36 wird dieses Spiel mit dem Namen „haber geiß“ bezeichnet. Wenn Murner über Modetorheiten spricht, begnügt er sich nicht mit gegenstandslosen, farblosen Moralpredigten über Hochmut, Stolz und Kleiderluxus, sondern führt die Kleidernarren in ganz bestimmten Kostümen vor und spottet über ihre unzweckmäßigen, törichten und unanständigen Modekleider. Hören wir nur, wie er die Modetracht des verliebten Gigerls verspottet, indem er ihm bezüglich der Hember u. a. folgende Ratschläge erteilt: Solche hemder dar von wir ietz geredt haben, vnd vnß geuchen ein solchen grossen rům der rein vnd zarten bringen, sollendt alle so sy rein geweschet synt, vß gestrichen vnd gefeltlet syn, in sunderheit die badhembder, vnd stettes by lauander lygen das sy wol riechen, sollendt ouch lange kragen haben, mit schwartzen syden bendlen, zwiffelstricken, getteren, mit hertzen durchseget, oder mit pfilen durchschossen, mit zwen fliegenden vettichen das es flügt, oder ein wund dryn

[1]) Über die volkstümliche Farbensymbolik im ausgehenden Mittelalter vgl.: W. Gloth, Das Spiel von den sieben Farben = Teutonia I (Königsberg 1902), ferner: Uhland, Schriften III. Bd., S. 431 ff.; Zingerle, Germania 8, S. 497 ff.; Wackernagel, Kl. Schriften I, S. 202.

[2]) Vgl. H. Rausch. Die Spiele der Jugend aus Fischarts Gargantua, Jahrbuch für Geschichte, Sprache und Literatur Elsaß-Lothringens 23 (1908) S. 21.

gestochen ein für drunder dz bedütet brynnende liebe,[1]) laß ouch dyne hembder mit golt oben durch setzen, denn so das hertz also in grosser liebe brennet, so ist dz golt von natur kalt und löschet doch eines deyls dz du in der gouchery nit gar verbrennest, laß dich nit irren ob es schon vil kostet gib dest weniger vmb gotz willen, was wer es das du die bettler spißtest, vnd dyn eygen gouch liesest hungers sterben. Darumb versehe dich zů dem ersten, vnd darnoch was du wol manglen magst das gyb andren lüten. (Der 15. geschworenen artickel: Gemalte geuch, GM f 1 a.) Unser Satiriker setzt nur einen alten Kampf fort, den Berthold von Regensburg bereits schon wacker geführt hat.[2]) In den siebziger und achtziger Jahren des 14. Jahrhunderts mußte in Straßburg gegen die neue Mode bereits eine Kleiderordnung erlassen werden.[3]) Was Murner verhöhnt und verspottet, wird hier bereits verboten. Mit der Bestimmung: Das houptloch soll sin, daz man ir die brüste nit gesehen müge, wenne die houptlöcher füllent sin untz an die achseln, läßt sich die Stelle NB 26 $_{47}$ ff. vergleichen. Die Stelle NB 44 $_{13}$ ff. erinnert an das Verbot: datz kein frowe sich nit me verwe oder locke von totten har hencken sülle. Die Zeichensymbolik auf Kleiderstücke, die Murner gelegentlich im 15. geschworenen Artikel der GM bewitzelt, war in der zweiten Hälfte des 15. Jahrhunderts ins Überladene ausgeartet.[4]) Das Kapitel 34 der NB ist gegen die enganschließenden Mühlsteinkragen und Halsketten gerichtet. Es heißt hier u. a. in Vers 44 ff.: Die andern machent riden bandt, Wie die hundt im vngerlandt Vnd sind mit schlössern wol vermacht. Ich hab ir tusent mal gelacht, Das sy den hals also verbinden, Als ob sy vor sant lienhart stienden. Man vergleiche hierzu etwa: Hagecius, Böhmische Chronik zum Jahre

---

[1]) In einem Fastnachtlied (Uhland Nr. 244), will ein Bauer durch einen roten Strich am Ärmel seiner Geliebten die Liebe zu erkennen geben.

[2]) Vgl. Gärtner, Berthold von Regensburg über die Zustände des deutschen Volkes im 13. Jahrhundert, Zittau 1890 (Progr.), S. 24 ff.

[3]) Vgl. Schneegans in der Zeitschrift für deutsche Kulturgeschichte 1857, S. 366 ff.

[4]) Siehe die Ensisheimer Chronik zum Jahre 1492, Zeitschrift für deutsche Kulturgeschichte 1857, S. 380. Auch Symbole mit laszivem Bedeutung (Rechen, Maultrommeln, Blasebälge, Lichtputze) wurden auf die Kleider geheftet. Vgl. Geiler Brôs. 1 $_{96}$ b.

1367 (1697) S. 612: umb den hals herumb trugen die reichen einen silbernen kragen, nicht anders als die englischen oder schafhunde, damit ihnen die wölfe nicht schaden sollten. Ich habe hier nur einige wenige Beispiele aus der reichen Fülle von Anspielungen auf die Modetrachten jener Zeit ausgehoben und in historisches Licht zu rücken versucht, um zu zeigen, wie Murner durch die Einbeziehung solcher konkreter Einzelheiten, von denen Kleiderordnungen und Chroniken berichten, in seine Darstellung den volkstümlichen Zug lebendiger Gegenständlichkeit hineinzubringen vermochte. Was ich hier an ausgewählten volkskundlichen Materialien zu zeigen versuchte, ließe sich an zahllosen Anspielungen auf die Sitten der Zeit wiederholen. Von dem sittengeschichtlichen Reichtum unserer Satiren gibt die Darstellung R. Ischers [1]) nur einigermaßen einen Begriff.

[1]) Redensarten und Sittenschilderungen in den Schriften Thomas Murners, Neues Berner Taschenbuch auf das Jahr 1902, S. 54 ff.

Viertes Kapitel.

Volkstümliche Anschaulichkeit und Bildhaftigkeit des Stils.

Pfenningers Werk „Helvetiens berühmte Männer" (Zürich 1799, I², S. 228) enthält ein Porträt Thomas Murners. Weit öffnen sich da des Mönches große sinnliche Augen, als wollten sie alles wahllos einlassen, aufsaugen und auskosten, was sich ihnen nur darbietet. Der großlippige Mund ist nur ganz leicht geschlossen, jeden Augenblick bereit, sich zu öffnen und unbedacht, aber frisch und sinnfällig die Fülle der Eindrücke kund zu tun, die das unersättlich trinkende Auge innerem Schauen übermittelte. Das sind charakteristische Merkmale, die sich auch im Stil bekunden. Unser Satiriker schaut nicht in die Tiefen der Herzen, er betrachtet die Fülle und Breite des äußeren Lebens und spricht sie ohne Klärung und Sonderung aus. Stellenweise arbeitet er ganz holzschnittmäßig, er verliert sich selten in Kleinigkeiten. Seine satirische Darstellung geht von Effekt zu Effekt, stark Sinnfälliges und wichtige Züge ausmalend; sie ist grob ohne wohldurchdachten Plan gearbeitet und folgt, genährt von Murners unerschöpflichem Reichtum an originellen Einfällen und witzigen Vorstellungen, immer nur der Eingebung des Augenblicks und den Eindrücken lebendiger Anschauung.[1]) Sinnlich eindrucksvolle, volltönende Stilmittel arbeiten auf Gefühlswirkung hin. Die Volkspsyche reagiert eben nur auf starke Reize. Nur eine kräftige, vollsaftige, bilderreiche Sprache ergreift

[1]) Ein ähnliches Stilgepräge tragen auch die Holzschnitte der Satiren. Ob und inwieweit Murner selbst als Illustrator in Betracht kommt, lasse ich unentschieden. Neuerdings vertritt M. Sondheim den Standpunkt, daß Murner Zeichnungen zu Holzschnitten von SZ, MS, GM und LN entworfen habe. Vgl. seine Ausführungen im Frankfurter Bücherfreund 9 (1911) S. 78 ff.; 10 (1912), S. 307 ff.

das Innerste der Volksseele. Denn „nur für den starken, derbanschlagenden Ton hat dieser grobgefaserte Boden Resonanz, und die starke Fiber kann dem Tiefeinschneidenden nur ertönen“.[1]) Diese Merkmale besitzt Murners Sprache. Eine urwüchsige Sinnkraft verleiht ihr das charakteristische Gepräge des volkstümlichen Zeitstils, der in der gesteigerten Intensität des inneren Schauens bei den unteren Volksschichten seine Grundvoraussetzung hat. Die stilbelebende, unbändige Lebenskraft, die in der vollsaftigen Sprache nach Ausdruck ringt, erzeugt aber auch viel Rohes und Zynisches. Das ist der Fehler des Vorzugs.

I. Symptomatische Schilderung des Seelischen.

Seelische Erlebnisse und Zustände werden in der Volkspoesie, die sich am liebsten dem Konkreten und Sinnlich-Eindrucksvollen zuwendet, oft unterdrückt. Wo sie aber zum Ausdruck gelangen, geschieht es in auffälliger Weise auf indirektem Wege durch Sprach-, Gebärden- und Handlungssymptome. Der gemeine Mann verleiht der Freude und dem Schmerz in frohen Jauchzern und in lauten Klagerufen Ausdruck, Gefühle wie Trauer und Dank bekundet er durch äußere Zeichen. Zwei und mehr Jahre nach dem Tode eines Verwandten trägt der Bauer noch Trauerkleider; wird sein Gebet in schweren Anliegen erhört, so legt er seine dankbare Gesinnung durch Votivgegenstände sinnfällig an den Tag. Leute aus dem Volke sind meist nicht imstande, in der Äußerung ihrer Gefühle Maß zu halten. Mit elementarer Kraft bricht der Affekt in ungeschwächten Gefühlswerten hervor, ohne daß der Intellekt hemmend einzuwirken vermag. Der Gebildete dagegen kann durch ruhige Überlegung, indem er sich die Verletzung von Anstand und Sitte oder die nachteiligen Folgen vor Augen stellt, die unmittelbare Äußerung starker Affekte verhindern. Der mittelalterliche Mensch pflegte seine Affekte viel intensiver zu äußern als wir.[2]) Die Gebärdensprache spielt in der damaligen Malerei und Dichtung eine große Rolle. Beide schildern seelische Erregungen und Zustände mit den gleichen äußeren Reflexen. Walther von der Vogelweide

[1]) Görres, Einl. in „Die teutschen Volksbücher“.
[2]) Vgl. K. Lamprecht, Deutsche Geschichte IV, S. 261.

arbeitet z. B. mit denselben konventionellen Gebärdensymptomen wie die Miniaturmalerei des 12. und 13. Jahrhunderts.[1]) Die indirekte Darstellung der Affekte wird im Volksepos bis auf die Spitze getrieben. Die Helden weinen, schreien, ringen die Hände, raufen die Haare aus usw.[2]) Im strengeren Epos ist der naive, intensive Ausdruck der Gemütsbewegungen verpönt.[3]) Hartmann läßt die Helden seiner Ritterepen nie weinen, während Gottfried Tristan, Rual, Marke u. a. diese Art der Affektsäußerung gestattet. Gottfried ist ein unübertrefflicher Meister seiner symptomatischer Affektsschilderung.[4]) Die Nachahmer Konrads von Würzburg vergröbern dieses Stilmittel arg. Hans von Bühel läßt z. B. in seinem „Diokletian“ (V. 7980) die Prinzessin und ihren Liebhaber vor Betrübnis weinend zu Boden fallen. Vor Schrecken stürzt auch der Kaiser (V. 8690 ff.) nieder, steht wieder auf und zerreißt seine Kleider. Solche Geschmacklosigkeiten leistet sich Murner in seinen Satiren nicht. Er hält ungefähr die Mitte zwischen dieser Entartung und der Verfeinerung bei Gottfried. Seine symptomatische Schilderung der Affekte ist volkstümlich kräftig gehalten und ist im Geiste jener Zeit wohl begründet, wo ein gesteigertes Seelenleben in der Sprache nach Ausdruck rang und unwillkürlich solche indirekte Darstellung hervorrief, wie ja auch später der Sturm und Drang dem Zeitstil dieses charakteristische Merkmal aufprägte.[5])

Ich führe im folgenden die Symptome des Seelischen alphabetisch nach der Qualität geordnet an.

Andacht und Verehrung: Der ander lugner knüwet nider NB 56$_{42}$; Dem büt ich solche grossen eren, Das ich mich neig bis vff die erd; Wie wol mir gott nie was so werd, Das ich ein knüwlin bogen hett NB 64$_{23}$ ff.; müsen vnß ir knü vor neigen LN 1868; Zündstu schon dryssig kertzlin an Vnd triegst das

---

[1]) Vgl. K. Burdach, Walther 104; K. v. Amira, Die Handgebärden in den Bilderhandschriften des Sachsenspiegels, München 1905, S. 161 ff. (Abh. d. philos.-philolog. Klasse d. Königl. Bayr. Akad. d. Wiss. Bd. 23).

[2]) Vgl. Wolf, a. a. O., S. 55 ff.

[3]) Vgl. Schütze, a. a. O. S. 32 f.

[4]) Hierüber vgl. H. Röteken, Das innere Leben bei Gottfried von Straßburg, Z. f. d. A. 34, S. 89 ff.

[5]) Vgl. R Philipp, Beiträge zur Kenntnis von Klingers Sprache und Stil Freiburg i. Br. 1909, S. 57 ff.

rouchfaß vmb den chor Vnd neigtst dich vff die erd dar vor NB 77$_{22}$ ff.; Almechtiger gott, myn brust ich klopff NB 95$_{192}$; Syn ougen in den hymmel schlagen GM 1777.

Eifersucht: Wann ich vff üch trieg ein argwon, Kein trit wolt ich nit von üch gon NB 60$_{30}$ f.; So mich der eyffrer dann bestat, Vnd trütlin noch ein zů mir hat, So gang ich ir vff socken nach NB 80$_{61}$ ff.; Die ist ein sack, die vff ein stundt Zweyen mannen lieb verkundt, Daruß villycht groß not entspringt, Einer den ein vmbs leben bringt NB 13$_{21}$ ff.; Darumb geschicht ouch mancher mort NB 47$_{63}$.

Freude: Kum herin, hertz liebstes kindt, denn all mein glider beweget seindt SZ 48$_{52}$ f.; Thays die kundt yn frölich machen, Das er můst singen, weynen, lachen GM 1517; Vnd im vertryben kan das lachen NB 10 c; Sy wurdent worlich ietzundt lachen, Wen ich in kiechel hett gebachen SZ 27$_{37}$ f.; Das sein vatter mit woynen gewan, mit lachen hett er das verthan MS 422 f. Ähnliche Beispiele ließen sich häufen. Stark hyperbolisch sind gehalten: Darumb můß ich myn buch zerlachen NB 2$_{35}$, vgl. LN 2693, 4714; lach mich zů todt MS 581.

Furcht: Kundt er vß forcht kein wörtlein iehen GM 3401; Wie wol wer sich vor narren segt, Der stot steiff, wie der wint da wegt LN 195 f.; Ich zitter, als mich der ritten schit LN 279; Ich fieng an in ein winckel fliehen LN 192; Als bald er höret dise mer, Wie das der keiser zornig wer, Wolt er da ylends nim beharren LN 2694 ff.; Ja wol verschloff mich bald beseitz, Vnd macht für mich das heilig crütz LN 193 f.; Dorab man grossen schrecken hat Vnd dag vnd nacht die götter batt GM 2788 f.; Alexander entferbt sich vor ir ston, Denn er hefftig erschrack dar von GM 550 f.

Haß: Vnd clagendt in in den wincklen an NB 15$_{76}$, vgl. 36$_{15}$; Zedel werfen NB 16$_{73}$; Die schrybendt eim syn heimlicheit Vnd, was sy wissendt, blödigkeit, Was sy nit wissen, erdencken sy, Vnd schrybens vff ein zedel fry, Verendern ire gschrifft vnd handt, Das niemans die geschrifft erkant, Vnd werffens durch die gantze statt NB 36$_{43}$ ff.; Schmach biechly schriben on eyn namen SZ 23$_{19}$; Mit schmachbüchlin vmbher gon LN 18; So bruntzt er doch in dyne schů Vnd louffet dann heimlich dar von NB 16_{26} f., vgl. SZ 23_{21}; Ich scheiß meyns herren findt ins můß Vnd dratt im willig vff den fůß, Worff im zů nacht seyn fenster eyn Vnd ließ im louffen auß den weyn, Ich streich im an seyn hosen dreck Vnd leit im heimlich steyn an wegk SZ 9_{15} ff.

Leid, Schmerz und Unlust: Kembstu den vnd klagtests mir NB 4_{115}, vgl. NB 73_{38}, MS 1140; Ich weinet offt, so ich solt lachen NB 50_{6}; du můst sunst weinen, so du móchst lachen SZ 47_{16}. Weitere Belege für das Symptom weinen ließen sich in großer Zahl anführen. Vgl. Schatz a. a. O. S. 59; Beispiele aus Volksepen bei Wolf a. a. O. S. 53. Vor leyd wurdstu dein har vß rauffen MS 833. Vgl. Wolf a. a. O. S. 54. Gibt er nit, so sicht er übel NB 33_{77}. Als Reflexe sauerer Arbeit finden sich: Es nymt vil schnufens NB 17_{9}; das nimpt kychen NB 56_{18}, vgl. MS 323, GM 1058, 3123, LN 2714; nympt vil schnufens vnd vil kychen NB 93_{104}.

Liebe und Liebesleidenschaft: Er ist ein so gar krufftlos man Vnd lachet vnser wyber an NB 95_{112} f.; dann lechlet sie in fründtlich an MS 200, vgl. GM 2978; Ir mündlin rot, Sparnoßly, Am fensterbret Gelechlet het LN 4013 ff.; Noch kundt sy wincken also diebsch, Das yeder meint, er wer der liebscht NB 13_{72} f.; Das sie singen, wie die fincken Vnd mit den óglin lieblich wincken. Das dient nit zů der iunckfrawschafft LN 4591 f.; vgl. GM e 3a, H 3b, NB 12_{77}; Er hat ir kloster brótlin geschickt, Mit süssen augen angeblickt LN 3697 f.; Gredt müllerin brandt mit gesicht, das eim flam dz hertz durchsticht MS 1767, vgl. GM 2952 f.; das sie mit augen in dem landt Gefeßlet hatte manchen man MS 198 f.; Vnd guckendt doch so schentlich vmb SZ 29_{18}; Die ire augen vnder schlagen wie sie die hundt zůr metzig tragen MS 640 f.; Vnzüchtig augen botten sindt, Wie man das hertz im menschen findt MS 195 f.; Vnd sünfftzt so dick von hertzen grundt, So offt er sy můst sehen an GM 3363 f.; Ersüfftzet, sahe ir hinden noch GM 3403; Ach got, wie süfftz ich nach der stund, Das ich erküßt iren roten mund Tusent mal von hertzen grunt LN 3743 ff.; Ich dett sy an vnd küßt sie wider GM 3548; Vnd küßt sich hie mit lieb zů todt MS 275; Es ist doch aller geuche sit, Das sy des lebens achtendt nit, Nun das sy sy vmb fohen kynnen GM 2766 ff.; Das critzen krammen in der hendt, Das winckel lauffen, heimlich fragen, Fründtlich grieß herwieder sagen NB 50$_{14}$ ff.; Mit ougen sahen sy vor zytten, Jetz kynnendts mit den füssen düten! Die darff fürwor nit ougen fill, Die mit den füssen sehen will, Wo vndrem disch myr stond die fůß; Sy crißt myr in der hend ir grieß GM 3052 ff.; So bald ein wyb in aneblickt, So hat er glych kein rast noch rů NB 8$_{18}$ f., vgl. NB 47$_{17}$; er fardt do hyn Vber studen vnd über stocken. So süß kan jm die geuchin locken, Das er jm schne duß louffet schwitzen Von grosser kelt alß von der hitzen GM 884 ff., vgl. GM 1634 f., 2075, 2331 f.; Ich lieff, ich dobt, ich sprang, ich wůt, vnd walt in mir als myn geblůt SZ 39$_{27}$ f.; Der hat ein luten schlaher sitzen, Der im schne můß louffen, schwitzen NB 80$_{25}$ f. Schwitzen findet sich als Reflex heftiger Liebesleidenschaft bei Murner sehr oft. Vgl. Schatz a. a. O. S. 56. Wer do bůlt, der sicht nit me, Vnd ist jm on kranckheiten we GM 1650 f.

Mut: Spuwt in mein hend vnd greiff in an LN 232; Wol an, nun spuwend in die hendt GM 213.

Scham: Das sich die schelmen doch nit schemen, Das sy entferbten sich darab SZ (B) vor. 119 f.; Das du dyn ouglyn schlagest vnder GM 2015; Noch dörffent sy nit vffrecht tragen ir ougen, die sy vnder schlagen SZ 34$_{24}$ f.

Spott: Verspot ers mit lechlen LN 3386; Dann můß ich durch die finger lachen NB 23$_{66}$, vgl. SZ 35$_{27}$; durch einen keßkorb lachen LN 1883; Heimlich schlecht sy dem gouch den muff NB 9$_{82}$, vgl. 70$_{46}$, SZ 5$_{24}$, GM 1653, 4751, LN 3474; muffen GM H 4 a; muff sprechen NB 84$_{35}$; so spot man syn erst auch dar zů, Mit fingern zeigt man vff yn dradt MS 501 f.; Vnd bod mir ein welsche figen dran GM 102, vgl. MS 596, LN 3387. Hierher gehört vielleicht auch die Redensart: Mit beyden achseln kan ich gigen MS 595.

Stolz: Das mul würfft er vff schmehelich, Als ob er sprech: „kenstu mich nicht?“ NB 12$_{29}$ f.; Sy meint, man sech sy hie vnd dort, Vnd hat ir zenly zamen byssen NB 44$_{66}$ f.; Das houpt schwanckt an in hin vnd har NB 12$_{21}$; Dann ist das gnappen ir erloubt Mit dem arß vnd mit dem houpt, Vnd gnipt vnd gnapt die zart vnd rein NB 44$_{59}$ ff., vgl. NB 64$_{7}$, 70$_{95}$, MS 1165.

Verachtung: mit fiessen tretten LN 3773, vgl. 2314, 3020.

Verlegenheit (Reue): Dann kratzen sy sich in dem grindt, Das sy den schůlsack haben fressen NB 61$_{64}$ f., vgl. 68$_{9}$ f.; werdt ir duß, ir kratzt die oren SZ 44$_{26}$; O, wie dick hab ich mich kratzt, Ee ich sy zamen hab gesatzt NB 92$_{4}$ f.

Verzweiflung: Vnd fohendt vch an zů erdrencken Vnd wellendt vch ouch selber hencken, Uerzweyfflen an barmhertzigkeyt SZ 32$_{31}$ ff.; **Selbstmord aus Liebesgram erwähnt Murner in GM häufig, vgl. 2398, 2725, 4993, 5020.**

Zorn löst Schimpfwörter und Flüche aus:[1]) Wa ich die Sach greiff gróblich an, Vnd wer vnzüchtig mit den worten Vß zorn... LN 147 ff.; Vnd fieng mich an übel zů schelten NB 54$_{9}$; Dann trybt der knecht scheltwŏrter vil NB 55$_{47}$; So flůchendt mann, die wyber beffen NB 31$_{88}$; Der schilt mich dran, der ander wiet NB 17$_{11}$ usw. **Hier sind ferner zu nennen**: Vnd du woltest schnurren drab NB 2$_{111}$; Wa ir aber wolten schnurren Vnd wider vnser fryheit murren[2]) NB 19$_{87}$ f.; So ir nun murmlen wider mich SZ entsch. d. z. 9; Denn so die wyber vmb gon brummen GM 1478; So gang du mulen nacht vnd dag GM 4201; Man hatt myr treuwt offt zů erstechen SZ Entsch. 82; Ir trŏwent im vnd zirnt mit gott NB 81$_{51}$; Wer verurteilt wirt mit recht vnd das mit trŏwen wider fecht Houwen, kriegen, mŏrden, stechen vnd sich an grossen herren rechen SZ 43$_{1}$ ff.; Er wurd mit füsten nach mir rennen GM 5242; Des schlecht man offt mit füsten dryn NB 51$_{35}$, vgl. NB 79$_{59}$, MS 603; Bald warff das schentlich vppig wyb ein stůl dem fůrmann in sein lyb MS 342 f.; vgl. GM 3836 f.; Ein brandt vom für sie vßhar zoch Vnd lieff mir zornigklichen noch GM 3594 f.; Warumb man dich zů todt wil schlagen NB 31$_{3}$; Vnd wil syn warner nun erstechen NB 85$_{23}$; Ich lůg, das ich myn fyndt erstich NB 85$_{10}$; Wen ich von dissen schelmen schreib, So waldt meyn blůt in meynem leib SZ Vor. 88 f.; Wenn sy denn zürnen weln mit dir, So můß verborgens als

---

[1]) Vgl. oben S. 88 ff.

[2]) Dieser Reim ist typisch, vgl. NB 90$_{38}$ f., 92$_{31}$ f., $_{91}$ f., SZ Entsch. 50 f.

har für; Denn sy die hend in die syten stellen, Wenn sy den arß zerissen wellen, Vnd sindt so gel, alß saffran ist 3063 ff. Vgl. Wolf, a. a. O. S. 57.

Durch diese und ähnliche symptomatische Ausdrucksformen des Seelischen bringt Murner einen lebendigen, leidenschaftlichen Ton in die Darstellung hinein. Schatz [1]) behauptet nach der Musterung der „Ausdrucksbewegungen" ungefähr das Gegenteil. Er schreibt: „Zwar ist uns eine Reihe von Bildern begegnet, die den Menschen in leidenschaftlicher Erregung vorzuführen schienen, aber es hat sich erwiesen, daß Murner oft uns leidenschaftliche Gebärden vorführt, ohne daß der Seelenzustand des Betreffenden einen solchen Aufwand rechtfertigte, daß sie also nicht aus einer leidenschaftlichen Seele herausgeboren sind, sondern nur Masken vorstellen, die uns eine solche vorstellen sollen" (S. 63). Was Schatz für erwiesen hält, trifft nicht zu; seine Argumente sind m. E. nicht stichhaltig. Er gibt z. B. zu, daß durch das Schwitzen oft ein intensiver Affekt angedeutet wird, kann aber nicht verstehen, daß diese „Ausdrucksbewegung" passend für die Furcht vor der Beicht angewendet werden kann: eine solche gäbe es überhaupt gar nicht, Murner nenne es nur so, die Sünder kämen in Wirklichkeit einzig und allein nur aus Gleichgültigkeit nicht zur Beicht. Dagegen ist zu bemerken, daß die gemeinen Leute aus Abneigung, die sich zur Scheu und Furcht steigern kann, wenig oder gar nicht zur Beicht gehen, die als ein Akt tiefster Selbstverdemütigung angesehen werden muß. Das Volk spricht heute noch oft von Furcht und Angst vor dem Beichten. So heißt es z. B. im Volksmund: „Geh doch, dü Ferchtbutzel, er (der Beichtvater) frißt dich jo nit!" Wie kann dann Schatz beanstanden, daß Murner die hyperbolische Redensart „zittert wie ein eschpenloub" (Badenfahrt 33 [20]) auch auf den Zustand eines Sünders anwendet, der nicht beichten will? Und wenn der Satiriker solche Leute aus Furcht vor der Beicht schwitzen läßt, so liegt keine sogenannte, konstruierte Furcht vor, sondern ein tatsächlich vorhandener Affekt, der in der Satire begreiflicherweise hyperbolisch dargestellt wird.[2]) Gegen die Wendung „vor leyd würdstu dein har vß rauffen" (MS 833) kann gar nichts ein-

---

[1]) a. a. O. S. 63 f.

[2]) Vgl. Schatz a. a. O. S. 56.

gewendet werden, denn es liegt ganz sicher mehr vor als „eine ärgerliche Stimmung", wie Schatz (S. 62) behauptet. Murner spricht nicht allein von dem Müller, dem das Unkraut den Betrieb stört, da er keinen Rechen vorgesetzt hat, sondern deutet mehrere Verse hindurch unzweideutig die Verrichtung „ein rechen fürsetzen" auf das Abwehren von Sünden und Lastern mit schlimmen Folgen. Wer darunter zu leiden hat, wird von einem starken Affekte (Reue und Leid) beseelt sein und nicht bloß in eine ärgerliche Stimmung versetzt werden. Beweiskräftigeres Material konnte Schatz nicht beibringen; was er für erwiesen hält, schwebt somit vollständig in der Luft.

II. Volkstümliche Redensarten, Vergleiche und Gleichnisse.

Murners Sprache ist voll Kraft und Saft und entbehrt jedes schwachbrüstigen Klanges. Sie bewegt sich keck und unbefangen im Anschauungsbereich der unteren und untersten Volksklasse mit einer kräftigen, natürlichen Bildhaftigkeit, die vor dem Rohen und Niedrigen keineswegs zurückschreckt. Kaum ein Zeitgenosse vermochte die sprachliche Formung seiner Gedanken dem Volksempfinden und Volksgeschmack so gut anzupassen wie unser weltkundiger Mönch in seiner populären und bodenständigen Sprache, die den Jargon des Bürger- und Bauernhauses, der Gasse und der Kneipe mit Virtuosität zu tragen weiß. Kaum ein Zeitgenosse lebte sich aber auch mit einer solchen Liebe in die Darstellungswelt der Volkssprache ein und fühlte sich in ihr so heimisch wie gerade Murner, der Bettelmönch. Wer damals populär predigen und schreiben wollte, der mußte — wie Luther im „Sendschreiben vom Dolmetschen" sagt — „die muter im Hause, die Kinder auff der Gassen, den gemeinen Mann auff dem markt drumb fragen, und denselbigen auff das Maul sehen wie sie reden". Das hat, den Traditionen seines Ordens folgend, Murner in auffallender Weise verstanden. Wurde er doch wegen seines Bestrebens, volkstümliches Sprachgut in ausgiebigster Weise in die Darstellung einzuflechten, schon von seinen Zeitgenossen geneckt. M. Stysel machte zu den Versen „die stiel stond vff den bäncken

Der wagen vor dem roß“ in der 7. Strophe von Murners volkstümlichem Streitgesang „Ain new lied von dem vndergang des christlichen gloubens“ die interessante Bemerkung: „Ein besunder art hat das schreiben des Murnars in sollichen sprichwörtlin. Wann Murnar etwas wil schreiben oder dychten, so bedarff es keiner heyligen geschrifft darauff er sein meynung gründ, besunder er hat gnůg an sollichen sprichwörtlin. An disem zeichen erkennet ich jn am ersten bůchlin wider den Luther von stund an, wie wol er seinen nammen het verhalten.“[1]) Auch im „Karsthans“ wird Murners Stilpinzip bewitzelt. Der Verfasser läßt Murner sagen: „Ouch hab ich meine sprichwort so geschicklich darin geschickt, das eyn leichtuerstendiger (so mich in aller welt hat hören predigen) wol mercken kan, wo das saltz herflüßt, nit vß eim schlechten haffen.“[2]) In Murners Satiren wimmelt es förmlich von solchen Redensarten,[3]) die an inhaltsähnlichen Stellen oftmals wiederkehren. Wiederholungen solcher Wendungen sind keineswegs der improvisatorischen Schaffensweise allein zuzuschreiben; wir haben vielmehr ein wohlbewußtes, witziges Operieren mit volksläufigem Sprachgut in dieser Manier zu erblicken, eine Nachbildung der lebendigen Volkssprache, die gleiche Gedanken stets in dieselben festgeprägten, allgemein gültigen Ausdrucksformen einkleidet. Dabei erstrebt unser Satiriker eine Häufung solcher Wendungen auf engstem Platze; es ist ein absichtliches, freudiges Zurückgehen auf die volkstümlichen Urquellen der Sprache. Die meisten Redensarten, die Murner in seinen Satiren verwendet, sind sprichwörtlich oder klingen an Sprichwörter an. Das geht schon aus Spaniers Anmerkungen zu NB hervor, obschon dort fast nur das DWb. und Wanders Sprichwörterlexikon herangezogen wurden.[4]) Von einer Kommentierung der Murnerschen

---

[1]) Zitiert von Spanier, Z. f. d. Ph. 26, S. 220.

[2]) Kurz LN, S. 170$_{24}$.

[3]) G. Hauptmanns „Florian Geyer“ ist mit Murnerschen Redensarten gespickt; vgl. Spanier, Z. f. d. Ph. 29, S. 417.

[4]) Mit großem Nutzen wären ferner einzusehen: Das elsässische, schweizerische, schwäbische und bayerische Idiotikon, Ch. Schmidts Historisches Wörterbuch der els. Mundart, das Scherz'sche Glossar und das von Schröder ausgearbeitete Glossar zu den Chroniken deutscher Städte, Bd. 9. Weitere Aufschlüsse bieten die Sprichwörter-

Redensarten sehe ich hier ab und suche dem Zweck meiner Untersuchung entsprechend lediglich nur die volkstümliche Vorstellungswelt, in der sich der Satiriker bewegt, und den Reichtum und die stereotype Verwendung der Redensarten nachzuweisen. Das Material werde ich stofflich nach Anschauungsbereichen gruppiert vorführen. Hierbei enthüllt sich die Welt, in der ein Dichter lebt und für die er lebt. Es ist bezeichnend, daß Otfried den Weltuntergang mit dem Zuklappen eines Buches vergleicht und daß Wolfram Bilder für Seelenzustände dem Rittertum entlehnt.[1]) Ebenso bezeichnend ist es, daß Murner, der weltkundige Bettelmönch, das Universum verbürgerlicht und verbauert wie später der Stammesgenosse Hebel, aber nicht in idealistischem Sinne wie dieser, sondern in derb-realistischer Weise. Folgende volkstümliche Anschauungskreise lassen sich unterscheiden.

1. Der Mensch, seine Eigenschaften, Fähigkeiten und Bedürfnisse.

a. **Körperbeschaffenheit und Körperteile:** Mit beyden achslen kan ich gigen MS 595; — Der macht im vff syn arß ein růt NB 46$_{59}$, vgl. NB 87; Schuflen für den arß schlagen SZ 38, vgl. SZ 38$_{2}$; Den arß in die schantz schlahen NB 39, vgl. 39 b, 39$_{66}$, SZ 29$_{21}$; Vnd treit den arß den mannen feil NB 51$_{53}$; Mit arß bezal ichs NB 86$_{54}$; Die mit dem arß gat vß dem weg NB 31$_{11}$, vgl. GM 4821; Syn arßbacken vor gemer abgeschossen NB 10$_{72}$; den arß in falten gstochen SZ 20$_{26}$, vgl. NB 8$_{30}$, GM f 3 b; myn frummen arß zerryssen NB 90$_{31}$; — Die backen kielen SZ 46, 46$_{5, 7, 27}$; — So fahends an, ein bart zů tragen MS 1139; in den barte gryffen NB 19$_{42}$, vgl. LN 2105, 2158; manchem durch den bart geloffen NB 97$_{30}$; Noch würff ich üch in bart hin yn NB 20$_{14}$; — mir den beltz wol weschen NB 95$_{22}$, vgl. SZ 31$_{10}$, 41; — Leuß in beltz setzen SZ 17, vgl. SZ 17$_{2}$; — syn frow ir brunzuntzen Feil mag ... tragen

sammlungen A. Stöbers aus Geilers, Moscheroschs und Paulis Schriften in der „Alsatia“ 8$_{181}$ ff., 9$_{318}$ ff. und 10$_{83}$ ff., ferner J. Boltes Register zu den Ausgaben der Werke des Montanus und Frey, sowie Strauchs Rezension von Hauffens Arbeit über Kaspar Scheidt (QF 66) im Anz. f. d. A. 18, S 365 ff.

[1]) Vgl. QF 33, S. 7 ff.

NB 60 b c; — Ja wan in brech der *buch* daruon LN 1940; Darumb můß ich myn buch zerlachen NB 2_{35}, vgl. MS 1298, LN 2693, 4714; — vß synen *fingern* gsogen NB 36_{26}, vgl. MS 308, GM f 4 a, LN 2049, 2332; durch die finger sehen NB 13_{12}, vgl. 45_{50}; durch die finger lachen NB 23_{66}, vgl. 19_{40}; Macht schmutzig finger LN 4130; alle ding an den fingern vß zelen GM f 1 b; Die finger schlecken LN 1877; — Vnd ist ein solche böse *gal* LN 4645; — Mit worten halt ir alzyt *fůß* NB 5_{92}, vgl. NB 29, MS 68, 1236; Vnd dratt im willig vff den fůß SZ 9_{16}, vgl. GM 182; — du lügst in *hals* hin yn NB 90_{44}, GM 3704, 4730, e 2 b; den wyn in dem halß gryffen NB 18_{56}; ich hab gfüllt den hals NB 93_{24}; — Mit gulden schmieren im die *handt* MS 785; dyn hendt daran verbrennen NB 19_{38}; gern ir hendlin wolten weschen LN 699, vgl. LN 706, 2016; — rupfft mich, do myr *hor* gebrist SZ 10_{2}; ein schelm, der machet har vff har NB 16_{15}, vgl. NB 46_{56}, 71_{30}, 83_{29}; Nit also schwer, als ist ein har NB 89_{20}; so groß als ist ein herlin GM f 3 a; — dantzen vff dem *houpt* GM 152; So hab ich selbs ein böses houpt NB 85_{4}; — Das *hertz* in dynem lyb zernagen GM 1481; das hertz abnagen MS 449; Durchstechendt jm syn hertz GM 748; das eim flam dz hertz durchsticht MS 177; Ob üch das hertz schon brech dar von NB 92_{77}, vgl. SZ Entsch. 81, GM 4819, LN 66, 143, 354, 2492; Faßt ich mein hertz in beide henden LN 226; Das es jm syn hertz abstoß GM f 4 a; Der das hertz im lyb versenckt NB 77_{3}; felt das hertz mir gar do hyn MS 604; der puren hertz erweichen NB 38_{10}; Da ward ersterckt mein hertz LN 201; Ein würmlin, das dyn hertz thůt kritzen NB 86_{88}; Mancher hat im hertzen sitzen Ein luten schlaher NB 80 a b, vgl. NB 93_{85} f.; Der dreck leit vns so noch beym hertzen SZ 24_{32}; Man schiß in wol ins hertz hinyn LN 1449; Damit das hertz er in erflampt LN 3136; Das hertz brennet GM f 1 a; Damit das hertz sy vßer schüt GM 2956, vgl. MS 180; Das sy ir hertz gantz vßher schwitzen NB 19_{94}; seyn hertz bedecken SZ 5_{32}; Denn sy nur des hertzens achtet GM f 1 b; got süht das hertz SZ Vor. 59; Wie man das hertz im menschen findt GM 2972; Ein yeder sitt dyn hertz verrat NB 12_{33}; Mit hertz, mit hand vnd auch mit mund Versprich ich LN 2300 f.; Ich můß heymlich jm hertzen lachen GM 3131; fieng an im hertzen sagen MS 1547, vgl. SZ 20$_{34}$, NB 11$_{108, 98}$; Der schåffer hat ir hertz besessen NB 50$_{45}$, vgl. GM 1832; Was man ietzundt im hertzen dreit SZ 5$_{17}$, vgl. MS 384, LN 3195; zů hertzen gon SZ 48$_{94}$, vgl. SZ 48$_{23, 80}$, LN 27. Hierzu kommt eine Menge Redensarten mit: im hertzen, zů hertzen, von hertzen, vmbs hertz, welche die Affekte in diesem Körperteil lokalisieren, z. B.: von hertzen leidt NB 86$_{83}$, 86$_{94}$, LN 153, 2654, 4351, 4380, 4398; vgl. NB 46$_{7}$, SZ Vor. 8, SZ 20$_{2}$, 24$_{31}$, GM 966, 1385, 1510, 3247, 4227, LN 1409, 1519, 1538, 3745; — Mit arß bezal ichs, mit der *hüt* NB 86$_{54}$; So zücht man jm zů letst für wor Die hut ab mit sym gelen hor GM 4560 f.; — Vnd die do handt ein eygen *kopff* MS 7, vgl. MS 585; Ich hab der köpff gesehen vil, Der keiner also volgen wil NB 85$_{93}$ f.; dz peter nit sein kopff will lon MS 115, vgl. NB 85; Hitzig köpff LN 2894, vgl. NB 85$_{7}$; küler kopff LN 2896; — Was ich jm *kropff* hab lang getragen GM 5250; — Die *lenden* schmieren NB 9; der nerrin lenden striglen NB 9$_{94}$; Die lenden baß zů gurten mir LN 2546; drincken, das dir lenden krachen MS 1114; lüten ... Das vnß die lenden müsen krachen LN 1394 f.; gürten, das syn lenden krachen NB 10 c; — Ein gůtten *magen* haben NB 60, vgl. 60$_{9}$, MS 74; Es thůt den narren wee im magen NB 95$_{7}$, vgl. LN 2751; Vnd krizlet vnß im leyb der magen LN 940; Wie ist den kindern also wol, Wen in der magen ist so vol NB 37$_{8}$ f.; — Doch brenn ich offt das *mul* do mit NB 8$_{2}$; mein mül kan ich nach pfennig spitzen MS 578; So wessert dem gemeinen man Das mul vnd auch die zung daruan LN 3113, vgl. LN 3120; So můß ich schmetzen mülin[1]) machen GM 1269; Das mul solt ir mit betten weschen NB 11$_{48}$; dyn vnnütz mul nit allzyt wesch SZ 47$_{12}$; — by der *nasen* fieren NB 9$_{3}$, vgl. NB 21$_{64}$, 23$_{28}$, 54, MS 89, 246, SZ 2$_{22}$, Ee ich dir vber die nasen far LN 2508; Da hent sy mir ein brieff geschribben Vnd in die nassen jn geribben BZ 200 (Bl. 4 a); Ein wechsen nase machen NB 3; der gschrifft ein nasen machen NB 3$_{5}$; Das soltu vff

[1]) Das Komma, welches Uhl nach schmetzen setzt, ist zu streichen; schmetzen mülin ist als ein Wort zu fassen.

der nasen gygen NB 58$_{53}$; biß dir dein naß ab MS 856, in die nasen byssen GM 2201; — Hatt ich den schalk hinder meyn oren SZ Vor. 12; — Die gelt vff iren rucken namen NB 63$_{10}$, vgl. NB 16$_{17}$, SZ$_{14}$, 48$_{184}$; man gott den rucken kert NB 11$_{56}$; — Das manchem würt die schwarten krachen LN 2128, vgl. NB 21$_{74}$; -- Vber den lincken zan dir lachen GM 1433; Vff dem zan vß gon NB 84, vgl. NB 92$_{85}$, MS 114; Ein grimen zan den tempelknechten, Den gugelbůben gleißner zeigen LN 1866 f.; — Verdrüßt mich an der linken zehen LN 848.

b. **Bekleidung, verschiedene Gebrauchsgegenstände**: vmb eyn barchet wellen ringen SZ 1$_{25}$; — Du miest ein ander brill vff setzen NB 60$_{34}$; — brůch vnd bendel fressen LN 4164; Ein brůch verschluckt in mandelreiß LN 4150, vgl. 4153, 4159, 4246 f., 4294; — Nach der deck sich strecken NB 69, vgl. NB 86$_{44}$ f.; MS 101; — Ich besorg, es sey der dirdendein NB 32$_{24}$, vgl. NB 34$_{85}$, SZ 46$_{30}$; — Nit durch ein fültzhůt sehen an SZ 38$_{5}$; — Hat vnß genumen grosse freid, Die gretlin vnder dem fürtůch treit LN 4120 f.; Das fürtůch mögen vbergaffen LN 4102, vgl. GM 2244, 2810, 4337, e 2a; Wir dörfftens vor nit sehen an, Wie wol wir ietz selbs spinnen dran. Juch heya ho, wir münch vnd nunnen Hon das fürtůch schon gewunnen LN 4107 ff.; — für ein fůßtůch halten GM e 1b; — In halben hossen eynher traben SZ 23$_{9}$; sich mit hosen decken MS 1198, vgl. SZ 13$_{10}$; — der schleyer felt ins kodt MS 961; — Der schůch, sag an, wo druckt er mich GM 2825; Der tüfel hat vil schůch zerrissen, Ee... NB 35$_{78}$ f.; Wann sy die kindts schůch hondt zerrissen NB 61$_{12}$; Wann er die narren schůch zerbricht NB 61$_{20}$; So bruntzt er doch in dyne schů NB 16$_{28}$, vgl. 60a, SZ 23$_{21}$; Wie man im kat Vff holtzschů kat LN 4005 f.; Den buntschůch vff werffen NB 79; sich des pundtschůchs wöllen neren NB 79b, vgl. 79$_{4}$; vom bundtschůch fressen NB 79$_{74}$. **In LN in den verschiedensten Wendungen, vgl.** LN 328, 616, 761, 1304, 2501, 2503, 2599, 2607, 2821, 2900, 2922 f., 2912, 2915, 2919, 2958, 3104, 3053 ff., 3910, 3931; — Es macht vns vnsern seckel vol MS 724; nach dem seckel greifen MS 236, vgl. GM 688; Die guldin vß den secken klauben LN 1143; (fragen), ob ir sey der seckel schwere SZ 20$_{19}$; Der im seyn lon zů seckel dreyt SZ 19$_{31}$; füllen ire seckel damit LN 1276; Lůg, das der seckel sy geladen GM 4148; Vff iren seckel zů gerist LN 4463; — So henck ich jedem spetly an MS 601, vgl. SZ 18$_{25}$; — hat kein schwere tåsch NB 69$_{16}$; vff die tåschen tasten NB 42$_{64}$, vgl. NB 42$_{20}$; Binden zů die clapper teschen NB 11$_{47}$; Ich hab die ding vil baß gewißt, Do du noch in die windlen schißt NB 85$_{32}$ f.

c. **Essen und Trinken (Verba)**: bym wyn, Da byssen sy mit zenen dryn NB 32$_{31}$ f.; Wer nit von essen settig würdt, Der fült sich worlich mit keim schleck, Er eß dann ein grossen — ich darffs nit sagen GM 4790 ff.; Sindt etlich wyber also schlecht Vnd meynendt das mit dummen synnen, Wie sy lieb zů essen geben kynnen GM 1371 ff.; den bettel fressen NB 11$_{127}$, vgl. NB 22$_{33}$; ein schůlsack fressen NB 61a, vgl. 61$_{65}$, SZ 8, 8$_{2}$, 48$_{172}$; Do er das leder fressen hat NB 15$_{4}$, 31, 31d; hechlen lecken MS 233; vgl. 1199, GM 1785; deller schlecken NB 3$_{77}$; mit andern beinlin nagen NB 26$_{12}$; die lüt mit wůcher nagen NB 67c; Das hertz abnagen MS 449, vgl. GM 1481; Ein geuchin settigen GM 1058; Man můß ein gouch im hertzen spysen GM 1378; Wenn nur das hertz gespyset ist GM 1383. — **Geschmacksbezeichnungen**: sůsse wort NB 40$_{32}$, vgl. NB 40$_{45}$, 54$_{5}$, GM 1261, 4230, NB 77$_{69}$; So sieß ist im syns melkers stym NB 91$_{16}$; So sieß kan ich nymmer singen NB 63$_{3}$; Gesungen dir in süsem thon LN 2597; das gsang wer sůß vnd reyn GM 2304; Mein stim hat so ein süssen thon LN 827; Süß in brůder veiten thon LN 2568; Sy hat mirs wol so sieß geschlagen NB 80$_{23}$; Das sie als süß in predigen künnen LN 1195; So sůß kan jm die geuchin locken GM 886; Ein sůß verarmen GM 210; der kumt gar süß in groß armůt MS 282; O du sůsse bitterkeyt GM 1638; Der kirchgang ist üch eben sůß NB 5$_{177}$; in bůlens süssigkeit GM 202; Ein kleine süß vnd grosses leid GM 203; — kompt mich lychnam bitter an NB 5$_{76}$, vgl. NB 18$_{67}$; bitterlichen wirt hofiert NB 50$_{54}$; Da můß ich fieren bitter klagen LN 2381, vgl. LN 1025; suren schweiß NB 1$_{9}$, vgl. NB 17$_{31}$; manchen suren tritt NB 23$_{6}$; Jetz wirt mir myn beschwôren sur NB 85$_{17}$; (das gold) wirt den armen lüsen sur NB 34$_{42}$, vgl. NB 91$_{8}$; sur erarnet MS 442,[1]) vgl.

[1]) Albrecht verbessert irrtümlich ernaret, das in seinem Text zu ernanet verdruckt ist.

SZ 48$_{37, 56}$; — Speise und Trank: wie ein kindt mit bappen wysen GM 4668; Den braten schmacken SZ 16, vgl. SZ 16$_{19}$, 48$_{188}$; Vnd prediget von dem lutenly Vnd von versottnem haberbry NB 32$_{45}$ f., vgl. LN 2762 f.; So sůß, das wir die finger schlecken Vnd wenendt, das wir hiener essen GM 4713 f.; Frei zů sein, hie frei, hie frei, Verspricht vnß Martins lutherei, Darzů gelen hirsen brei LN 2230 ff.; Man stricht yms sůß wie honig yn GM 1303; Kein honig ist so süß vff erden, Vnd mag kein zucker nimer werden LN 3057 f.; das gifft mit honig vermischt GM 1318; Ein hessin keß wil ich dir schenken LN 2081, vgl. LN 3965; Den kern heiß ich das ewig leben SZ 27$_{15}$; Dem kernen synnen wir nicht noch SZ 27$_{18}$; kiechel bachen NB 13$_{16}$, vgl. SZ 27$_{39}$, GM 175, LN 2819; schmackt... Als kotfleisch thůt LN 4028; Denn fruntlich wort sindt der geuch spiß, Die er an nem für mandel ryß GM 1321 f.; Das er ein solche wüste spyß nit mer anricht für mandel ryß SZ 40$_{35}$ f.; Ein brůch verschluckt in mandelreiß LN 4150; Eim das můß versaltzen SZ 33, 33$_{3}$; das můß in die åschen falt SZ 33$_{16}$; Ich scheiß meyns herren findt ins můß SZ 9$_{15}$, vgl. MS 588; das bůler můßly zamen rieren MS 247, vgl. GM 1055; Den hasen in den pfeffer rieren NB 29$_{50}$, vgl. NB 23$_{10}$ ff.; Ein gouch im pfeffer essen GM e 4 b; Den gouch in einen pfeffer stecken GM 4712; Wer geuch zů essen geben wil, Der deck dar vff des pfeffers vil GM 4701 f., vgl. 4719 f.; Hab ich verschluckt den gouch hyn yn, So ist er in eym pfeffer gesyn GM 2206 f.; Got geb, machen euch ein pfeffer daran LN 105; Ein brůch im pfeffer gen zů essen LN 4294; Den pfeffer ein mal gantz verrieren LN 56; mit dem pfeffer gar verblendt GM 4728; Die halt im glauben, hör ich sagen, Wie langer pfeffer dôwt im magen LN 4065 f.; (schmackt) Wie brone růben LN 4031; Ir edler geist, Wie růben fleisch LN 4022 f.; in eignem schmaltz ersterben MS 280, vgl. SZ 36$_{30}$, LN 977; mit solchem glatten schmer Der buntschů süß gesalbet wer LN 3111 f.; Eyn speckly vff der fallen SZ 25; fruntlich wort sindt der geuch spiß GM 1321; Alle gouch spyß ist vmb sunst, Wen sy nit kochet ist mit gunst GM 1380 f.; Wenn sy dem gouch bereyt den disch Vnd hat jm hertz spyß druff bereyt GM 1399 f.; So hat die selbig spyß ein gschmack vnd ist wyt über den habren sack, Vnd kan kein man die spyß erschetzen GM 1403 ff.; Alß wer es nüt den siesser weyn SZ 22$_{18}$; Ja wie der muscateller wein, Als süß gat er zur gurgel ein LN 3055 f.; Hie süssen evangelischen wein, Der laufft als muscateller ein LN 3974 f.; Vnd des gůten weinlins trincken, Das sie singen wie die fincken LN 4589 f.; schenckt jm doch den eeren win BT 263, vgl. 270 (Bl. 5b); mit gifft vermischt den win GM 50; Vnd ist der wyn schon vß geschenckt GM 3146; by dem wyn NB 6$_{4, 28}$, 14$_{93}$, 93$_{31}$, MS 107, 1077, GM 4500, LN 1302 u. ö.; wolt vil lieber ein buntschů fressen, Dan des besten wiltpretz essen LN 3115 f., vgl. GM 1384 f., 1394 f.; (so süß) mag kein zucker nimmer werden LN 3057 f.; gifft mit zucker mischen GM 1021.

d. Zynische bildliche Verwendung körperlicher Bedürfnisse: Wo ye die man von iren wiben Werent... Beseichet oder sunst verlogen GM 130 ff.; Jo ists nit bseicht, so ist es beschissen GM 4599; So handt sy vns beseicht, beschissen GM 4726; So bruntzt er doch in dyne schů NB 16$_{26}$, vgl. NB 60a, SZ 23$_{21}$; ich scheiß sonst drein LN 4555, vgl. SZ 9$_{15}$, MS 588, LN 482, 1449; Vff den grossen huffen schyssen NB 76, vgl. MS 106; Geschissen hat in tauff LN 3885; Wan mich das sacrament nit bindt, So schiß ich dir wol vff dein kindt LN 4310 f.; So gang hin schissen GM 3587; — Laß dich mit narren vnbeschissen NB 2$_{19}$, vgl. NB 68$_{33}$ f.; 68$_{47}$, 89$_{43}$, SZ 41$_{4}$, GM 87, f 1 b, LN 4009, 2532; — Die welt sich yetzundt bößlich flyßt, Biß einer ye den andern bschyßt NB 14$_{50}$ f., vgl. NB 15c, 29$_{2}$, 36$_{19}$, 38$_{3}$, 70$_{1}$, 78$_{52}$, SZ 7$_{8}$, MS 190, GM 131, 682, 1348, 2966, 4831, 5183.

e. Krankheit, Gift; verletzen, blenden: (Venus), Du aller liebste kranckheit myn GM 1640; Wer do bůlt, der sicht nit me, Vnd ist jm on kranckheiten we GM 1650 f.; Die kranckheit heißt das gurlefe GM 2351, vgl. H 4a; Wer in dissen spittal kumpt GM 1646, vgl. NB 93$_{78}$; Wer er so siech alß geuchsch er ist, Er wer zům gehen dodt gerist GM 810 f.; Du hast ein schwachen, kalten magen, Der nit douwen kan die spyß NB 93$_{48}$ f.; Ein kurtzen athem haben SZ 35; die nerrisch fistel stechen LN 142; In dem grindt lusen

NB 45, NB 45$_{a}$, MS 83; kratzen in dem grindt NB 68$_{9}$; (der from alt witzig beer) Fil z e n w e hat in sinem mundt, Wie wol er im selbs helffen kunt. Zů louppen was er an zenen schwach, Zů morten er im ouch zen vß brach. Zů Eilekurt vnd ouch zů granse, In lothringen zů nanse Wolt im der hertzog von burgund Al zen vß brechen in sim mundt BZ 19 ff. (Bl. 1 b); — Es ist jn alles sampt nit gůt Vnd g i f f t, was doktor murner thůt GM 5332 f.; Ein lugenhafftig zungen zwing, Das sy vergifft nit alle ding NB 66$_{12}$; gifftig stimen, Das er daruon gewint das krimen LN 1859 f.; Ir gifft, das sy hondt vßgegossen SZ 47$_{19}$; Das er nun ein iamer stifft Vnd zwischen friden werff syn gifft, Mach lyden, not... NB 83$_{27}$ ff.; — Vil w u n d e n werden widerbracht, On die die zungen hat gemacht NB 66$_{1}$ f.; vgl. NB 66$_{5}$; So ich von dir ouch würdt verwundt NB 68$_{24}$; D u r c h s t e c h e n d t jm syn hertz jm lyb Mit brunst vnd lieb GM 748 f.; Judith zierd vnd wypplich art, Do mit er gar verwundet wardt GM 2526 f.; — Das ir vor nydt n i t s e h e n wol NB 5$_{157}$; Das gelt hat vns so gar v e r b l e n d t NB 82$_{71}$; Sy hatt dich gantz vnd gar verblendt GM 1438 u. ö.; vgl. NB 80$_{67}$, GM 2857, 2778, MS 223, GM 3001, NB 47$_{59}$, GM 4553, 1650, MS 1274, 1361; verblendt Durch die hoffart GM 3104 f.; mit dem pfeffer gar verblendt GM 4728; Natürlich lieb hat sy erblendt NB 45$_{47}$; Do sy anfiengent zů e r b l i n d e n, Den esel ouch vmb gelt zů schinden NB 82$_{101}$ f.; So du sichst, mach dich nit b l i n d t NB 91$_{37}$; Disse zunfft ist also blindt SZ Entsch. 91; wie man fiert den blinden GM 4908; die geuchin fiert den blinden GM 3043, vgl. MS 203, GM 2981.

2. Haus, Hausrat, allerlei Gegenstände.

a. **Bestandteile und Umgebung des Hauses**: Er dient im in die k u c h e n nit NB 45$_{64}$; Das heißt am sampstag s t u b e n fegen GM 4323; Darumb můß er (gott) im w i n c k e l ston, So můß der tüfel fürher gon NB 64$_{14}$ f., vgl. NB 64$_{28}$ f.; Ich schmuckt die warheit hinder t h ü r NB 13$_{10}$, vgl. NB 22 d; Uon oben an biß vnder die s t e g e n SZ 8$_{39}$; So schlecht das feür erst gar ins tach NB 85$_{28}$; Wie sich der schaub leidt vff dem dach, Also hab ich duldt euwere sach LN 73 f.; bůchlin so vil machen, Als zieglen ligen vff den dachen LN 456 f.; halten stiff als ein mur GM f 3a; an wenden gon GM 1126; Ein sachen ab dem zun brechen NB 15, vgl. NB 15$_{27}$ f., MS 44; Guatter über den zum NB 19, vgl. MS 50, NB 19ab; Das bring er wider vff den plon LN 3824, vgl. LN 4116, 4206.

b. **Gegenstände zum Daraufsitzen und Daraufstellen**: Stiel vff die benck setzen NB 27; Eyn stiely bringen SZ 16$_{14}$; richt das clapper bencklin zů NB 11$_{49}$, vgl. SZ 18; lassen vnder den bencken ligen LN 3144, vgl. GM 2501; So würff ich stiel vnd benck doreyn SZ 15$_{4}$; Zwischen styelen nider sitzen SZ 19, 19$_{4}$ f., 48$_{194}$; sy wendt vff ein küssen sitzen NB 16d, vgl. NB 12$_{12}$, 16$_{50, 58, 62, 75, 95}$, 23$_{47}$, 36$_{5}$, 44$_{18}$, 71$_{60}$, 76$_{51}$, SZ 6$_{32}$, 21$_{6}$, MS A 1b, 1497, 1502; An das brett kommen NB 28, vgl. NB 42$_{58}$, MS 70, 577; schicken Die brüst herfür, recht wie sy wellen, Vnd kynnendts vff ein schefftlin stellen NB 26$_{48}$ ff., vgl. NB 41$_{43}$, SZ 45$_{31}$, MS 642.

c. **Allerlei Behälter**: Glitzen als ein glas NB 94$_{55}$; vß der fleschen pfyffen NB 18$_{57}$; Vff der fleschen riemen tretten NB 18, vgl. NB 18$_{50}$; Vnd ist der wyn schon vß geschenckt; Die fleschen an den wenden henckt GM 3146 f.; Die man sindt fleschen yetz gemein NB 18$_{55}$; Ich dingt ein mal ein liebe flesch, Die mir verkoufft heimlich die esch NB 18$_{12}$ f.; Wen ich den keller schon beschlüß So kan myn flesch ein andern bschiß NB 18$_{42}$; kein holfaß seyn MS 605, vgl. SZ 35$_{5}$; vß dem furtzfaß drincken SZ 13$_{6}$; Vß eim holen hafen reden NB 73, vgl. NB 36$_{27}$, SZ 10, SZ 10$_{26}$, 48$_{177}$; Das hefelin zů setzen NB 47; Krieg vnd heffen zerbrechen NB 52, 95$_{161}$, 52$_{11}$, MS 87; Der warheit wolt ein deckel machen NB 13$_{15}$; schit den wyn mit kiblen yn NB 6$_{160}$, vgl. SZ 46$_{37}$, MS 991, 1072; So sicht sie wie ein pfan geschwindt, Do düffel in geröstet syndt MS 375 f.; Versetzt die pfannen von der wend NB 86$_{59}$; bringt ein korb voll nüwer mere NB 11$_{35}$; das hußgesindt, Das alle zyt den brotkorb findt NB 65$_{13}$ f.; Das nit ein lŏffelkorb ist bliben LN 3863; durch einen keßkorb lachen LN 1883; Der schlecht ir fol den kratten dran GM 1106; Ich heiß die billich einen sack, Die vff vnser frowen tagk Schentelich sich biessen lat, Wa sy nun schlitzen an ir hat. Dann mancher sack ist also gar Zerhudlet schentlich hin vnd har, Fieng ich in zů biessen an, Das ich verlur das macher lan NB 13$_{42}$ ff.; Biß sy den sack gantz vßher schitten NB 13$_{57}$; Das sy ir tǒchtern lerendt ryssen Mynem sack den bendel ab NB 13$_{59}$ f.; Die offenlich im frowen huß Mym sack ryssendt den boden vß NB 13$_{62}$ f.; Dem sack, dem ist der boden vß NB 25$_{54}$, vgl. NB 35$_{18}$, 49$_{44}$, 50$_{34}$, 70$_{72}$, GM 2243, 2246, 3925, 4173, LN 78, 4642. Vgl. oben S. 92.

d. Kunkel, Nagel, Axt, Haken, Rute, Stab, Krücke: Mit den kunklen vß hyn tribben MS 515, vgl. GM 1471, 4962; Meß, predig an ein nagel hieng NB 95$_{119}$; Wie heppen axt gehelmet was LN 1384; Es müß ein hincken sein da hinder LN 4606; Wie der dryspitz thůt in sack NB 72$_{31}$; Man sagt, er hab ein scharpffe růt NB 45$_{24}$; Kompt er langsam mit der růt, So strafft er dich nun dester baß NB 64$_{56}$ f.; Wer sich am nechsten rechen wil..., Der macht im vff syn arß ein růt NB 46$_{56}$ ff., vgl. NB 87; Nempt das für ein straff vnd růt NB 92$_{191}$; kambst an bettel stab NB 7$_{34}$, vgl. NB 11$_{71}$, 12$_{40}$, 14$_{77}$, 17$_{54}$, 18$_{69}$, SZ 37$_{16}$, 43$_{12}$, GM 802, 1064, LN 491; Vnd hast so lang an krucken krochen NB 8$_{29}$, vgl. SZ 20$_{25}$.

e. Kette, Balken, Brett, Stock u. a.: Sy hat jn gfeßlet also sere, Als er mit ketten gebunden were GM 1521 f.; liegendt, das die balcken krachen NB 6$_{41}$, vgl. NB 16$_{88}$, 56 b, 56 c, 75$_{32}$, SZ 15$_{14}$; hawen drein das balcken biegen LN 2820; Vor zeytten loug man durch ein brett NB 6$_{42}$, vgl. NB 56$_{9}$, MS 91; verfaren an dem stock NB 9$_{29}$, SZ 9$_{39}$, 48$_{175}$, MS 468, LN 2937; Im glouben gar zů schitren gon BZ 227 (Bl. 4 b); solt es als zů schytern gan NB 95$_{87}$, vgl. NB 28$_{12}$, 43$_{62}$, LN 3413, GM 5159; gryffent nit ein hǒltzlin an NB 95$_{86}$; Gott würt im nit ein hǒltzlin spitzen NB 76 c.

3. Häuslicher Kreis, Alltagsleben.

a. Familie: Das ich min oren spitzt so eben, Als wǒlt man mir ein ee frow geben GM 112; Die myr gantz nit ist vmbs hertz, — Alß wen ich nem eyn altes weyb Mit eynem runtzelechten leyb SZ 20$_{2}$ ff.; Das er mir ist ein solcher fründt, Als wer ich syn geboren kindt GM 3867 f.; Lůg, das all üwer dadten sindt, Alß werdt ir erstgeborne kindt GM 2058 f.; jn helffen wie den kinden GM 4907; Als werens kinder mit den buppen GM 4694; sindt groß narren wie die kinder GM 4732; wie er mit got sey geschwister kindt MS 33; Wir vnd er sindt gschwister kindt NB 3$_{59}$. — Hie ligt der alte beer am endt Vnd macht sin Christlich testament Den Eydtgenossen vnd sin gůten frinden, Verschafft sin gieter sinen kinden, Enterbt, die er nit eelich gwann BT 1 ff. (Bl. 1 b); Ich mach vch hie im testament Zů erbfall an mim letsten endt Min hertz vnd alles min gebliet, Das zů vch alln in lieben wiet, In fründtschafft vnd in danckbarkeit BT 292 ff. (Bl. 6 a).

b. **Haushalt, Anfang und Abschluß der Arbeit:** Ir haltent worlich kläglich huß BT 174 (Bl. 4 a); Der můst warlichen frů vff ston NB 49$_{12}$, vgl. SZ Entsch. 87, GM 5330; Vnd hat kein růw noch rast darzů, Biß er das gůtt als sampt verthů, So weißt er, das er fürabent hat NB 8$_{71}$ ff., vgl. NB 48$_{66}$, 69$_{23}$, MS 420, 593, 1113, GM 4163.

d. **Alltagsverrichtungen:**

bringen, tragen, beladen sein: Worheit sagen bringt fil haß SZ 12$_{15}$; Gloub mir, es bringt mir grossen schmertzen SZ 48$_{79}$; syn ab fall bringt mir nimmer freyd MS 877; Was grosen iamer vnd was leidt Bringen mit im das kuttenkleidt LN 1342 ff.; Das bracht vns allen hertzen leyt GM 2317; Das můst mir ewig bringen schmertzen GM 3723. **Ähnliche Beispiele ließen sich häufen. Vgl. Schatz a. a. O. S. 89 f.** — Zů dem drůg ich den ouch meyn has SZ 9$_{12}$; Wer zen we dreit in sinem mundt BZ 2 (Bl. 1 a); Wann ich vff üch trieg ein argwon NB 60$_{30}$; So du zů mir dreist solchen gunst GM 3747; Vnd treit doch yetz eins fürsten můt NB 35$_{62}$; so ful in iungen tagen, Das sy die lenden nit mügen tragen NB 65$_{11}$ f. usw. Vgl. Schatz a. a. O. S. 89. — Vil narren haben ist ein bürden NB 1$_{63}$; geuchsch gest sindt ein groß bürd GM 827; (Venus), Du schwere bürd vnd überlast GM 1637, vgl. 1988; Der ist frylich eine schwere bürdt SZ 40$_{7}$; wan einer lutherisch würd,

Der müst tragen ein schwere bürd LN 3907; yetz lyt mir noch ein schwerers an SZ 48 65; Das gelt nympt er vff synem rücken NB 16 17, vgl. NB 63 10, SZ 14, SZ 48 184;

biegen, krümmen, durchlöchern, zerbrechen, krachen: Sy thůndt das recht so spitzig biegen SZ 2 9; So vindstu nun ein cleußlin dinn, Die krümbst vnd bügst nach dynem sin NB 21 13 f.; hawen drein, das balcken biegen LN 2820; Ein loch durch ein brieff reden NB 21, 21 a ff.; vgl. SZ 2; Redest du schon den brieff entzwey SZ 48 158; die frummen brieff zerstichst NB 21 3; Jetz lügt man durch ein stehelen berg, Wen schon dry legendt vberzwerg NB 6 44 f., vgl. NB 56 cd; 56 3 f., SZ Vor. 4 ff.; Vor zeyten loug man durch eyn brett NB 6 42, vgl. NB 56 9, MS 91; Sie rincklen es dan vff siben mort LN 648; Gerincklet wol vff tusent mort LN 2409; Krieg vnd heffen zerbrechen NB 52, 95 161, 52 11, MS 87; Ein sachen ab dem zun brechen NB 15, vgl. NB 15 27 f., MS 44; Ja wan in brech der buch daruon LN 1940; reuptzen, das es kracht SZ 21 21; sie kundt mit dem arßloch krachen Pfersich kernen MS 165 f., vgl. NB 44 a ff., SZ 45 1 ff.; Drincken, das die lenden krachen MS 1114, vgl. LN 1395, GM 4146, NB 10 d; liegendt, das die balcken krachen NB 6 41, vgl. NB 16 89, 56 b, 56 6, 75 32; bschweren..., Das dir die schwarten würden krachen NB 21 73 f., vgl. LN 2128; ripsus ronpsus machen, Das vom feür die dörffer krachen NB 82 27 f.; —

waschen, fegen, schleifen: Ich wiesche mich mit anderm kot NB 2 115; Mit dreck rein weschen NB 57, vgl. 57 1, MS 93; Das mul solt ir mit betten weschen NB 11 48; dyn vnnütz mul nit allzyt wesch Mit frummen, erbern eren lütten SZ 47 12 f., vgl. SZ 18 33 f., 9 a 35 f.; Die gern ir hendlin wolten weschen In gelt vnd andrer lüten gůt LN 699 f., vgl. 706, 2016; Sy handt ir finger vnd die hendt Geweschen in dem testament BT 164 f. (Bl. 4 a); Ir sollent mir den beltz wol weschen NB 95 22, vgl. SZ 31 10, SZ 41; Sy buchent, wyl sy lougen handt NB 8 65; ir solt mich fregen Vnd mir den harnesch redlich fegen NB 95 13 f., vgl. SZ 31 11, 31 30, Das heißt am sampstag stuben fegen GM 4323; Glatte worter schleiffen SZ 22, vgl. SZ 22 15, GM 1292, 1301, LN 2261, (glatte wort NB 40 c, 63 21, 63 29); —

kratzen, schaben, kitzeln, streicheln u. ä.: Vnd kratzt mich do mich niendert beiß NB 1$_{10}$, vgl. NB 95$_{17}$, GM 5379; iucken, do in nienan beißt NB 68$_{11}$; Der würdt sich kratzen in dem grindt NB 68$_{9}$; Ich denck, das sie die beginen schaben LN 4580; Vnd sagst noch von beginen gerben, Vnd wie man schabet in die hüt LN 4597 f.; syn gůt hat vff geriben MS 516; Wer sich selber kützlet vil, der mag wol lachen SZ 37$_{1}$ f., vgl. SZ 37$_{17}$; Es critzlet selber mich im synn GM 262; Facht sy das schelmen bein an iucken, So laßt sy sich herumbher bucken NB 25$_{80}$ f., vgl. NB 39$_{59}$ f.; den kutzen strichen GM 1822, vgl. MS 378, NB 16$_{40}$; Das geuchlin hatt gefallen dran, Wenn mans zertlichen strichen kan GM 1816 f.; —

scheren, schinden, ropfen: Man můß den rychen also scheren NB 95$_{37}$; O got, wie scheren sie so genow MS 494, vgl. MS 1466; wie sy mir den affen scheren NB 14$_{89}$, vgl. 14$_{72}$ ff.; Was der ein nym scheren mag, Das sol der ander abher schinden NB 30$_{28}$ f.; Gelerte narren schinden NB 5; Die schaff schinden NB 33, vgl. MS 75; Ein esel vmb gelt schinden NB 82, MS 1560 f.; Die wyber manchen geuchschen tropffen Der maß entblötzen vnd beropffen GM 999 f.; Wie er... von der genß ein feder hab NB 11$_{84}$, vgl. NB 30$_{57}$; —

rühren, stinken machen, schmieren: Den hasen in den pfeffer rieren NB 29$_{56}$; Das bůler můßly zamen rieren MS 247, vgl. GM 1055; Den dreck rütlen, das er stinckt NB 68, vgl. NB 68$_{1}$, SZ 11, 23$_{11}$, 48$_{178}$, MS 99, LN 3829 ff.; So wil ich doch gestanck da lossen NB 55$_{6}$; lügt, das vor den leüten stinckt NB 6$_{63}$; Den karren schmieren, das er lauff MS 79, vgl. NB 43; Die lenden schmieren NB 9, vgl. NB 9 b, 9$_{4}$; Lob dyn öbern, schmier in wol NB 28$_{17}$; Mit gulden schmieren im die handt MS 785; —

baden, waten, schöpfen, saugen: Ich wil üch in ein schweißbad fieren NB 39$_{14}$; Got geseg den geuchen disses bad! So bald der gouch empfindt der hitzen, Gold vnd sylber můß er schwitzen GM 1026 ff.; Darnach man dich so hitzig badt, das mancher drum sein leben latt MS 828 f.; Eim ein bad überhencken SZ 39; beder machen SZ 39$_{8}$; Sunst wirt dir ein bad zů gerist NB 60$_{37}$; Setzt mir ein bad zů dick vnd offt GM 195; So ist ir hertz im bad gewesen SZ 10 16; selbs im iamer baden NB 85 14; geb im da ein meyenbad LN 2702; Das kindt mit dem bad vß schitten NB 81, vgl. 81 b, MS 112, SZ (B) Vor. 34 f.; sich hondt verwatten tieff NB 79 36, vgl. NB 86 69; O wie dieff schopfft er die wort SZ 20 31, vgl. SZ 48 196 f.; Dieffe worter geben SZ 20; der das hat erlogen, Allein vß synen fingern gsogen NB 36 25 f., vgl. MS 308, GM f 4 a, LN 2049, 2332; —

kochen, räuchern, spinnen: Würd er gsotten vnd geschunden, Kein gschicklich narheit würd da funden NB 12 89 f.; Würdens gsotten vnd gebraten, Kein quintlin schmaltz der geistlicheit Von inen fiel NB 40 75 ff.; Wer ich gesotten vnd gebraten, Geröstet, wie es möcht geraten, Finden ir der weißheit nit ein meit LN 507 ff.; das nest braten MS 415; Gantz lüß gebachen SZ 45, 45 2, vgl. MS 164; wan mans briet, es geb kein safft LN 4593; Der thůt, als ob er hûner spickt, Die von megre sindt erstickt NB 75 15 f.; Jetz mögen ir euch wol lon blawfertzen LN 1521; Laß sy reuchen GM 4756; vgl. 4762, 4794, 4802, LN 1175; Gůt garn spinnen SZ 15; wer ful garn spint SZ 48 186; Wer ich gespunn vß luter syden NB 13 b, vgl. MS 162; Wir dörfftens vor nit sehen an, Wie wol wir ietz selbs spinnen dran LN 4107 f.; —

schreiben, versiegeln: Vil lassen in der feder stecken NB 3 78, vgl. NB 19 102; spitzt die federn dick zů vil NB 23 9; Das blat hat sich yetz vmbgekehrt NB 11 75, vgl. NB 40 47, 51 6, 71 16, SZ 13 35, LN 515, 2918; das sigel dapffer netzen NB 42 69; Mit dreck versigelen NB 89, SZ 2 31; versigel du eym schwein Das arßloch SZ 7 38 f.

4. Bäuerliche und kleinbürgerliche Sphäre.

a. Ländlich-bäuerlicher Kreis.

Fuhrwerk und Feldarbeit: Den karren schmieren NB 43, vgl. NB 43 c, 24, MS 79; Von dem karren kum erst in den wagen LN 168; So bald der wagen fellet vmb, Wo vor zwey reder fielendt nider, Do findtstu fier ietzund har wider

GM 1702 ff.; Wan der ochs verwürfft das ioch Vnd das roß sein kumat noch, Vnd der buer laufft von dem pflůg, So geschehe dem ackern nit genůg LN 2469 ff.; wer syn handt legt an ein pflůg NB 39$_{39}$, vgl. SZ 19$_{18}$ f.; me verzeren Dann syn pflůg im mag erern NB 69$_{1}$ f., vgl. NB 92$_{145}$ f.; liessest in den zoum zů lang NB 87$_{23}$; halt den zoum in syner handt NB 87$_{32}$; schlecht nit druff als in ein mist NB 9$_{9}$; Do aber eua schüttet vff Den mischt ir vngehorsamkeit Vnd dinckt den acker wyt vnd breit NB 4$_{12}$ ff., vgl. NB 4$_{44}$ ff.; Eua hat ein somen geseyet, Den man noch yetz vff erden meyet. Der grundt ist an jm selb gůt, das er so grossen wůcher thůt MS 324 ff., vgl. GM 3124 ff.; die mat, die můß geschoren syn MS 397, vgl. GM 2508; thůn mir ein strich dardurch Als groß der acker hat ein furch LN 1041 f.; Wir sindt versehen mit fürbitter Als in der ern mit fulen schnitter SZ 10$_{32}$; Wie ein schübutz vff dem landt MS 658; —

Tenne und Stall: Vnd macht ein solch collation, Vier tröscher möchtendt mit beston NB 5$_{150}$ f.; Vnd drischt ein leres haberstro LN 2056; Recht wie das böß thůt in der wannen, Also würffstu dich selbs her für NB 2$_{12}$ f., vgl. NB 28$_{37}$ f.; die aglin vß den geren schüttelen GM e 4 a; Eier wannen NB 75, vgl. MS 105; Es hör in die puren haber stro NB 33$_{39}$, vgl. NB 28$_{62}$, SZ 36$_{32}$; gibt im nichts dann haber stro NB 54$_{23}$, vgl. NB 54$_{50}$; Der heiligen gschrift sindt wir so fro, Als wen du küwtest bonenstro NB 3$_{19}$ f., vgl. NB 5$_{112}$ f.; Der kirchgang ist üch eben süß, Als wann ich küwet entzian NB 5$_{177}$ f., vgl. SZ 1$_{18}$; Die sich mit stro halm lassen binden GM 969, vgl. NB 9$_{23}$; an eim strohalm wysen GM 4816; Laßt im kein stroen bart nit flechten NB 21$_{36}$, vgl. SZ 5$_{6}$, 48$_{161}$, MS 35; bringen vff das strow MS 495; kern gemischt mit klyen NB 58$_{47}$, vgl. NB 64$_{65}$; Ich hab mich vnder die klyen gemischt MS 606; mit den schwynen klyen gessen SZ 48$_{21}$; Vnd wissendt nit, was die růben gelten NB 3$_{14}$, vgl. SZ 22$_{28}$, 42, 42$_{2}$; Das ich nit ein růbschnitz geb NB 58$_{50}$; Mit růben schelen gelt gewynnen GM 1274; Wir stondt nit glych mit ir im stall NB 95$_{131}$; Der nie kundt eyn suw stal keren SZ 28$_{30}$;[1]) Die oren lassen

[1]) Weitere Belege vgl. weiter unten S. 160 f.

melcken NB 91, vgl. SZ 12, 48$_{181}$; Lůg aber, was er dar noch thů, So den kůbel vmbschlecht dieků GM 4391 f.; —

Abgaben: den zinß der mül entragen MS 135; gebendt mer, dens schuldig seindt MS 137; Von wolust ist das selb der zinß GM 1825; Den gouch zinß gern zů geben GM 4114; Ouch wer die zinß wil lösen ab, Der lůg, das er ein bengel hab, Vnd schlach die geuchin vß dem huß: So ist dem zinß der boden vß GM 4170 ff.

b. **Handwerk und Gewerbe.**

Allgemeine Anspielungen: Die sunst vff erdt kein handtwerck kynnen, Dann was sy mit dem würffel gwynnen NB 78$_{49}$ f.; Wen iudas ietzundt wer vff erden, So miest er wider schůler werden Und das hantwerck leren bas, Doryn er noch keyn meister was SZ 6$_{18}$ ff. — **Barbier**: trucken wer dir nit geschoren NB 69$_{62}$; Vngenetzet dapffer gschoren NB 97$_{32}$; manchem durch den bart geloffen NB 97$_{30}$; **Färber, Maler**: Im strich ich ouch ein vårblin an Vmb die lenden, vmb syn oren NB 80$_{82}$ f.; Vnd sol sy ferben mit der handt, Wie er die farb am strüßlin fandt, Blaw vnd rot, ouch grien vnd gel NB 9$_{99}$ ff.; schon ferben MS 1229; vff der zungen zierlich ferben SZ 22$_{16}$; eyn gferbten spott SZ 5$_{2}$; Man můß das důch wol also ferben, Es möcht sunst an der farb verderben LN 2009 f.; **Fischer**: Vor dem beren vischen NB 90, vgl. MS 118; Vnd ir leib so gantz noch wer Wie ein fischer berren her LN 4656 f.; **Gerber**: Das leder můß gegerbet syn NB 39$_{76}$, vgl. LN 980; beginen gerben LN 4597; Ich gedenck bei got, man gerb sie wol Der pfaff ist iung vnd die begyn LN 4571 f.; Die krancken mögen nit me gerben LN 4585; Vil besser wer es, man ließ sie gerben LN 978; Hör, wie kützelt sich der schalck vnd gerbet mir ein iltis balgk SZ 37$_{17}$ f.; **Jäger und Vogelsteller**: beren fahen NB 32$_{20}$; die berenhaut verkauffen, Ee sie mit iagen darumb lauffen LN 741; Mit eym hundt zween hasen iagen SZ 19$_{9}$; Fantasten beitzen NB 12, vgl. NB 12$_{85}$; Schelck iagen NB 63, vgl. NB 63 a b, 14$_{44}$ f.; 63$_{8}$; Het er mit geuchin vor gebeitzt, Als er mit hunden hasen reitzt GM 1614 f.; wo der tüffel vogel facht, das wyb er zů eim kutzen macht MS 305 ff.; Do mit dreit er lockfogel feyl SZ 5$_{20}$; Mit worten lassendt sich ouch fil Binden, fohen, wie man wil GM 972 f.; Man foht ir glich so vill mit blicken Alß mit iagen, garn vnd stricken GM 906 f.; Wenn Venus eym das garn thût stellen GM 1633; Den gouch zů nemen vß dem nest GM 284; nach dem gouch yns nest gegriffen GM 1293; So reincklich grifft sy zů dem nest, Das der gouch went: sy sye die best GM 1290 f.; **Metzger**: zoch ab hut vnd har NB 5 72; Vff den fleisch banck geben SZ 6, vgl. SZ 6 2, 6 41, 48 164; **Müller**: Der trieg vil lieber müllen stein NB 96 55; Alle wasser vff sein mülle richten MS D 2 a, vgl. MS 755 f., 763 f.; Ein rechen fürsetzen MS D 3 b, vgl. MS 834; Das schützbrett vffziehen MS E 1 b, vgl. SZ 46 35, MS 1058; Mit dem schlepsack schlecht er har MS 731, vgl. MS 703, 1363, 1393, 1410; so schlag ich sy vmb iren mundt Mit dem drecksack hyn vnd har MS 1412 f.; Den düpel sack vmb die oren schlagen MS E 3 b, vgl. MS 1093, 1105, 1128; bestewbet... von dem sack der dupplerey MS 1192 f.; Vmm den entphallenden sack truren MS D 5 a, vgl. MS 910 ff., 937 ff., 952 ff.; **Schreiner**: nit gantz glat behoblet MS 608, vgl. GM 5349; Findt man vnbehoblet lüth MS 5; **Schuster**: Vber einen leisten schlagen NB 58 7; **Weber**: Vnd nit erst von eim weber leren, Der me verwürt vff einen tag, Dan ich mein lebtag schlichten mag LN 2433 ff.; **Weinrufer**: Der wyn rieffer ist ein michel teil, Die eim syn ere yetz tragent feil NB 36 11 f., vgl. SZ 3, 48 154; Ich wolt jn rûffen vß den wyn, Ob sy schon legten nie kein ynn GM 3791 f., vgl. LN 1984 f.

c. **Kauf, Verkauf und Tausch**:

Vnd treit den arß den mannen feil NB 51 53; das recht getragen feil NB 21 17; Die eim syn ere yetz tragen feil NB 36 12; dir all ir anschleg tragent feil NB 14 92; Eyn reyff vßstecken SZ 29; Wer nit schencken wil den weyn, Der ziehe ins deüffels nammen eyn Den reiff, so sücht man, was do brist Und das keyn weyn do feille ist SZ 29 13 ff.; Als ob sy selber keüfflich weren SZ 29 28; dich durch mutzen kóuflich fieren NB 26 76; Bersabe... verkouffen wolt den lyb GM 4610; Ir brüstly vff ein schefftly stellen, als ob sie sie verkauffen wellen. Du darffst nit rüsten vff ein schragen, an den marck sie feil vmb tragen MS 642 ff.; vgl. NB 41 48, 26 50, GM 854; truckt heimlich das hefftlin vß, Das der milchmarckt fall heruß NB 26$_{63}$ f.; Wer... gstadt, das syn frow ir bruntzuntzen Feil mag yederman heim tragen, Der mag wol hon ein gůtten magen NB 60a ff.; —

Ich achts den hoͤchsten kouffman schatz, Wenn sy mir redt frundtlichen schwatz; Wie wol es ist ein ringe war, Noch bringt sy manchen gouch hie har GM 4237 ff.; So wolt ich (Venus) jn offlichen dingen Noch manche kundtschafft fürher bringen GM 628 f.; Nit syhe du mich an, als du nit solst, vnd du mich yetz glich kauffen wolst MS 193 f., vgl. GM 2969 f.; Stelstu zů marckt denn dyne brüst, So bald byn ich zům kouff gerüst GM 854 f.; der wynkouff ist getruncken SZ 37$_{35}$, vgl. GM 876; ich euch wol bezalet hab LN 3575; Mit arß bezal ichs, mit der hüt NB 86$_{54}$, vgl. MS 1454; Das selb in gott ouch nit vergißt, Dann er bezalt allweg gewiß NB 46$_{61}$ f.; In wurdt alweg zů letst der lon GM 5160, vgl. LN 3239; An eyn kerb holtz reden SZ 7, vgl. SZ 7$_{3}$, 48$_{168}$, Entsch. 100; Er gibt sich schuldig ouch domit Vnd bezalet gott kein haller nit NB 56$_{50}$ f.; yeder ein yüdschen seckel dreyt, Daryn er wůcher pfennig leyt MS 761 f.; Mit dem iuden spieß rennen NB 67, vgl. NB 67$_{20}$, MS 100, GM 4577; —

er im tusch ein esel gab Vmb ein pfyff, ein ringe hab NB 8$_{53}$; wer vmb pfyffen ein esel gyt NB 8$_{57}$; vmb ein sackpfiff geben MS 1559; Wer ewigs vmb zergencklichs gyt, Des duschens er genüsset nit NB 8$_{55}$.

5. Spiel, Musik, Tanz und Gesang.

Mit gott der geiß hietten NB 7, vgl. MS 36; die geiß verbietten NB 7$_{41}$; Vff eim stecken rytten NB 74, vgl. MS 104; es gat yetz als vff steltzen SZ 42$_{34}$, vgl. NB 20, 20b, 20$_{30}$, 34, MS 52; Dann sindt die kindt zů spil bereit, So in der vatter würffel leit NB 52$_{15}$ f.; all ir gygen ist die best NB 85$_{77}$; (er) kan ein wenig vff der luten NB 29$_{62}$; So wil ich von der luten sagen NB 80$_{22}$; Vnd prediget von dem lutenly NB 32$_{45}$; Ein luten schlaher im hertzen hon NB 80, vgl. 80$_{25}$; (sie) Haben dich des babsts geiger gemacht LN 409, vgl. LN 816 f.; Mit beyden achslen kan ich gigen MS 595; Das soltu vff der nasen gygen NB 58$_{53}$; der das laßt vff der fidel gigen MS 220; dantzen vff dem houpt GM 152; Nachs bischoffs dantz syn reyen fieren NB 19$_{44}$; Sy hat mirs wol so sieß geschlagen, Das ich vom dantz lieff narren iagen NB 80$_{23}$ f.; an ein andern dantz gefiert, Do bitterlichen wirt hofiert NB 50$_{53}$ f.; Der ir liedlein singen kundt NB 15$_{42}$, vgl. 19$_{105}$; So facht er an ein groß gesang NB 60$_{19}$; singen noch, Das im das liedlin würdt zů hoch Vnd er das nit erschryen kan NB 86$_{103}$ ff., vgl. MS 1461 f.; ist wyt über den habren sack GM 1404.

6. Gaunerleben und Narrenwelt.

a. **Bubenstreiche, Kniffe und Gauklerstückchen:**

Hüppen bůben NB 16$_{92}$, vgl. SZ 13; Wie sy eynander richtendt vß Als hippen bůben vor dem huß SZ 1$_{30}$ f.; Mit lungen ich ouch werffen kan, Wann du mit kutlen fahest an. Wann wir schon würffen beide samen Mit kat vnd wůst ernstlichen zamen, So bschissen wir vns alle beid NB 68$_{13}$ ff.; Die rechten griff wir ietz erst kynnen SZ 6$_{22}$, vgl. 33$_{2}$, LN 3035; die rechten riemen zogen SZ 6$_{16}$, vgl. SZ 22$_{5}$; das schnierlin finden NB 41$_{64}$; das helmlin ziehen für NB 56$_{15}$, GM a 2 a, 1873; So schlechstu mir ein schnelling dran NB 88$_{18}$, Vnder dem hietlin spilen NB 55, vgl. 55 c, 55$_{20}$; Den affen leren gygen NB 59; Ich ler vil ee ein affen gygen, Dann ein bőse zungen schwygen; Ein hundt ler ich durch reiffen springen, Vnd kan kein valschen menschen zwingen NB 59 a ff., vgl. 59$_{32}$ ff.; Die andern hondt ein beren dantz NB 59$_{30}$; Der im doch laßt ein menlin machen NB 8$_{14}$; Vber das seil werffen NB 70.

b. **Treiben, Kleidung und Attribute der Narren:** der gotts gebott Haltet für ein faßnacht spott NB 6$_{82}$, vgl. LN 98; So sagt er myr eyn faß nacht tandt SZ 1$_{11}$; Den ban halt für eyn lürlis thandt NB 20$_{46}$, vgl. SZ 10$_{25}$; du züchst am narren seil NB 21$_{18}$, vgl. NB 51$_{54}$, 52$_{34}$; Darumb stat er am narren reien NB 61$_{49}$; Vnd sicht doch wie ein faßnacht butz NB 44$_{90}$; so stadt sie wie ein faßnacht butz MS 657; Mir solt wol werden die britsch geschlagen NB 55_{1}; vmb den narren kolben ringen NB 2_{16}, vgl. NB 92_{113}; den kolben zeigen NB 12_{7}; den kolb tragent feil NB 12_{74}; Du můst im hencken eyn schellen an SZ 3_{13}; narren schellen by im treit NB 84_{24}; nach der kappen streben NB 4_{54}, vgl. NB 4_{34}; Der leg syn narren cappen nider NB 92_{183}; er im tusch ein esel gab Vmb ein pfyff, ein ringe hab NB 8_{53} f., vgl. 8_{57}; vmb ein sackpfiff geben MS 1559; narrenliedlin singen LN 112; Myn narren schůch nit vff der strassen Gantz vnd gar zerryssen móg NB 2_{86} f.

7. Staat und Kirche.

a. **Krone, Kaiser, Kaiserin:** Maria zart, der eren kron GM 3794, vgl. LN 436; der eren ein kron SZ 45_{25}; der wiber kron GM 366; dein dochter schon, Vff dieser welt die edel kron LN 3727 f.; Myn schǒnste aller wyber kron GM 3617; Ir brüstlin fyn, so klar vnd schon, Wyt über Salomonis kron GM 754 f.; Ob allen wyben ein keyser kron GM 2384; Vnd fierendt mit der kirchen gůt, Ja, by gott! eins keisers můt NB 35_{68} f.; „Das sol“, sprach er, „die zart nit wissen, Das ich ein hembder schisser byn, Die edle schǒnste keiseryn!“ GM 3431 ff.; die frum keyserin setzt sich nyder GM 3494.

b. **Soldatenleben:** sackman machen NB 75_{31}, vgl. LN 705, 2817, 3256; den harnesch redlich fegen NB 95_{14}, vgl. SZ $31_{11, 30}$; thůndt den harnisch an bym wyn NB 32_{31}; halten als ein armbrust ful MS 1200; Ee das ich kum mit hurlebuß LN 2511, vgl. LN 79; Ir kriegen ist alß wider gott SZ 4_{27}; jm glouben kriegen, Lange spieß jns gots wort fiegen BZ 91 f. (Bl. 2 b); Ouch werdet gott, dem herren, fyndt. Ich mein, das ir vol tüfel sindt, Das ir üch stelt, mit gott zů kriegen NB 81_{45} ff.; Die geistlicheit hat kriegen glert Vmb das yppich zytlich gelt NB 11_{76} f.; Ich můß euch thůn ein widerstruß LN 77; streyten by dem wein NB 6_{28}; Der sich vor den wybren rům̊en kan, Facht mit der garnwindt stryten an GM 4461 f.; Wann er mit den hůnern fecht NB 78_{32}; Jetz fechten sy mit adelheit NB 32_{30}; Vmb das zytlich gůt zů fechten NB 11_{69}; gberden do, als ob ir fecht NB 11_{39}; sy kummendt mit den schirm streichen

GM 1386, vgl. 1313; Mancher schirmet hin vnd here, Als ob er vff der fecht schůl were NB 11$_{41}$ f.; Sy stechen, houwenn — by dem weyn SZ 4$_{35}$, vgl. MS 45; darneben stechen NB 56$_{92}$, vgl. 53$_{23}$; zů todt sich mit der kanen sticht MS 1066; Landt vnd leüt hab ich bezwungen, — Doch thůn ichs fast nur mit der zungen SZ 4$_{5}$ f.; Vil wunden werden widerbracht, On die die zungen hat gemacht NB 66$_{1}$ f.

c. **Anklagen, fesseln, richten**: In den wincklen clagen an, Wie das er sy ein erloß man NB 36$_{15}$; Warumb fierstu ein ŏflich clag Von dem, das doch verborgen lag NB 68$_{17}$ f.; Mit lugen stelent in ir ere NB 66$_{30}$; liebes bandt MS 432; Venus strick vnd ire bandt NB 47$_{1}$; vgl. NB 47$_{21}$, GM 4524; Sy hat jn gefeßlet also sere, Als er mit ketten gebunden were GM 1521 f., vgl. GM 570, 2087 f.; So ist der narr so gantz gefangen, Das sy in an ein strohalm bindt NB 9$_{22}$ f., vgl. GM 969, 993; Biß wir jn brochten har gefangen GM 576; bist ietz in wyplicher handt GM 543; beschißner dan das galgenholtz LN 2532; Den galgen weg handt sy gelert SZ 26$_{21}$; Do ich můst an dem branger ston NB 86$_{108}$; Dieb ab dem galgen nemen NB 71, vgl. MS 102; So lernten sy dir einen gang Von dem galgen vff das rad NB 87$_{24}$ f., vgl. SZ 12$_{6}$, LN 566, 2687, 2703, 3884; Vnser hauptman luther lert, Wer ein kirchen gantz zerstört, Der hat so viel des gůten gethon, Als so ein hůerhuß würd zergon LN 3185 ff.

d. **Kirchliche Sphäre**: narren orden NB 1$_{18}$, 49$_{42}$, 92$_{141}$ u. ö.; Ein narr in aller narren orden NB 80$_{20}$; Ein gouch in aller geuchen orden GM 4480; der gantze schelmen orden SZ Vor. 37; Der hyppen bůben orden SZ 13, vgl. SZ 48$_{162}$; fierent ein schentlichen orden NB 79$_{2}$; Ich bin auch in der brůderschafft, Da man mit wenig witzen klafft LN 518; wie ein jakobs brůder ist Mit müschlen allenthalb behenckt NB 1$_{84}$; Der narren wychwasser NB 94; Der narren bycht NB 95, vgl. SZ 31; in bychts wyß hon geredt NB 36$_{37}$, vgl. 95$_{45}$, SZ 47$_{29}$, GM f 2 b; Chrisam, touff ist als verloren NB 85$_{60}$, vgl. NB 93$_{124}$, SZ 26$_{17}$; Der hat ertŏdt ein rosenkrantz NB 6$_{11}$; Als ob sy luter engel weren NB 40$_{39}$; sy den hals also verbinden, Als ob sy vor sant lienhart stienden NB 34$_{48}$ f., vgl. GM 948, 3374 f.; Mit sant Bartholome geschunden stodt GM 1092; syden hembdlin haben Als weret ir kleine iesusknaben GM 1793 f.; dz har lassen püffen dz es fin kruß werd, wie einem jungen iesus knebly GM D 4 b; betten wie die iungen kindt SZ 10$_{39}$; Der tüfel ist apt SZ 44; Dem deüffel vff den schwantz gebunden SZ 32$_{2}$, vgl. SZ 32, 32$_{2}$; Sitzt dir der tüfel vff der zungen NB 21$_{1}$;[1]) als eins iuden sel verloren NB 42$_{89}$, vgl. NB 51$_{63}$; Vil mer gedultig sindts denn Iob GM 703; Müst wie sant peter barfůß gon LN 3911; Der můß vrsachen sůchen vil, Als iudas mit der salben thet, Die magdalen vßgossen hett NB 31$_{41}$ ff.; Gar bald stürmt er die groß glock an NB 85$_{43}$, vgl. MS A 7 b, 283 ff., 1424; hórt ein yeden glocken thon NB 90$_{2}$; der feltglock kluppfel werden SZ 26$_{31}$; Eyer vff dem altar finden NB 38; Dem tüfel zwey liecht anzinden NB 64, vgl. MS 97; mit der kóchen lesen Die siben zyt vnd ouch die metten NB 54$_{36}$ f.; Der mir leuiten hat gelesen LN 4192; Pilatus im Credo SZ 34, vgl. 34$_{10}$; wie gred milleryn iorzeit werdt SZ 1$_{20}$, vgl. MS (Titel), A 4 b, 1260 f. u. ö.; Die handt diß iarzeit helffen bsingen MS 1275; opfferet.. Vff gredt müllerin iarzeitt MS 408 f., vgl. MS 463, 503 f., 519; Von blawen enten predigen NB 32, vgl. NB 32$_{34}$, SZ 1, 1$_{40}$, 48$_{150}$; am prediger stůl von enten sagen MS 73; Wolt ich im den schůlsack gsegen SZ 8$_{40}$; Ich wolt im das benedicite machen SZ 8$_{38}$, vgl. LN 2870; Der selb versumpt vff kilchwyhe kem GM 4512; Der pfaffengaß solchs nit gefel LN 3854, vgl. 2857; Dyn frow wermt sich by pfaffen kolen NB 57$_{20}$, vgl. LN 4618 f.; Dan schmackt er, wie ein pfaffenkol LN 3062, vgl. NB 26$_{98}$, MS 725, LN 2865.

8. Tierwelt.

a. **Die Tierwelt im Allgemeinen**: vihesch lüt zů tisch sindt gsessen NB 48$_{19}$; Es ist ein trüws thier vmb ein wyb GM 698; Die wyber sind so rein vnd zart, kein sufferer thier vff erden wardt GM 720 f., vgl. GM 1059, 3097; Ich sihe kein menschen in der fest; Die fogel sein al vß dem nest LN 3281 f.; Vögelin lassen sorgen NB 65, vgl. NB 84$_{18}$, MS 98; beschreiben alle

[1]) Weitere Beispiele oben S. 58.

fisch im rein LN 496; Das selbig brot schmackt fleisch vnd fisch GM 1398; Die stinckent wie ein keib im mundt BZ 165 (Bl. 3 b); fulet in der schelmen grůb NB 78$_{19}$; Wurff ich dich mit eim schelmen bein NB 2$_{110}$, vgl. NB 25, 25 b, 25$_{80}$, SZ 4$_{23}$ f., MS 61; reib ich mich eins ans schelmen bein SZ (B) Vor. 8; Eyns vff den schwantz... geben SZ 24$_{27}$; Durch ein mul korb frysset seltzam MS 53; So laßt sy sich herumbher bucken NB 25$_{81}$, vgl. NB 39$_{60}$, LN 4080, 973, oben S. 57.

b. **Haustiere.** **Bock**: Die andren müssendt wychen all, die bỏck, die dulden kein im stall MS 660 f.; Vnd das ein bock sei on ein bart: Es ist wider die natürlich art LN 1663 f.; **Esel**: Den laß ich für ein esel gon NB 10$_{86}$; Ein esel sich beriemen NB 10$_{82}$; So du vmblouffst in esels schyn NB 10$_{34}$; Noch sitzt der selbig esels or Vnd riempt sich NB 10$_{73}$ f.; Ein esel wil syn haben ere NB 10$_{57}$; Den esel überladen NB 53, vgl. MS 88; Ein esel latyn leren NB 72, vgl. MS 1565 ff.; vmb gelt im seinen essel schinden MS 113, vgl. NB 82; So sindt es kumm der esels fygen NB 12$_{16}$, Für lieb macht sy jm esels oren GM 916; Vnküschheit... Vor welcher ir üch alzyt hietten, Wie der esel thůt im meyen NB 5$_{152}$ ff.; Sy wert sich vast des mans gewalt, Als wann dem esel der sack entpfalt NB 26$_{59}$ f., vgl. GM 4297 f.; Die stymm zerbrechen nach der kürtz, Wie der esel bricht die fürtz NB 22$_{37}$ f., vgl. LN 1160 f., LN 2569 f.; **Gans**: Die genß hondt gar ein schỏne art, ob schon ein nit dürstet hart, So bald ein andre truncken hat, trinckt sy glych an der selben stat; Glych also kielent wir die backen SZ 46$_{1}$ ff.; mit lieben gensen stille stan MS 47; blibt sein lebtag ein gagag MS 1081, vgl. NB 12$_{70}$; Ich můß sy reden lon do mit, Denn vnsere genß, die künnens nit GM 5334 f.; von der genß ein feder hab NB 11$_{84}$, vgl. NB 30$_{56}$ f.; Der můß ein ganß für syn bůß geben GM 4916, vgl. 4926, 4948; Er thet mir nit den genß stal vff NB 73$_{44}$; **Huhn**: den hůhnern die schwentz vffbinden NB 5$_{120}$, vgl. NB 41, 41 b, 41$_{3, 28, 42, 63, 98}$; Darumb ist er ein dapffer han LN 2155; wenendt, das wir hiener essen GM 4714; Schmiert man hünertreck darneben, So schmackt er wie die hüner eben LN 3067 f.; **Hund**: ein schlaffens hündlin wecken NB 68$_{6}$; die hund ouch an sy seuchen GM 4757; Vnd ist der wyn im also gsundt, Wie das graß ist vnserm hundt NB 18$_{66}$ f.; Die ire augen vnderschlagen wie sie die hundt zůr metzig tragen MS 640 f.; Ich werd mit hunden vffgehetzt NB 55$_{4}$; Vnd mir das brot zuckt vß dem mund, Als ob ich wer ein schäffer hund LN 1611 f.; Darumb ietzund die geistlicheit... vil hund ietz zücht,[1]) domit das im der düffel zucke nit Syne schaff MS 889 ff. **Hierher gehören auch die Redensarten:** Wurff ich dich mit eim schelmen bein, Vnd du woltest schnurren drab, So weiß ich, das ich troffen hab NB 2$_{110}$ ff.; Das sy die oren nit zerbissen GM 89; Das wir verborgenlich sie beissen LN 2002; wil mich allenthalb zerbyssen NB 90$_{30}$; Byßt mich nit NB 2$_{2}$, vgl. NB 5$_{59}$; Mit stichwort keinen menschen bissen NB 97$_{24}$, vgl. LN 352. — **Kalb:** geilendt wie die iungen kelber NB 12$_{27}$; Wes gabent sy üch kelber fůtter NB 12$_{36}$; **Katze:** Als katzen thůndt dem baldrian NB 94$_{40}$; Vnd kan ein katz sein mit geferden LN 3; Wie sindt ir yetz so katzen rein NB 39$_{9}$, vgl. NB 44, 44$_{a, 5, 37, 73}$, 14$_{63}$, 27$_{2}$, SZ 35$_{12}$, MS 82; wie die katzen mit müsen geilen LN 3110; Vmb den bry heißt solches gangen NB 57$_{55}$, vgl. NB 57$_{62}$; **Maultier:** Kanst nit mer dann mül thier striglen NB 42$_{37}$; **Pfau:** zeigen im den pfouwen trit NB 15$_{51}$, vgl. SZ 15$_{22}$; Wie die pfawen schwantzen LN 4011; Es heißt zů tütsch der pfouwen strich NB 19$_{116}$; **Pferd:** Der salb vicary, den er setzt, Den hab ich für ein pferdt geschetzt, Das tag vnd nacht nun ackert do, Vnd gibt im nichts dann haber stro NB 54$_{25}$ ff.; Welcher herr regieren wil, Der heng des můtwils nit zů vil Vnd halt den zoum in syner handt; Dann wa das ro̊ßlin im entrandt, So bsorg ich, das ers nym erlieff, Wann er im schon „liebs brünlin“ riefft NB 87$_{30}$ ff.; So laß den gul gon wie er godt GM 1986; Das ro̊ßlin machen louffen NB 42; Diß ro̊ßlin loufft gar lychnam wyt, Wann man gab vnd schencken gyt NB 42$_{a\,b}$; Vnserem rappen můß yn strichen[2]) MS 66, vgl. NB 66, GM 1056; Ouch lassent in den zoum zů lang NB 4$_{129}$, vgl. NB 87$_{23}$; Wie ein pferdt küwt durch ein barren NB 11$_{106}$; so lieff der hengst nit

---

[1]) In Albrechts Text steht falsches zückt.

[2]) Albrecht liest falsches můß gon strichen.

nach den merren MS 119; Als wen sy stettig rösser weren GM 971; Roßdreck schwymmen NB 37, 37 a, $_{11}$, MS 76; Rind: Ich geb darfür mein beste ků LN 865, vgl. LN 1225; blerren wie ein ků NB 22$_{36}$; das er durch suff sich wie ein ků MS 993; Vnd küwendt alle worter do, Als vnser kieg das haber stro SZ 10$_{30}$ f.; das stuck würdt grösser denn ein ků MS 568; So bistu besser sicherlich, Dann ein gůtten melcken ků NB 28$_{26}$ f.; So den kůbel umschlecht die ků GM 4392; Ein yßner ochs stürb daruon LN 927; danckt so züchtig her, Als ob es vmb ein ochsen wer GM 4680 f.; Zögen mir ein kleinen floh, Vnd lauffen sie den ochsen noch LN 3933 f.; Me dann alle dörffer haben farren LN 370 f.; wie ... die küg ein faren hant, Also ... LN 1478 ff.; Schaf: Das irrendt schäflin wider keren Zů des rechten hirten stall NB 3$_{82}$ f.; Was das bedüt, das merck ein schaff NB 19$_{25}$; Die schaff schinden NB 33, vgl. MS 75; den schaffen scheren NB 40$_{38}$, vgl. MS 494; Ein wolff verdeckt mit schaffen fieren NB 71$_{10}$; Recht wie die schöffly sindts erboren GM 731; So groß arbeit der arm prelat all zeit vmb seine scheffly hatt MS 906 f.; vff das mein schäffly nit veriagen Werden von dem bösen geist MS 886 f.; Das der düffel mit geferden darvon lieff mit den schaff zů erden MS 895; domit das im der duffel zucke nit, Syne schaff, denen er ist hürt MS 891 f.; Schwein: So sah man jm yns mul hyn yn, Wie man besicht die pfyn dem schwyn GM 3194 f.; Die doch all beid schmutz kolben sint Vnd pfinnig als der moren spint BT 99 f. (Bl. 3 a); Der wüste wůst hat doch den grindt, Dicker dan ein suw hat spindt, Ja dicker dan ein mor hat speck LN 4312 ff.; Vnd ruwlent zamen wie die schwyn NB 51$_{36}$; Sie greinet, grannet wie die schwein, Die gern am gatter weren ein LN 4639 f., vgl. GM 3309 f.; Dann fahent sy ein zancken an, Wie die schwyn, die vor eim gatter stan NB 80$_{29}$ f.; ligen wie die schwyn MS 1075; weyser syn denn sunst fierhundert beckerschwyn MS 1103; So gang, versigel du eym schwein Das arßloch SZ 7$_{38}$ f.; wie ein schwyn hondt wider gessen NB 48$_{34}$; Des hat man vns im welschen lant Die vollen tütschen süw genant NB 48$_{57}$ f. vgl. SZ 46$_{14}$ ff.; Vnd schumpt recht wie ein eber schwyn NB 56$_{70}$; So kan man al ir rip erzelen, Wie mestschwein, die wir metzgen wȯllen LN 1327 f.; Der sunst ein suw dȯrfft sattlen nit GM 4316; Der nie kein suw stal hat verriglet NB 89$_{33}$; der schwyn Mit vns gehiettet NB 95$_{96}$ f.; der doch der schwyn nit hůtten kundt SZ 42$_{6}$; der suw hiet in den welden LN 558; Was sollen sie gefangen ligen, Als die saw in einer stigen LN 975 f., vgl. 1358 f., GM 3969 f.; Vil grȯber sindt die selben all, Den vnser moren sindt im stall NB 18$_{85}$; So kan die mor mer in dem stal SZ 12$_{38}$; Die sauw glock lassendt vns ouch mercken SZ 21$_{34}$; Darumb blybt er ein grobian, Das heißt zů gůttem tütsch ein loß NB 10$_{90}$ f.; Vnd kündt einer moren nit hoffieren NB 53$_{58}$; Denn mancher kriegt vmb wyber bit, Der sunst ein suw dȯrfft sattlen nit GM 4315 f.; Houwent dreyn, alß tůt eyn eber SZ 21$_{18}$; Also erwelt ein eber fein, Der euch besteigt euwere schwein LN 1480 f.; achtendt nit, vor wem es lig, Alß die sauw důt in der stig SZ 21$_{13}$ f.; Es ist ein art der wůsten schwyn, wen sy in garten louffent yn, So vinden sy vil ee ein dreck, dann schȯne bliemlin an dem wegk SZ 9 a$_{1}$ f.; für den süw trogk hyn geiagen GM 4963; so ist mein suw feißt in dem wald MS 594; wir man die suw krȯnt so mit flyß SZ 9 a$_{28}$, vgl. SZ 21, 21$_{4}$, 48$_{200}$, Entsch. d. z. 18; **Taube**: Luter rein, vß pflun geschlagen, Als hettens duben zammen tragen GM 1743 f.; Der gelten nün ein dubentreck LN 2720.

c. **Andere Tiere.**

Säugetiere. — **Affe**: Den affen scheren NB 14, vgl. NB 14$_{89}$; Das die natur verborgen hat, Ein yeder aff das sehen lat NB 14$_{1}$ f.; In kurtzen iaren affen woren NB 14$_{72}$; machent yederman zů affen NB 26$_{88}$, vgl. NB 95$_{156}$; byn zůthedig wie ein aff MS 592; mach dich hurtig wie ein aff LN 3979; Die sich die wyber äffen lon GM 158; Darzů mit im trybt affen spil NB 11 c, vgl. GM 921, 1598, 4687, LN 39, 3404; Mit affenschmaltz die kelen schmieren LN 2803, vgl. NB 56$_{23}$; **Bär**: beren fahen NB 32$_{20}$; Vnd hondt die beren hüt verkoufft, Ee das ir einer in erloufft NB 79$_{67}$ f.; vgl. LN 741 f.; **Büffel**: Der grifft ein frouw so schentlich an, Als wenn die frouw ein büffel wer GM 4890 f.; Die wůsten püffel lassen gan GM 4913; **Hase**: Den hasen in den pfeffer rieren NB 29$_{50}$; man von lieben saget mir: Sie sey ... Ein gschwinder has den niemans kan Erlouffen, als man redt dar van GM 208 ff.; Wan sie als gleich einem hasen weren LN 185; Mit eym hund zwen hasen iagen SZ 19$_{9}$; **Iltis**: gerbet mir ein iltis balgk SZ 37$_{18}$; **Maus**: Es ist wider die natürlich art... auch ein alte schür on müß LN 1664 f.; vns in ein müßloch tringen NB 51$_{29}$; Vnd nagt die muß im brott korb me Den sy gethon hat vor vnd ee BZ 176 f. (Bl. 4a); **Wolf**: Der gibt mit wolffen glatte wort, Biß er sy bringt an sichers ort NB 40cd; Ich züh iung wölff MS 581; Zuckendt wölff vß hirten worden NB 35$_{67}$; Des wolffs predig NB 40; Doch weißt der wolff ein andern ranck NB 40$_{9}$; Die wolffs wal NB 58; Ein wolff verdeckt mit schaffen fieren NB 71$_{10}$; Das hat er über den lincken zan Wie ein wolf gesehen an LN 3352 f.; Er hört zů den wölffen in den welden LN 1173.

Vögel. — **Atzel**: Sy dichten, wie ein atzel thůt NB 33$_{29}$; Die iungen atzlen in dem nest, Die gestern erst sindt eyer gewest, So bald eyns vß den schalen falt, So thůts glych, wie thůt der alt. Das solt dir billich byspil geben, Wie du soltst vor dyn kinden leben NB 52$_{1}$ ff.; **Eule**: Sie hatt den kopff verdarraßt gar, als gieng ein schleyer üll do har MS 654 f.; Als wen man stricht ein iungen kutzen MS 378, vgl. GM 1822; Kutzenstrycher NB 16$_{40}$; **Falke**: Sich lassen wie ein falck bereyten GM 1601; Darumb ietzund die geistlicheit sperber, falcken bey in dreyt MS 889; **Fink**: Das sie singen, wie die fincken LN 4590; **Gauch**: Den gouch zu nemen vß dem nest GM 284; nach dem gouch yns nest gegriffen GM 1293; Do ließ ich geuch in nesten spehen GM 2121; Als er den gouch im nest entpfing GM 5014; Vnd wendt den gouch nit fliegen lon GM 5176; Das wybsbild geuch vßbrůten kan GM 1212; den gouch strichen GM n 1a; Das geuchlin hatt gefallen dran, Wenn mans zertlichen strichen kan GM 1816 f.; Manch gouch hat sich berupffen lon GM 1007, vgl. GM 999 f.; Der gouch hat mich in die nasen byssen GM 2201; Das ich dem gouch hie nit entrünn Vnd von jm ouch ein feder gewyn GM 2146; Von dem goůch ein feder fressen, Die er verdouwen nymmer kan GM 990 f., vgl. GM 2202 f.; Hab ich verschluckt den gouch hyn yn, So ist er in eym pfeffer gesyn GM 2206 f., vgl. GM 4712; ich hort singen nun den gouch GM 2303, vgl. GM 2375; Er weiß wol wie die geuchin singen GM 901; mit vns geuchen singen GM 2365, vgl. GM 2119; mit den mannen „guck, guck!“ singen GM 2870; Jeder gouch wil syn so fry, Das er den andern über schry NB 86 cd; Singt er guck guck nun zwey mol, So singt der ander tusent wol, Der drit kan singen noch vil me; Das gsang thůt dick den geuchen we NB 86$_{8}$ ff.; So grosse geuch vff erden sindt NB 9$_{24}$; Die geuchin dinn, der gouch ist duß NB 9$_{16}$ usw.; **Sperling**: Do handt ir jungen armen betzly, Nüt wider geben denn nur spetzly BT 85 f. (Bl. 3a); **Storch**: Sie hans wie storcken gschluckt hinab LN 4147; **Wachtel**: zů kirchen wachteln beitzen NB 12$_{85}$.

Insekten und Reptilien: Manch hurnüß vnd manch bremmen stich Hab heimelich erlitten ich NB 1$_{3}$ f.; Den fliegen von den herren weren SZ 23$_{14}$; Hewschrecken vnd flöch sunnen NB 26, vgl. MS 62; Zögen mir ein kleinen floch, Vnd lauffen sie den ochsen noch LN 3933 f.; Den lüsen ein steltz machen NB 34; Es ist wider die natürlich art... ein junger bůb on lüß LN 1664 ff.; Den buntschů lieber essen wolt, Dan das er schiltlüß schlucken solt LN 3179 f.; Die lüß hondt in vor armůt fressen NB 73$_{16}$, vgl. NB 73$_{23}$; sůchtendt beide die lüß im grindt NB 90$_{34}$; schiltlüß in dem bůsen tragen LN 3914; Leuß in beltz setzen SZ 17, vgl. SZ 48$_{189}$; Die zecken mir ouch ab zů lesen NB 3$_{94}$; — So krimen sie sich wie ein schlang LN 4583; Ich meyn... das schlenglin GM 49; Man tritt vff einen wurm so lang, Biß das sich krümpt ein solcher schlang LN 80 f.; Vnd hast dyn gantzes leben sitzen Ein würmlin, das dyn hertz thůt kritzen NB 86$_{87}$ f.

Murner erwähnt auch ein Fabeltier, den Drachen: Ich meyn das drechly GM 49; Vnd sindt so nydig böse trachen NB 77$_{42}$.

9. Pflanzenwelt und leblose Natur.

a. **Pflanzen und Früchte**: Das graß hören wachsen NB 49, vgl. NB 49b, MS 85, 1210; O falsche zung, du bitters krut SZ Vor. 81; Das Jesabel ein böß krütly was GM 3887; mocht kein narr nie grůnen druff NB 4$_{11}$; Eua hat ein somen geseyet, Den man noch yetz vff erden meyet. Der grundt ist an im selbs so gůt, das er so grossen wůcher thůt MS 324 ff., vgl. GM 3124 ff.; den ere verlieren, das tůt we, Und wurtzlet eyn ie me vnd me SZ 13$_{23}$ f.; So lang der boum im blůgendt stadt GM 1985; An den boumen wachsens vnd an esten NB 1$_{45}$; Bŏum vß der erden rupffen, brechen NB 85$_{24}$; Es henckt sich wie ebheuw an mur GM 4545; So vinden sy vil ee ein dreck dann schŏne bliemlin an dem wegk SZ 9$_{a\,3}$ f.; vmb ein blům ein mantel kouffen NB 47$_{38}$; vnder der rosen NB 36$_{30}$, vgl. NB 95$_{41}$, SZ 47, 47$_{20}$, GM f 2 b; Es schmackt kein negelblům so gůt LN 3063; Ich mein, das ich hab gersten fressen NB 93$_{55}$; Du liessest mich ee hungerisch sterben Vnd vmb ein haselnuß verderben NB 88$_{16}$; Fründtlicher dienst vff der nußschalen NB 88, vgl. MS 116; Nus durch eyn sack beyssen SZ 27, vgl. 48$_{209}$; ein fulen sachen Mit roßwasser riechen wellen machen NB 21$_{7}$ f.; Als katzen thůndt dem baldrian NB 94$_{40}$; so gel alß saffran ist GM 3067; Vnd kouffendt senff vmb kupffren pfennig NB 5$_{105}$; Wen man üch den senff bezalt NB 21$_{26}$; Wie wol sy yetz einfeltig sindt, Als man larer zibel findt NB 79$_{27}$ f.; wissendt nit, was die rüben gelten NB 3$_{14}$, vgl. SZ 22$_{28}$, 42, 42$_{2}$.

b. **Steine, Metalle, Erde**: Ein kisselstein můß für vß tragen, Wan er zů hertlich würt geschlagen LN 82 f.; In kißling schriben vwer stryt BT 41 (Bl. 2 a); vff ein herten felsen buwt GM 4827; verdowen hertte kyssel steyn MS 94; Wen man schilt, der schribts in steyn, Der do schilt, in stoub hyn eyn SZ 13$_{19}$ ff.; in ein staub geschriben BT 44 (Bl. 2 b); Agstein zücht nit so hefftig an, Alß so ein wyb wol locken kan GM 880 f., vgl. GM f 1 b; Ir hor wie golt, ir mündlyn reyn, Als ein rubin der edel stein GM 752 f.; Ein perlin ist, ein edel gstein, Das alle frowen macht rein; ... Das ist die scham NB 26$_{23}$ ff.; Jetz lügt man durch ein stehelen berg NB 6$_{41}$, vgl. NB 56, SZ Vor. 4 f., (B) Vor. 3 f.; Ein yßner ochs stürb daruon LN 927; wie man falsch goldt vff steinen stricht MS 131; So můß man in den leimen klopffen NB 79$_{19}$, vgl. NB 80$_{92}$, 85$_{8}$, SZ 4$_{20}$.

c. **Luft und Wind**: Ich red in lufft NB 2$_{109}$; yeden windt Blasen NB 2$_{121}$ f.; einer dem ein den windt vff halt NB 60$_{41}$; sich von den lüfften neren MS 1112; Wer seglen will mit allem windt MS 807; ist als sampt vergessen bliben: Es ist von winden hyn getriben BT 45 f. (Bl. 2 b); gloub durch gott nit yedem windt NB 91$_{36}$; stot steiff, wie der wint da wegt LN 196.

d. **Wasser, Unwetter, Schnee, Eis**: Wasser in brunnen schitten SZ 26, vgl. SZ 26$_{40}$, 48$_{208}$; Vff ein mal schütten als in ryn NB 69$_{64}$; das wasser můß syn louff wol han SZ 46$_{26}$; laßt yn lauffen wyn als bach MS 1004; Den wynbach durch den kragen richt SZ 46$_{38}$; vß eim rünßlin schwelst ein bach NB 21$_{58}$; Ich weiß, das sy das wasser nit Verdienen, das man inen gyt NB 65$_{19}$ f.; Die zyt flüßt als das wasser hyn GM 1971; Laß redlich bengel vff sy regen NB 80$_{139}$, vgl. MS 693; Wer es nun ein vnwetter gsin, Es wer als von mir troffen hin NB 90$_{24}$ f.; Ein hagel sieden NB 46, vgl. MS 83; Wiest, grob seindt zů aller stundt, wie der hagel in die stupffelen kumpt MS 1216 f.; Do hatt ich buwen vff ein schne GM 4838; Wie vff dem yß glat dar von schliffen GM 4161.

e. **Feuer**: Noch brennet sy frouw Venus flammen GM 2931; die lieb mit iren flammen GM 1581; brynnende liebe GM f$_{1}$ a; Gredt müllerin brandt mit gesicht, das eim flam dz hertz durchsticht MS 176, vgl. GM 2952 f.; dem man entzündts do mit sein blůt MS 184, vgl. GM 2960; Wie vast ich brant, in lieben wiet NB 26$_{10}$; In irer lieb ein Römer brandt GM 4396; Zů der jn lieb er also brandt GM 2331; In allem brunst loufft er do her GM 894; Wenn ir der maß ein mann erflampt GM 2087; Das hertz er in erflampt LN 3136; suffen, das es als erflampt MS 1061; Vnd schlecht mir dann die flam in kopff NB 85$_{7}$; schlecht das feür erst gar ins tach NB 85$_{28}$; Wůten, toben vmb ein rach Vnd die flammen comprimieren NB 85$_{82}$; Mancher zindt eym feurly an, Das on seyn zinden selber bran SZ 17$_{13}$ f.; Biß ir das hembd am arß verbrandt NB 65$_{47}$; Die brendt schiren NB 36; Eim den wyher verbrennen SZ 43; Darumb es vast in åschen felt NB 11$_{78}$, vgl. SZ 33$_{16}$; Der gots dienst blybt in eschen ston NB 35$_{36}$; Obschon das landt leg in der eschen MS 777; Do er vns geleret die deschen,

Nam er myr an dem herdt die eschen SZ 2_{35} f.; Noch dem gůt verdůndt die eschen SZ 23_{15}; Den hußradt nemmens mit der eschen GM 4115; es bleibt in kum die eschen LN 2015; Ich dingt ein mal ein liebe flesch. Die mir verkoufft heimlich die esch NB 18_{11} f., vgl. NB 18_{27} f.,

Die meisten dieser in neun volkstümlichen Anschauungskreisen zusammengestellten Redensarten und Wendungen sind festgeprägte Münzen, welche damals im elsässischen Volke umliefen. In ihrem eigentümlichen volksmäßigen Gepräge spiegelt sich die bunte Fülle des Volkslebens ab. Diese Münzen enthalten, so unscheinbar und klein sie auch sein mögen, ein Stück Geschichte elsässischen Lebens; jedermann kannte sie, weil sie ganz im Anschauungsbereich des gemeinen Volkes lagen. Das zeigt eine Durchmusterung der vielen Redensarten. Alles, was sich der gemeine Mann nicht lebendig genug vorstellen konnte, war für Murners bilderreiche Volkssprache unbrauchbar. Fremde und weniger bekannte Tiere sind, um nur auf eines hinzuweisen, in den Redensarten nicht verwendet. Das Material, woraus diese Sprachmünzen geprägt sind, ist durchaus volkstümlich. Bürger und Bauern hatten es tagtäglich im Auge. Murners kräftige Sprache kann darum auch nur verstehen, wer das volkstümliche Gepräge und die damaligen Kurswerte der einzelnen Sprachmünzen kennt und richtig bewerten kann. Es ist klar, daß ein modernes, subjektives Stilempfinden nie zu einem wissenschaftlichen Verstehen verhelfen kann. Die angeführte Stiluntersuchung von H. Schatz beweist das zur Genüge. Murner soll oberflächlich und spießbürgerlich empfunden haben, weil er volksläufige Redensarten verwendet, die in dem kleinbürgerlichen Anschauungsbereich liegen. Anders weiß Schatz „diese hausbackene, nüchterne Art, diese Enge des Gesichtskreises“ nicht zu erklären. Es ist aber ohne weiteres einleuchtend, daß der Satiriker von dem gemeinen Volke, auf das er wirken wollte, nicht so gut verstanden und nicht so gerne gelesen oder gehört worden wäre, wenn er die Redensarten einer höheren, fremden Sphäre entnommen hätte. Die volkstümlichen Redensarten in den Satiren hat nicht Murner, sondern der elsässische Volksmund geprägt. Es ist ganz unbegreiflich, wie Schatz dazu kommt, auf Grund volkstümlicher Ersatzvorstellungen bildlicher Redensarten die Oberflächlichkeit des Seelenlebens eines Dichters zu behaupten. Es ist mir ferner auch nicht klar geworden, inwiefern durch Redensarten, die der kleinbürgerlichen Sphäre entstammen, die Affekte stark reduziert werden. Modernes, subjektives Stilempfinden mag eine Abschwächung der Affekte aus solchen Wendungen herausfühlen, wer aber den volkstümlichen Geist der elsässischen Volkssprache um 1500 erfaßt hat, kann Schatz nicht beipflichten, wenn er[1] schreibt: „Bei Murner ist die Sphäre, aus der er diese Bilder entnimmt, beschränkt auf das kleinbürgerliche Leben, auf die häusliche und berufliche Tätigkeit, die sich ruhig und leidenschaftlos abspielt, so daß auch in diesen Metaphern eine starke Reduktion der Affekte zu Tage tritt.“ Ein Beispiel soll die Arbeitsweise von Schatz illustrieren. Zu dem Sprichwort „pfaffen kolen riechen wol“ (MS 725, NB 26$_{98}$, LN 2865; vgl. Zarncke zum NS 73$_{72}$) bemerkt er: „Murner schildert uns nur das Gelüsten nach leckerer Speise und drückt so den Affekt empfindlich herab. Hierher gehört auch die Redensart von dem Pfaffenkohl, der so schön und appetitlich riecht, womit Murner das Verlangen der Frauen bezeichnet, mit den Geistlichen zu buhlen aus Laune“ (S. 80). Aus dem Zusammenhang geht aber hervor, daß die Frauen nicht „aus Laune“ mit den Geistlichen buhlen, sondern aus Gier nach gutem Lohn, der ihnen winkt. Es ist also mit Sicherheit ein stärkerer Affekt anzusetzen. Daß dieses Sprichwort damals im Volke intensive Begleitgefühle weckte und nicht in dem verwässerten Sinne aufzufassen ist, den ihm Schatz beilegt, geht u. a. aus den Facetien des Elsässers Adelphus Muling hervor, wo es heißt: „Contra concubinas sacerdotum: Pfaffen kol schmeckent wol. Sed inclementer adurunt: brennent übel.“[2])

III. Personifikationen.

Den höchsten Grad der Anschaulichkeit erreicht die Sprache in der Personifikation, die Vischer[3]) „den Gipfel der belebenden

[1]) a. a. O. S. 101.

[2]) Vgl. J. Knepper, Sprüche und Anekdoten aus dem elsässischen Humanismus, Studien zur vergl. Literaturgeschichte 3 (1903), S. 169.

[3]) Ästhetik III, S. 1225.

Veranschaulichung" nennt. Dieses Stilmittel wird aus warmer Empfindung und reicher Phantasietätigkeit heraus geboren und entfaltet sich darum auch am ungehindertsten in der volkstümlichen Sphäre, wo das verstandesmäßige Denken von frischer Phantasie überwuchert ist. Der mittelalterliche Stil[1]) ist an lebendigen, unmittelbar aus reicher Phantasie erzeugten Personifikationen auffallend arm. Geistliche Dichtung, Streitgedichte, Didaktik und Drama weisen zwar eine Menge von Personifikationen auf, aber es sind meist nur farblose, rein verstandesmäßige, steife Verkörperungen der Moralitäten, die sich Jahrhunderte hindurch weiter vererbten. Das ausgehende Mittelalter schleppt noch den ganzen Ballast mit sich, es sei nur an Hademar von Laber, Suchenwirt, Heinrich von Mügeln, Maximilians Teuerdank und Hans Sachs erinnert. Wie stellt sich Murner zu dieser Tradition?

Aus regem Affekt und übersprudelnder Phantasie heraus geschaffen, lebendig und frisch, und darum der genannten Tradition fremd sind einige Personifikationen in NB und LN. In NB 50 personifiziert Murner einen Tanz, der nach dem dabei gesungenen Liede „Der schäffer von der nüwen statt" hieß, als einen bösen Mann, der manches kindt verderbet hat (V. 30). V. 35 f. schilt er ihn: O schäffer, du vil óder man, Was hastu schand vnd übels than! 10 Verse weiter unten heißt es dann: Der schäffer hat ir hertz besessen, Das sy irs gots hondt gantz vergessen. Der schåffer ist ein werder man, Das er so grossen dienst můß han. Schåffer hin vnd schåffer har, Nym der schäflin eben war! Ich fórcht, es werd ein zyt her kummen, Das dir die schåflin werden genummen Vnd an ein andern dantz gefiert, Do bitterlichen wirt hofiert.

Blasser, aber immer noch frisch und ganz der naiven, treuherzigen Art der Volkssprache entsprechend sind Belebungen von leblosen Gegenständen durch Attribute, Anreden und Ausrufe: Myn frummer, alter essig krůg Het vor dir nymmer kein růg NB 18$_{39}$ f.; O düppelsack, du düppelsack, vber dich ich billich clag! Du gast so manchem vmb die oren, den du

[1]) Über die mhd. Personifikationen vgl. Roethe, Reinmar S. 210 ff., 215 ff., 265, 271 ff.; zu Berthold, Hasse a. a. O. S. 188.

gantz machest zůn eim doren MS 1177 ff.; O, schåffer, du vil bôses lied, Du machst die tôchtern offt so mied Vff die gůtten heiligen tag, Das keine gott nit dienen mag Vnd lieffent dir zů lieb ein ior, Vnd sůchten gott nit vor dem thor NB 50₃₇ ff.

In BT ist die Messe personifiziert, wo sie der alte Bär als höchsten frindt (V. 242, Bl. 5a) bezeichnet. Sterbend erzählt er: Ich hatt ein frindt im schwytzerlandt, Was wol dem alten beeren bekandt. Der hieß die fromm vnd Christlich messen (V. 134 ff., Bl. 3b). Weiter unten (V. 208 ff., Bl. 4b) heißt es: Stieffkinder hab ich auch noch vil ... Der tüffel hat sy gar besessen, Das sy mim frindt, der heyligen messen, An sinem todt groß vrsach sint. Im LN, wo „der Dichter die zugrunde liegende Allegorie mit sicherer Hand ins Bereich des Sinnlichen gezogen hat",[1]) ist eine ganze Reihe echt volkstümlicher, frischer Personifikationen verwendet. Die Gesamtheit der Reformationsideen personifiziert der große Lutherische Narr, aus dem der Narrenbeschwörer allerlei Verkörperungen der Bestrebungen und des Treibens der Reformationsfreunde herausholt. Hierzu kommen noch weitere lebendige Figuren als Repräsentanten reformatorischer Zeiterscheinungen. Aus diesen Elementen bildet sich das Kriegsvolk, das unter Luthers Führung ausrückt und die Hauptfeste vergebens berennt. Schließlich wird der Schloßwart Murner, der sie hartnäckig verteidigt, durch Versprechungen zum Friedensschluß bewogen und erhält Luthers Tochter (die reformierte Kirche) zur Ehe, die er aber noch am Hochzeitsabend wegen ihres Grindes mit Stockschlägen verjagt, da kein Sakrament ihn bindet.

Erstarrt, aber ihrer Bildung nach echt volkstümlich sind die Personifikationen der abstrakten Begriffe Ehrsucht und Neid:[2]) Sie wellendts für ein erhart han MS 1002; ich weiß, das ich ein nythardt hab Mit disem bůch vff mich geladen SZ (B) Vor. 121 f.; So zeigt er myr seyn neidhart feyl SZ 30₃₂ f. Murner nennt ferner auch, den abstrakten Begriff der Unzufriedenheit personifizierend, eine frow selten frid: Und bringst frow selten frid mit dir SZ 18₁₁; Liebe gevatter, seltenfridt SZ 18₁; Du vnd selten frid zů samen SZ 18₂₀.

[1]) Vgl. Kurz LN, S. XXXVI.
[2]) Vgl. Zarncke zu NS 53 c.

Die allegorischen Gestalten Frau Venus und Frau Scham, die in GM auftreten, sind Personifikationen gelehrten Ursprungs, kehren aber nichtsdestoweniger im volkstümlichen Schrifttum des ausgehenden Mittelalters häufig wieder, wo sie in der Regel ganz farblos und hölzern auftreten. Murner führt in seiner Gäuchmatt, die viel alten treaditionellen Minnestoff birgt und als „eine groteske Verzerrung der letzten ritterlichen Ideen, der Minnehöfe, des Venustriumphes" betrachtet werden kann, Frau Venus und Frau Scham geschickt in dramatischer Gegenständlichkeit vor. Die Behauptung,[1]) Frau Scham sei ganz farblos gehalten, wird man zurückweisen müssen, wenn man die steifen und trockenen Rollen vergleicht, die diese allegorischen Figuren in der damaligen Literatur spielen. Die Fastnachtspiele des 15. und 16. Jahrhunderts, das Liederbuch der Klara Hätzlerin und Laßbergs Liedersaal bieten genug Beispiele. Holbeins Holzschnitt zu Murners GM 313 ff. stellt zwei leidenschaftlich erregte Frauen dar. Die eine, Frau Scham, ist geistlich gekleidet und wendet sich demonstrierend Frau Venus zu, welche in weltlicher Tracht, einen Gauch in der Hand haltend, dargestellt ist. Frau Scham nimmt Abschied von der Erde und klagt in längerer direkter Rede (V. 313—467) über die Sittenverderbnis in der Frauenwelt, aus der sie vertrieben werde. Nun tritt Frau Venus auf (V. 468—651), sich rühmend, daß sie jetzt die Welt regiere. Alles sei ihr untertan, sie gewähre aber auch sicheren Lohn, während Frau Scham nur auf unsichere Belohnung im Himmel vertrösten könne.

Hierzu kommt noch eine umfangreichere Gruppe erstarrter Personifikationen, die kaum noch als solche empfunden werden. Murner lokalisiert mit Vorliebe die Seelenzustände in verschiedenen Körperteilen und stellt sie dem Menschen als wirkende Mächte gegenüber. Diese Stileigentümlichkeit der Murnerschen Satiren beruht auf alter Tradition. Schon in den mhd. Kunst- und Volksepen erscheint das Herz wie bei Murner häufig als Träger der Gefühle und Leidenschaften, als Sitz des geistigen Lebens überhaupt.[2]) Ich greife aus den Murnerschen Satiren nur wenige Beispiele heraus: So ist ir hertz im bad gewesen SZ 10_{16}; myn

[1]) Vgl. Schatz a. a. O. S. 69.

[2]) Vgl. R. Galle, Die Personifikation Diss. Leipzig 1888, S. 38.

hertz lydt grosse not NB 93$_{72}$; het eins vatters hertz genummen NB 7$_{2}$; An gottes statt myn sündt üch clag Vnd üwerm frummen hertzen sag NB 95$_{43}$ f.[1]) Ganz selten erscheinen die abstrakten Begriffe Seele und Gemüt als Sitze des geistigen Lebens, ersterer nur in formelhafter Verbindung mit „Leib",[2]) z. B.: So erschrickt myn sel vnd lyb darab NB 5$_{68}$. Verblaßte Personifikationen wie: Mich zwang groß hoffart zů der dadt GM 3825 oder Ein schrecken in die weiber falt LN 1165, sind in Murners Satiren sehr häufig verwendet. Solche Personifikationen sind auch in unserer Schriftsprache ganz gewöhnlich.

Nachdem es sich herausgestellt hat, daß Murners Stil neben der großen Menge des damals umlaufenden traditionellen, erstarrten Materials auch lebendige und volkstümlich-frische Personifikationen aufweist und sich in dieser Hinsicht von dem allgemeinen Zeitstil vorteilhaft abhebt, kann ich dem auf mangelhafter Basis beruhenden Urteil von Schatz,[3]) auch hier zeige sich die charakteristische Neigung des Dichters die Affekte zu reduzieren, nicht zustimmen.

---

[1]) Vgl. Schatz a. a. O. S. 47 ff.

[2]) Galle a. a. O. S. 47.

[3]) a. a. O. S. 69.

Fünftes Kapitel.

Gefühlston und Stimmungsgehalt der Sprache Murners.

I. Kritische Bemerkungen.

Die einschlägige Stiluntersuchung von H. Schatz, die über die Stimmungen und Affekte in Murners Dichtungen handelt und des Dichters und Menschen Charakter und innerstes Wesen „nach dem Objektivsten, was uns Murner bietet, nach dem Stil seiner Dichtungen" bestimmen will, stellt eine wunderliche Abart von Philologie dar. Der Verfasser wagt sich an eine psychologische Stilanalyse heran, ohne sich mit den Grundprinzipien der Sprach- und Stilgeschichte vertraut zu machen, die durch J. Keller[1]) und vor allem durch W. Wundt[2]) eine gediegene psychologische Vertiefung erfahren haben. Er fahndet in einer einseitigen Weise mit unzulänglichen Mitteln nach dem Menschen Murner, den auch namhafte Forscher wie Zarncke und Scherer verkannt haben. S. 8 f. schreibt er z. B.: „Es ist von Wichtigkeit festzustellen, welche Bedeutung die einzelnen Ausdrücke bei Murner haben, ob er die Affekte nach ihrer Intensitätsstufe sondert, oder ob er sie nur nach dem allgemeinen qualitativen Charakter des Gefühls benennt ohne Rücksicht auf die Stärke desselben. Daraus werden sich Rückschlüsse auf sein eigenes Gefühlsleben ergeben. Wenn wir nun daran gehen, bei einzelnen Ausdrücken festzustellen, welcher dieser Kategorien (Stimmungen, Affekte, Leidenschaften) sie einzureihen sind, so waren für uns maßgebend die Gefühle, von denen die Menschen, auf die Murner das betreffende Wort anwendet, tatsächlich beseelt sind, und die wir aus dem Zusammenhang der Stelle, in der das Wort erscheint, erschlossen haben. Durch die Ausdrücke selbst

---

[1]) Grundlinien zu einer Psychologie des Wortes und Satzes. Mannheim 1907.
[2]) Völkerpsychologie Bd. I: Die Sprache, Leipzig 1904.

dürfen wir uns nicht leiten lassen, denn es wird sich offenbaren, daß sie manchmal nur eine Art metaphorischer Umkleidung darstellen und den wirklichen Seelenzustand nicht prägnant zum Ausdruck bringen." Ich frage: Ist hier die Voraussetzung des so vielfach falsch zitierten und mißverstandenen Wortes von Bossuet „le style c'est l'homme" überhaupt berechtigt? Schatz stellt sich diese Frage nicht, er nimmt einfach an, daß aus jedem Stil das Seelenleben des Dichters mit Sicherheit erschlossen werden kann. Im ersten Kapitel dieser Arbeit glaube ich aber gezeigt zu haben, daß dies bei Murner nicht ohne weiteres geschehen kann. Es darf nur die besondere Gefühlseinstellung, die der Zeitstil durch Murner erfahren hat, für die Einschätzung seiner Individualität ausgebeutet werden. Es sind also die Eigentümlichkeiten dieses Zeitstils erst festzustellen und auszuscheiden. Diese Arbeit hat sich aber Schatz geschenkt. Das historisch-vergleichende Element ist in seiner Untersuchung ganz ausgeschaltet; der Verfasser glaubt durch empirische Stilbeobachtung allein schon zum Ziele zu kommen. Für ihn ist also der subjektive Eindruck maßgebend, den er jetzt im 20. Jahrhundert in norddeutschem Milieu von den Ausdrucksformen eines alemannischen, volkstümlichen Satirikers des 16. Jahrhunderts empfängt. Es ist mir völlig rätselhaft geblieben, wie Schatz die Gefühle ermittelt, von denen die Menschen, auf die Murner den Ausdruck anwendet, „tatsächlich" beseelt sind. Was er aus den betreffenden Stellen herausliest, ist doch rein subjektiver Eindruck. Er postuliert einfach einen der drei Intensitätsgrade und baut auf diesen unsicheren Boden die Untersuchung vollständig auf, gar nicht darnach fragend, ob die gemeinen Leute um 1500 in Alemannien denselben Eindruck von den Murnerschen Ausdrucksformen gewonnen haben. Abraham a Santa Clara erscheint uns Modernen in seinen Schriften als ein guter Spaßmacher, als ein Possenreißer auf der Kanzel. Es wäre aber grundfalsch, wenn wir annehmen wollten, daß seine Zuhörer nicht auch erbauliche Eindrücke von diesen Kanzelvorträgen erhalten konnten. Der Umstand, daß auch seine Leichenreden nach unserem Empfinden komische Elemente enthalten, zwingt uns zu der Annahme, daß diese Elemente jene Menschen nicht zum Lachen reizten, sondern von ihnen nur als eine gewählte Zierde ernsthafter Rede betrachtet wurden. Bei solchen Anlässen kann und darf niemand lachen, alle Menschen aller Zeiten geberden sich dabei ernst.[1]) R. Heinzel[2]) illustriert an Scherers Hinweis auf die Trauerreden den naturwissenschaftlichen Charakter seiner Forschungsmethode mit den Worten: „Das ist doch ganz, wie wenn der Physiker ein Phänomen, das er akustisch nicht beobachten kann, in eine Erscheinung für das Auge umsetzt, als welche es ihm Rede stehen muß." Das Umsetzen von Gefühlsklängen eines uns fremden Stils, das bei Abraham a Santa Clara notwendig ist, kann bei einer psychologischen Analyse von Murners Stil unmöglich entbehrt werden. Dieser Mangel entwertet die Untersuchung von Schatz vollständig. Mit modernem Stilgefühl läßt sich der Gehalt einer fremden Sprache nicht ausschöpfen; ein historisch gut geschultes Nachempfinden ist unbedingt erforderlich.

Ein weiterer methodischer Grundfehler kommt hinzu. Die Rückschlüsse auf Murners Seelenleben stützen sich nur auf das nach der eben charakterisierten, unwissenschaftlichen Methode erschlossene Unterscheidungsvermögen bei der Wortwahl. Diese Rückschlüsse wären nicht zwingend, auch wenn das Unterscheidungsvermögen auf einwandfreiem Wege festgestellt würde. Denn ein mangelhaftes oder vorzügliches Unterscheidungsvermögen sprachlicher Ausdrucksformen für verschieden starke Affekte ist keineswegs der direkte Exponent oberflächlichen oder tiefen Seelenlebens, sondern wird in nicht geringem Maße von der Sprachgewandheit, Bildung und allerlei psychologischen Assoziationsvorgängen mitbestimmt. Schatz (S. 44) behauptet ohne jede Einschränkung: „Wer das Leid in der Tiefe seiner Seele empfunden hat, wird imstande sein, die Affekte nach ihrer Stärke und Qualität durch die Wortwahl zu scheiden." Das mag bei dem Gebildeten zutreffen, der über eine freie, gewandte Sprache verfügt, logisch denkt und abwägt und den Affekt beherrschen kann, bei dem gemeinen, mehr phantasierenden als logisch denkenden Mann, der sich festgeprägter, volksläufiger Ausdrucksformen bedient und im

---

[1]) Vgl. W. Scherer, Vorträge und Aufsätze zur Geschichte des geistigen Lebens in Deutschland und Österreich, Berlin 1874, S. 144 ff., bes. S. 185 f.

[2]) Kleine Schriften hsg. von M. H. Jellinek und C. von Kraus, Heidelberg 1907, S. 142.

starken Affekt Sprache und Fassung verliert, trifft es aber sicher nicht zu. Wenn Schatz die Oberflächlichkeit von Murners Seelenleben aus dem mangelhaften Unterscheidungsvermögen verschieden starker Affekte erschließt, so verkennt er die volkstümliche Apperzeption eines dichtenden, leidenschaftlich bewegten Volksmannes und das hyperbolische Gepräge eines Stils, der mit aller Wucht auf die satirische Verzerrung und Steigerung der Affekte hinstrebt und eine durchgehende, saubere Scheidung der Intensitätsgrade durch den sprachlichen Ausdruck einfach unmöglich macht. Es ist leicht zu begreifen, daß das Resultat der nach dieser Methode angelegten Stiluntersuchung willkürlich und subjektiv werden mußte, daß eben das herauskam, was herauskommen sollte: eine Verallgemeinerung von W. Kaweraus[1]) subjektivem Urteil. Das verspricht schon die Einleitung seiner Arbeit (S. 5 f.).

Kawerau spricht Murner Glaubensmut und religiöse Begeisterung ab und schreibt ihm ein oberflächliches Empfindungsleben und unlautere, frivole Gesinnung zu. Dazu verleitet ihn in der Hauptsache die hohe Verehrung, die er Luther zollt, dessen größter und erbittertster Feind unser Bettelmönch gewesen ist. „Ihm blieb der Franziskaner stets der Gegner Luthers, an Luthers Werk und Eigenschaften maß er den unter völlig anderen Gesichtspunkten sich erschließenden Murner.“ [2]) Dieser erscheint ihm als ein „Mönch, der in seiner Zelle Luthers siegesfrohe Kampf- und Sturmschriften las, ohne je selbst von jenen Gewissensnöten gepackt und geschüttelt worden zu sein, die dem Wittenberger Augustiner so flammende Worte auf die Lippen gelegt, (als) der Mönch, der alle die Schäden und Gebrechen der Kirche und des Klerus, welche die Seele jenes in hellem Zorn hatten aufbrennen lassen, nur als Spötter dem Gelächter seines Publikums preisgegeben hatte“.[3]) Szamatólski hat in seiner trefflichen Untersuchung von Huttens deutschem Stil[4]) die übliche Parallelstellung mit

[1]) Thomas Murner und die Kirche des Mittelalters, Halle 1890; Thomas Murner und die deutsche Reformation, Halle 1891. (Schriften des Vereins für Reformationsgeschichte Nr. 30 und 32.)

[2]) Bruno Hennig, Mitteilungen aus der historischen Literatur, hsg. von Ferdinand Hirsch, N. F. 41 (1913), S. 404.

[3]) Zitiert von Schatz a. a. O. S. 6.

[4]) Vgl. QF 71, S. 1 ff.

Luthers Sprache aus guten Gründen scharf verurteilt, weil sie notwendigerweise bei der herrschenden Schwärmerei für die wissenschaftlich noch nicht durchforschte Sprache des großen Reformators zu Vorurteilen führen muß. Was dieser Forscher bei einer Beurteilung der Sprache von Luthers Gesinnungsfreund für unzulässig erklärt, muß unbedingt bei einer Beurteilung der Sprache des größten, vielgeschmähten Lutherfeindes gefordert werden. Kawerau bringt aus der Gefühlswelt Luthers die Maßstäbe für die Bewertung der Gefühlswelt des Gegners mit, ohne auf den grundverschiedenen Volkscharakter nur die geringste Rücksicht zu nehmen. Die Losung der Literatur: „Hie Teufel, hie Narr!" hätte schon die rechten Wege weisen müssen. Kawerau blieb aber das Empfindungsleben des elsässischen konservativen Bettelmönches fremd, er verkennt die stammestümlichen Stileigenheiten dieses alemannischen Satirikers vollständig. Wer Murner gerecht werden will, muß vorurteilsfrei in seine Vorstellungs- und Gefühlswelt eindringen können und darf nicht aus anderem Milieu heraus das Fremde von außen betrachten. Kawerau kann nicht verstehen, daß Murner bei der alten Kirche, deren Schäden er in den Satiren rügte, hätte bleiben können, wenn er tief und warm gefühlt hätte, wenn ihm ein fester Glaubensmut und die reine Flamme religiöser Begeisterung und untadelige Lauterkeit der Gesinnung nicht ganz gefehlt hätten. Dieser Schluß auf ein oberflächliches, leichtes religiöses Seelenleben ist ungerecht. Die Erforschung des elsässischen Humanismus hat gezeigt, wie zähe gerade tief religiös empfindende Naturen an der kirchlichen Überlieferung festhielten, trotz der überaus scharfen Kritik, die sie vor Luthers Auftreten an der alten Kirche übten.[1]) Einen ungestümen Glaubensmut kann man diesem wackeren Kämpen der alten Kirche nicht abstreiten; fest und treu stand er bis zum letzten Atemzug auf katholischer Seite, ein stets kampfbereiter christlicher Ritter und mutiger Glaubensheld.[2]) Wir müssen ihm glauben, wenn er in seinem volkstümlichen, innigen

---

[1]) Vgl. Gustav Wolf, Quellenkunde der deutschen Reformationsgeschichte. Bd. 1: Vorreformation und allgemeine Reformationsgeschichte. Gotha 1915, S. 321.

[2]) Über den christlichen Ritter auf Seiten der Glaubensneuerung vgl. Erich Schmidts für das Berliner Luther-Denkmal gehaltenen Vortrag, Charakteristiken II[2] (1912), S. 1 ff.

Streitgesang „Ain new lied von dem vndergang des christlichen gloubens“ (1522) in warmem Tone bekennt:

Ich red das als für mein person
und main ich tů im recht,
daß ich beim alten glauben ston,
die neurung widerfecht
und tů als tůt ain redlich man,
dem man ain schloß empfilt:
so lang ich mich geweren kan
bruch ich das schwert und schilt.[1])

Die Badenfahrt klingt im Abschnitt „Der baderin dancken“ in ein inniges, begeistertes Marienlob aus. Kawerau[2]) meint, von religiöser Begeisterung und warmer Marienverehrung könne keine Rede sein, es spreche aus diesen Worten das Heimatsgefühl des Straßburgers, es erklinge hier das Lob auf das herrliche Münster, dessen Schutzpatronin Maria ist. Dagegen ist zu bemerken, daß das Lob auf das Münster nur nebenbei eingeflochten ist, daß die Stelle als ein Preis Mariens unbedingt aufgefaßt werden muß und daß mehrere Umstände zu der Annahme zwingen, daß Murner tatsächlich ein begeisterter Marienverehrer war. Oberehnheimer Urkunden zufolge hat Murner in der Zeit von 1530 bis 1537, obschon er Pfarrer an der Kirche St. Johann war, doch wöchentlich Messen in der Liebfrauenkapelle gelesen.[3]) Der Franziskanerorden, dem er angehörte, kultivierte wie kein anderer Orden die Marienverehrung und trat gegen die Dominikaner in hartem Kampfe für das Dogma von der unbefleckten Empfängnis Mariens ein.[4]) Auch die Laienwelt huldigte in jener Zeit der Rosenkranz-

---

[1]) L. Uhland, Alte hoch- und niederdeutsche Volkslieder Nr. 349, Str. 30; vgl. hierzu LN 3507 ff. und Spaniers Urteil, Z. f. d. Ph. 26, S. 217 f.; ferner Murners noch nicht nach Gebühr gewürdigte Schrift: Von Doctor Martino luters leren vnd predigen, Das sie argwenig seint vnd nit gentzlich glaubwirdig zů halten (Straßburg 1520), Neudruck von E. Voß: The Journal of English and Germanic Philology VI (1906/7), p. 341 ff., bes. 343.

[2]) Thomas Murner und die Kirche des Mittelalters S. 61.

[3]) Vgl. J. M. Gyß, Urkundl. Geschichte der Stadt Oberehnheim. Straßburg 1895, S. 551.

[4]) Vgl. P. Pauwels, Les Franciscains et l'Immaculée Conception, Malines 1904.

bruderschaften, angeregt durch das Baseler Konzil vom Jahre 1439, in überschwenglichem Maße dem Marienkultus, der in zahlreichen elsässischen Marienliedern schöne Blüten trieb. Es sei nur an Wimpfelings „De triplici candore Mariae“ und an Seb. Brants „Ave salve gaude vale“ erinnert. Den Höhepunkt ihrer Entwicklung erreichen diese Mariengedichte in J. Baldes Lyrik im 17. Jahrhundert. Es wäre zu verwundern, wenn ein elsässischer Franziskaner dieser Strömung ferngestanden hätte. Fast in allen Dichtungen und Schriften Murners finden sich Bemerkungen, Verse und Stellen, die für seine innige Marienverehrung und seinen starken, lebendigen Glauben untrügliches Zeugnis ablegen. Kawerau konstatiert aber überall oberflächliches religiöses Seelenleben. Das wird ihm nicht schwer, nachdem er von der „Badenfahrt“ behauptet hat: „nirgends ist ein eigentümlicher Zug seines (Murners) religiösen Sinnes wahrnehmbar“.[1])

Schatz sucht das absprechende Urteil dieses Forschers zu verallgemeinern und glaubt nicht nur im religiösen, sondern auch im gesamten Seelenleben Murners Oberflächlichkeit der Empfindung entdecken zu können. So trägt er in seine Arbeit ungerechte Vorurteile eines Geschichtsforschers hinein, der von den religiösen Parteikämpfen ausging, die den Weg zu einer gerechten Würdigung Murners zu versperren scheinen. Viel sicherer und gerechter gestaltet sich dagegen das aus Untersuchungen von Murners eigentlichen literarischen Werken gewonnene Urteil des Literarhistorikers,[2]) dessen Forschungsgebiet dieser Satiriker doch in erster Linie angehört.

II. Der Stimmungsgehalt des Stils.

Es soll im folgenden der Stimmungsgehalt aufgezeigt werden, den die vielen volkstümlichen Elemente dem Ganzen zuführen. Die einzelnen Stilmittel sind nur periphere konkrete Partikelchen, in denen die dem Ganzen innewohnende Stimmung nach Ausdruck ringt.

[1]) Thomas Murner und die Kirche des Mittelalters S. 61.

[2]) Hierfür sprechen die liebevollen Würdigungen, die Murner zuerst gerade durch evangelische Forscher erfahren hat.

Herbheit und Derbheit, das ist der Eindruck, den Murners Stil zunächst auf den Leser macht. Fleißige Lektüre der Murnerschen Satiren rät Lessing allen an, welche die deutsche Sprache in ihrem ganzen Umfang kennen lernen wollen. Er sagt: „Was die Sprache Nachdrückliches, Derbes, Anzügliches, Grobes und Plumpes hat, kann er nirgends besser zu Hause finden als in ihnen.“ [1]) Dieses Urteil trifft zu. Nachdrückliche Stilelemente konnten im zweiten Kapitel in ansehnlicher Menge zusammengestellt werden. Hierzu treten wegen ihrer inhaltlichen Werte noch viele andere Stilelemente, die in anderem Zusammenhang behandelt wurden. Alle Elemente der Murnerschen Sprache atmen den kräftigen, herben Hauch frischen Lebens. Rohe und niedrige Wörter sind nicht gemieden, gemeine und nach unserem Empfinden unflätige Ausdrücke sind nicht selten. Es sei nur auf die abscheulichen Flüche, groben Schimpfwörter, maßlosen Hyperbeln, obszönen Redensarten und zynischen Wendungen und derben Witze hingewiesen. Die grobianische Lebensstimmung verdichtet sich in allen Stilelementen. Bald erscheint sie mehr in der äußeren Schale, bald steckt sie tief im Kern. In einem Jahrhundert, das sich Sankt Grobianus und Sankt Schweinhardus zu Schutzheiligen erkoren hat, kann es nicht anders sein. Murner ist ein Kind seiner Zeit und verdient den althergebrachten Tadel nicht, den neuerdings wieder Bebermeyer aussprach, wenn er urteilte: „Daß er selbst im stillen Freude an seinen Zoten und unflätigen Redensarten gehabt, halte ich für sicher.“ [2]) Das Vergnügen an Derbheiten nehme ich Murner nicht übel; er war eben nicht anders geartet als alle die robusten, lachlustigen Volksmänner jenes derben und rohen Zeitalters. Von der Derbheit der Schwänke, die damals selbst ernste und gelehrte Männer erzählten, zeugt ein Brief des Kanonikus Peter Schott, der am 7. August 1481 aus Wildbad an Geiler gerichtet ist.[3]) Noch in viel späterer Zeit war in der volkstümlichen Predigt ein Ton möglich, der dem Stil Murners, was Saftigkeit, Derbheit und Possenreißerei anbelangt, durchaus in nichts nach-

---

[1]) G. E. Lessings sämtliche Schriften, hsg. von Lachmann-Munker, Bd. 16 (1902), S. 329 f.

[2]) a. a. S. O. 70.

[3]) Lucubratiunculae fol. 12b.

steht. Ich nenne, um nur ein Beispiel anzuführen, den Pfarrer Sperer, den bekannten fränkischen Bauernprediger, einen unerschrockenen Vorkämpfer evangelischen Wesens.[1]) Ich habe aber in den Satiren nicht eine einzige Stelle finden können, wo Murner absichtlich und aus reiner Freude am Schmutz im Kot gewühlt hätte. Maßlose Derbheit, die nach unserem Empfinden oft ins Frivole und Unflätige überfließt, ist der Murnerschen Sprache eigen, nie aber ist sie Zweck und Ziel der Darstellung. In Einzelheiten tritt frivole Gesinnung nirgends nachweisbar hervor. Das gibt selbst Kawerau, der Murner reine Lust am Schmutzigen vorwirft,[2]) nach den Ausführungen Spaniers (PBB 18, S. 1 ff.) zu: „Man kann wohl bei den Einzelheiten mit Erfolg die frivole Absicht bestreiten" (Kawerau im Euphorion 1 (1894) S. 800). Er glaubt aber, trotzdem sein Urteil aufrecht erhalten zu können, und fährt fort: „aber für das sittliche Endurteil entscheidet, ich wiederhole es, der Gesamteindruck, und auch hier ist es der Ton, der die Musik macht". Das Ablauschen dieser „Musik" über vier Jahrhunderte und weite Strecken deutschen Landes hinweg ist aber ohne Zweifel ganz subjektiv, die Töne sind erraten, aber nicht tatsächlich vernommen. Zu Murners Zeit hörten die Menschen mit weniger empfindlichem Ohr, hatten stärkere Nerven und empfanden anders als wir in unserem Milieu. Man hielt damals vieles für ganz natürlich und erlaubt, was wir heute als roh, unsauber und anstößig verwerfen. Murners ätzende Satire, die mit beispielloser Deutlichkeit und Schärfe auch die heikelsten Seiten der Verderbtheit von Menschen und Einrichtungen geißelt, darf bei der Beurteilung nie und nimmer von der zeitgeschichtlichen Bedingtheit losgelöst werden; denn auch hier gilt das Wort des Erasmus im Eingange des Hyperaspistes: „Postremo sic aliquando mecum cogitabam, quid si Deo visum est corruptissimis horum temporum moribus tam saevum dare medicum, qui sectionibus et usturis sanet, quod potionibus et malagmatis non poterat." [3])

[1]) Man vergleiche seine urwüchsige, im Wortlaut mitgeteilte Kirchweihpredigt bei: K. Simon, Joh. Friedr. Sperer, Pfarrer zu Rechenberg (1678–1720), Blätter für württembergische Kirchengeschichte 12 (1908), S. 148 ff.

[2]) Vgl. Thomas Murner und die Kirche des Mittelalters S. 71.

[3]) Opera omnia (Lyon 1706), Bd. X 1251.

Scherz und Ernst wehen durch alle Satiren. Es sind keine ernsten Moralpredigten. Murner ist viel heiterer als Brant und Geiler. Alles Schwerblütige und Schwerflüssige ist seiner Natur fremd. Behagliche, üppige Narrenfreude, Lachlust und Leichtsinn drängen in seinen Narrendichtungen[1]) den Ernst oft ganz in den Hintergrund. Die Sünde erscheint als Narrheit, Ironie und Spott tönen aus jedem Kapitel. Selbst der sittenrichtende Dichter hüllt sich ins Narrenkleid und nimmt an dem tollen Treiben in der Dichtung teil. Nur an wenigen Stellen zieht er die Narrenkappe ab, um sein ernstes, bekümmertes Antlitz länger zu zeigen. Kaum hat er im Ernste gescholten, so fliegt ihm schon wieder ein spöttisches Lächeln um den Mund. Obschon in dieser Mischung von Scherz und Ernst der Scherz stark überwiegt, so kann doch nicht geleugnet werden, daß Murner auch kräftige Töne sittlicher Entrüstung zu Gebote stehen.[2]) Wo nicht der grobe, ernste Ton scheltender Rüge untermischt mit Flüchen, Scheltworten und Verwünschungen vorherrscht, werden in meisterhafter Satire, die oft in Genrebildchen und dramatischen Szenen und Situationen mimischen, indirekten Charakter annimmt, in gegenständlicher, lebensfrischer Darstellung die Torheiten und Lächerlichkeiten des leichtsinnigen Lebens vorgeführt. Dadurch kommt in ganze Partien ein urwüchsiger Humor hinein, der seinesgleichen sucht, und an vielen Stellen erscheint das Verkehrte und Unvollkommene mehr belachens- als verdammenswert. Scherer[3]) hat Murner eigentlichen Humor abgesprochen: der Mönch erschien ihm zu „bösartig, wütend und wild". So bös und unnahbar ist nun der Satiriker doch nicht. An Stellen wie NB cap. 6, 31, 93, 95 trifft

---

[1]) Zum „narren machen" hat unsern Satiriker Brant veranlaßt. Sein NS brachte ihn auf den Gedanken allerlei Menschen mit Lastern und Gebrechen als Narren, Schelme, Schwindelsheimer und Gäuche in hellen Haufen zu sammeln und dann einzeln der Reihe nach zu verspotten. LN ist „mit fürsatz vß narrenweiß beschriben worden", der Dichter will sich „der zeit vnd dem markt vergleichen vnd eben der selbig groß mechtig nar sein . . . vnd in der narrenkappen sagen, das . . . sunst zů gedencken vber bliben wer". (Vorrede zu LN, bei Kurz S. 3 f.). In BT und BZ ist die Narreneinkleidung aufgegeben. Hier zeigt sich Murner nicht mehr auf der Höhe seines Könnens.

[2]) Vgl. Spanier, PBB 18, S. 35.

[3]) Geschichte des Elsaß, 3. Aufl. S. 177.

Scherers Urteil sicher nicht zu. Murner hat gerade im Gegensatz zu Brant Humor, seine Satire und sein Witz sind nicht durchgehend bissig.[1]) Das liegt an seiner Kunst, das Lächerliche und Verkehrte dramatisch-gegenständlich in mimischer Darstellung und echt volkstümlicher Frische und Anschaulichkeit vorzuführen. Der Humor steigert sich in den meisten Fällen zu einem übersprudelnden beißend-satirischen Witz, der in unzähligen Antithesen, Hyperbeln, ironischen und bildlichen Redensarten alle Stufen bis zum schärfsten Hohn und Spott durchläuft. Neben harmlose Spässe treten viele rohe Derbheiten. Wir finden witzige Anspielungen auf die niedrigsten Dinge und auf geschlechtliche Verhältnisse. Scherer [2]) urteilt aber zu schroff, wenn er meint, der Witz bestehe oft bloß in dem traurigen Mut, Unflätereien der niedrigsten Sorte mit einem Selbstgefühl auszukramen, als wären es Perlen und Diamanten. Er urteilt zu sehr von seinem aristokratischen Standpunkt aus, ohne sich recht in die natürlich-derben Äußerungen primitiver volkstümlicher Komik einfühlen zu können, die ja auf dem Boden der Ädöologie am üppigsten gedeiht, wie die Volkskunde lehrt. Jene Kraftmenschen, die alles Natürliche liebten, haben sicher anders empfunden als wir. Murners Stil erscheint in ganz anderem Lichte, wenn man die derbe, grobkörnige Art von Männern wie Brant, Peter Schott, Geiler, Wimpfeling, Adelphus Muling und anderen Elsässern jener Zeit kennen gelernt hat.[3])

„Die S p r a c h e d e r L e i d e n s c h a f t steht Murner nicht zu Gebote", so lautet das Resultat der Stiluntersuchung von H. Schatz.[4]) Das hatte Kawerau nicht behauptet; er hielt den Mönch für einen unsittlichen, frivolen Menschen ohne tiefes religiöses Seelenleben. Die Fülle der Stilelemente, die ich im dritten Kapitel zusammengestellt habe, verleiht dem Stil geradezu einen leidenschaftlichen Charakter. Die Hast und Unruhe, die Murner wie viele andere Zeitgenossen im Leben herumjagte und herumwarf, spiegelt sich auch klar in der Sprache. Flüche, fluchartige Umschreibungen, Schimpfwörter, Ausrufe und Zwischenfragen geben der Darstellung

---

[1]) Vgl. Spanier, PBB 18, S. 33.

[2]) a. a. O. S. 167.

[3]) Siehe Ott, a. a. O. S. 96 ff.

[4]) a. a. O. S. 162.

einen stark erregten Ton. Es ist auffällig, daß Schatz diese Stilelemente ganz aus seiner Untersuchung ausschließt. Im Hinblick auf Brant u. a. kann ich Murner ein leidenschaftliches Temperament auf Grund seines Stils nicht absprechen. Unser Satiriker ergeht sich ja, wo er den Ton scharfer Rüge anschlägt, in rücksichtslosen, leidenschaftlich hingeschleuderten Zornesworten, die den Bodensatz seiner erregten Seele ans Licht bringen. Der typische Gebrauch etlicher Formeln aus Reimnot tut der Wirkung der großen Menge dieser Stilelemente keinen großen Abbruch.

Naivität und Wärme sind ein weiterer beachtenswerter Einschlag in Murners Stil. Es kommen hier vor allem die vielen zutraulichen Anreden, Diminutiva, Begrüßungs- und Abschiedsformeln in Betracht. Echt volkstümliche, naive personifizierende Anreden lebloser Dinge und abstrakter Begriffe treten hinzu. Über alle diese Stilelemente schweigt sich Schatz ebenfalls aus. Erst am Schluß der Arbeit kommt ihm dieser Mangel zum Bewußtsein und er verspricht in der in solchen Fällen üblichen Weise: „Die subjektive Darstellung der Affekte, wo des Dichters Figuren sich selbst durch ihre eigene Sprache charakterisieren, ohne direkt das zu nennen, was ihr Inneres birgt, so daß sich der Affekt nur verrät in der äußeren Form ihrer Rede, behalten wir einer besonderen Arbeit vor: Dahin gehören auch die Belege, wo in des Dichters Sprache seine eigene Erregung zum Durchbruch kommt. Bei dem lebhaften persönlichen Verhältnis, das Murner zu seinen aufgeregten Narren einnimmt, nehmen Apostrophen, Fragen, Ausrufe einen breiten Raum ein. Aber diese Stilformen bleiben hier außer Spiel." [1])

Tiefe Gefühlstöne anzuschlagen bietet sich in einer Satire, deren Grundstimmung sich aus Narrenfreude, Witz und Ironie zusammensetzt, wenig Gelegenheit. Es ist aber damit nicht gesagt, daß unter der zeitlich bedingten Narrenkleidung der Sprache nicht doch ein tiefempfundener Kern stecken kann. Schatz begeht einen methodischen Fehler, wenn er von der Beschaffenheit dieses volkstümlichen sprachlichen Narrenkleides direkt auf den Charakter des Satirikers schließt, der es bei dem Narrenaustreiben anzieht.

[1]) Vgl. S. 159. Möge Schatz sein Versprechen besser halten als Stirius und M. Rieß, die den versprochenen zweiten Teil ihrer Murnerstudien nachzuliefern vergessen haben!

Zudem wirft diese Narrensprache die Ausdrucksformen für schwache und starke Affekte nicht so wahllos durcheinander, wie Schatz gerne beweisen möchte. Es sei gestattet, an einem Beispiel zu zeigen, wie er gearbeitet hat. Er behauptet u. a., daß Murner das stärkere Wort „Herzeleid“ von dem einfachen Wort „Leid“ nicht unterscheidet, weil er oberflächlich fühlt und tiefes Leid in seiner Seele nie empfunden hat. Unter den Belegen führt er das Verspaar an: Daran sie hat ir gröste freyd vnd klagts doch für ir hertzeleid MS 972 f. Es ist hier von der Verstellungskunst der Buhlerin die Rede, die innerlich die größte Freude hat, wenn sie sich einem Liebhaber hingeben kann, äußerlich aber tut, als sei es ihr von Herzen leid. Aus den zwei zitierten Zeilen geht allein schon hervor, daß „hertze leid“ als Gegensatz zu „gröste freyd“ gedacht ist und wohl den Wert von „großes Leid“ haben wird. Die Parallele MS 927 f. rechtfertigt diese Annahme. Dort heißt es: War an sie handt die gröste freüd, das clagens für ein cleglichs leyd. „Hertze leid“ darf somit als gleichwertig mit „cleglichs leyd“ erachtet werden. Zu bemerken ist noch, daß hier ein erheucheltes Leid bezeichnet wird; Schatz hat aber (S. 8) versichert, daß nur die Gefühle für ihn maßgebend sind, von denen die Personen „tatsächlich“ beseelt sind. In GM 1036 soll „hertze leyd“ nur das Schmollen der Frau bezeichnen. In der nächsten Zeile heißt es aber: Vnd trurt vnd trurt dag vnd nacht. Hieraus geht hervor, daß Murner von einem tiefen, nachdrücklichen Leid spricht. Es ist ja wahr, daß eine Frau nicht immer so sehr gekränkt wird, wenn der Mann ihre Wünsche nicht erfüllt, aber es gibt doch solche Frauen. Den Typus einer solchen bösen Frau nimmt Murner gerade an jener Stelle in hyperbolischer, satirischer Darstellung vor. — Bei der Bestimmung des Gefühlswertes von dem Wort „Freude“ verfährt Schatz (S. 13) ebenso willkürlich. Das Wort drückt nach ihm hie und da ganz starke Affekte aus, z. B. die Freude im Jenseits (NB 10₉₈, LN 4718, GM 1717). Anderseits konstatiert er aber, daß der Satiriker das Wort auch für ganz schwache Affekte anwendet, nämlich für heitere Lebenslust bei Schmaus und Festlichkeiten und für die Liebeslust, wobei „das Gefühl der Lust nur von sehr schwacher Intensität ist“. Ich wundere mich über diese naive Psychologie des Schmausens und Liebens und nehme an, daß Schatz willkürlich Intensitätsgrade konstruiert, die nicht vorhanden sind. Auf diese Weise wird das Nebeneinander derselben Ausdrücke für verschieden starke Affekte nachgewiesen und daraus auf die Oberflächlichkeit des Empfindens geschlossen (S. 19 f.). — Ich gebe zu, daß Murners Satirenstil verhältnismäßig wenig tiefe Gefühlstöne besitzt. Das liegt aber am Charakter der Satire, die auf Willensbewegung gerichtet ist, starke Reizmittel erheischt und sich notwendigerweise von der Gemütsinnerlichkeit losmachen muß. Daß Murner auch anders kann, bezeugt sein Marienlob in der Badenfahrt und das gefühlvolle, innige Lied vom Untergang des Glaubens,[1]) das er einen blinden Sänger lehrte, der es weithin im Lande herumsang, wie einst der blinde Barde Bernlef die christlichen Psalmen. Aber auch in den Satiren finden sich Stellen, wo der Dichter die Narrenkappe wegnimmt und im Ernst seinem gequälten Herzen Luft macht. Verse wie: We dem, der in den alten tagen seinen eltern will das hertz abnagen Vnd tag vnd nacht ir gůt abschinden (MS 448 ff.), sind in den Satiren doch nicht selten.

III. Der volkstümliche Charakter des Stimmungsgehaltes.

Die Grundtöne von Murners Satirenstil entsprechen, wenn wir von den Intensitätsgraden absehen, der stammestümlichen Bewußtseinseinstellung und Gefühlshaltung breiter Volksschichten in der tiefbewegten Zeit, die des Elsaß goldenes Literaturzeitalter[2]) heraufgeführt hat. Aus der geschichtlichen und kulturellen Entwicklung der Lande am Oberrhein ist in erster Linie das Werden und Wesen einer spezifisch elsässisch-alemannisch gefärbten Denk- und Empfindungsweise zu erklären. Sebastian Frank bezeichnet in seinem Weltbuch (1534, fol. 62 b) als hervorstechende Eigenschaften des elsässischen Volkscharakters Gastlichkeit und großen Leichtsinn. Er sagt: „Die Elsässer lieben den Wein und das Wohlleben und jubeln in den Tag hinein, ohne an ein Morgen zu denken.“ So war's um 1500. Da herrschte in Alemannien blühender

[1]) Vgl. Spanier, Z. f. d. Ph. 26, S. 217 f.

[2]) Treffend charakterisiert von Cl. Bäumker, Der Anteil des Elsaß an den geistigen Bewegungen des Mittelalters. Straßburg 1912, S. 8.

Wohlstand, bedingt durch die unerschöpflichen Bodenschätze und den regen Handel, dessen Entfaltung zwei große Verkehrsstraßen sehr begünstigten. Straßburg war der Schnittpunkt der beiden Handelswege, von denen der eine von Italien nach dem Niederrhein und der andere von Wien über Augsburg nach Paris führte. Aus einem Bauernvolk war im Elsaß schon im 14. Jahrhundert ein vorwiegend wohlhäbiges Bürgertum mit Städten, Großhandel, Gewerbe und Kolonien geworden. Die Städte, die sich nirgends dichter drängten, waren Brennpunkte einer hochentwickelten, beinahe übersättigten Kultur. Ihr Träger war ein behäbiges, materialistischem Lebensgenuß hingegebenes, gesundes Volk voll unverwüstlicher Lebenskraft, ein leichtsinniges, sinnenfreudiges Geschlecht. Mehr als sonstwo überwucherte hier derbe und ausgelassene Narrenfreude den Ernst des Lebens. Daneben machte sich ein starker Zug ins Rohe und sittlich Bedenkliche geltend. St. Grobianus, der elsässische Heilige dieser Zeit, verkörpert die urwüchsige Gesundheit und Derbheit dieses Volkes in seinen ungeschlachten Flegeljahren. Im Einklang mit der Stimmung der leichtlebigen Zeit war im Elsaß das Narrengewand, das Sünden und Gebrechen als belachenswerte Torheiten hinstellte, literarische Mode geworden. Die soziale Voraussetzung der elsässischen Literatur dieser Epoche ist die bürgerliche Kneipe.[1]) Durch die derbe Realistik und lachende Lebensfreude klingen aber doch auch schwermütige Töne, untermischt mit bitterster Ironie. In satirischen Dichtungen, Dramen, Predigten, Chroniken, Volksliedern und in prognostischer Literatur werden pessimistische Stimmen beängstigter Gemüter laut, und neben den Narr tritt mit höhnisch grinsendem Gesicht der tanzende Tod. Scherz und Ernst sind in seltsamster Weise gepaart. Die elsässische Literatur zeigt um die Wende der Zeiten ein ganz eigenartiges Gepräge. Derbheit, Geschmacklosigkeit und tiefen Ernst überwuchernde Narrenfreude sind charakteristische Grundtöne volkstümlicher Ausdrucksformen. Wir finden sie in den Schriften der Elsässer dieser Zeit ohne Ausnahme, bei Pauli, Wimpfeling, Schott, Geiler, Gallus, Gribus, Muling, Brant und Murner, allerdings in sehr verschiedenem Grade.

---

[1]) Vgl. W. Scherer, Gesch. des Els. (3. Aufl.), S. 148 ff.

Allen gemein und von Natur angeboren ist ein etwas unwirscher, eckiger und unausgeglichener Sinn und eine auffallende Neigung und Begabung zu scharfer Satire. Man kann von einer satirischen Richtung im elsässischen Humanismus sprechen.[1]) Diese Elsässer sind praktisch und nüchtern, oft recht grob und zornig,[2]) aber offen und ehrlich, nicht hinterlistig. Hinter der rauhen, knorrigen Außenseite verbirgt sich ein weiches Herz. Die sensitiven Seelentätigkeiten treten aber hinter die verstandesmäßigen und visuellen zurück; scharfe Beobachtungsgabe, witzige Schlagfertigkeit und bildliche Gestaltungskraft sind hervorstechende Eigenschaften. Der elsässische Volkscharakter ist bis heute der gleiche geblieben.[3]) Als die Stammesblüte nach dem Auftreten eines Fischart und Moscherosch verwelkt war, lebten die stammhaften Eigentümlichkeiten in unliterarischen Niederungen, vor allem in der Volkssprache weiter, die in den „Fraubasengesprächen" [4]) und in Arnolds „Pfingstmontag" wieder literarisch wurde. Die Sprache des „Pfingstmontag" gemahnte Goethe an Brant und Geiler, in gewissen Personen entdeckte er „ganz genau die Nachkommenschaft jener würdigen Männer" und fand sich „zu der Betrachtung genötigt, daß Gesinnung und Redeweise sich in Straßburg dreihundert Jahre lang, um nicht länger zu sagen, unverändert erhalten habe".[5]) Seither schoß die elsässische Dialektliteratur üppig ins Kraut, und mit ihr lebte der alte witzig-satirische, derbe und lebensfreudige Geist wieder auf.[6])

---

[1]) Vgl. J. Knepper, Sprüche und Anekdoten aus dem elsässischen Humanismus, Studien zur vergleichenden Literaturgeschichte Bd. 3 (1903), S. 157.

[2]) Eschenburg teilt in seinen „Denkmälern altdeutscher Dichtkunst" (Bremen 1799, S. 417) ein Priamel des 15. Jahrhunderts mit, in dem es u. a. heißt:

„Elsasser schelten, fluchen und schwören.
Die Schwaben überflüssig zehren".

[3]) Vgl. E. Martin, Das Wörterbuch der elsässischen Mundarten (Vortrag). Straßburg 1895, S. 9, 12; ders., Sprachverhältnisse und Mundarten im Sprachgebiet von Elsaß-Lothringen = Das Reichsland Elsaß-Lothringen Bd. 1 (Straßburg 1898 ff.), S. 95; K. Storck, Jung-Elsaß in der Literatur. Leipzig und Berlin 1901, S. 18 f.

[4]) Vgl. W. Bergmann, Straßburger Volksgespräche. Straßburg 1873.

[5]) Goethes Werke, 1. Abt. Bd. 41, 1 (Weimar 1902), S. 165.

[6]) Vgl. J. B. Trenkle, Die alemannische Dichtung seit Johann Peter Hebel. Tauberbischofsheim 1881, S. 51.

Im ausgehenden Mittelalter kamen die Elemente des elsässischen Volkscharakters, die wohl in der eigenartigen keltisch-alemannisch-fränkischen Blutmischung keimhaft angelegt sind, zu voller Entfaltung. Von jeher war im Elsaß Anlaß zur Betätigung und Entwicklung der satirischen Anlage gegeben. Handelsinteressen führten alle möglichen Leute ins Land, besonders zu Messezeiten war der Fremdenzustrom sehr groß. Da konnte der scharfblickende Elsässer die Fremden bewitzeln, an denen jedes Volk gern sein Mütchen kühlt. Zudem reizte gerade im eigenen Land gar manches zum Lachen, zum Spott und zur Kritik. Gärte es doch hier schon längst auf allen Gebieten, im Leben der Bürgerschaften, Städte, Staaten und der Kirche. Da gab es bei dem Hervorbrechen wilder Kräfte und neuer Strömungen viel Absterbendes und Zertrümmertes, viel Risse und Sprünge an der alten Hülle. Infolge der ständigen Machtverschiebungen und des ewigen, unversöhnlichen Haders hatten sich die Bande gegenseitigen Vertrauens gelockert, die Gemüter waren mit der Mißachtung von Menschenleben und fremdem Gut arg verroht. Wilde Leidenschaften regten sich allenthalben, und mehr noch als Glaube und Religion schwanden bei der steigenden Genußsucht und Ausgelassenheit die guten Sitten. Während dieser Zeit war der alte Kampf um die reformatio ecclesiae in capite et membris, der lange genug als ein ungelöstes Problem hingeschleppt worden war, zur Entscheidung reif geworden. Nirgends hatten Gelehrte, Prediger und gemeines Volk seit Jahrzehnten so freimütig und so rücksichtslos mit Spott und Ironie dieses Problem kritisiert und debattiert wie gerade im Elsaß. So ist leicht zu verstehen, daß in der elsässischen Literatur die Satire als zeitgeschichtliche Notwendigkeit das Übergewicht bekommen und eine erstaunliche Höhe erreichen mußte. Sie hüllte sich in eine lange vorbereitete, vom stammhaften Zeitkolorit durch und durch gesättigte Form: in das Gewand der leidenschaftlich bewegten, derben und doch zutraulichen Narrendichtung. In anderen Gegenden, wo eine andere Ethik herrschte, vergegenwärtigten sich die Menschen „die notwendigen und zufälligen Übel der Welt unter dem fratzenhaften Bilde des Teufels". Dort erwuchs die Teufelsliteratur. Luther lebt in einer Welt düsterer Dämonologie, der Teufel spielt in seiner Glaubenswelt und Lebensanschauung eine große Rolle.[1]) Murner ist viel leichtblütiger und heiterer. Er fühlt sich in der ausgelassenen Narrengesellschaft seiner elsässischen Heimat am wohlsten. Der Stil seiner Satiren ist von der derb-realistischen, weltlachenden satirischen Volksstimmung voll gesättigt. Der Stimmungsgehalt ist stammestümlich gefärbt und daher auch echt volkstümlich. Sehr scharf ist bei Murner aber besonders das ausgeprägt, was vorzüglich in den untersten Schichten des Volkes stammhaft lebte und auf Steigerung und schrankenlose Ausprägung im populären Schrifttum harrte. Unser Satiriker kam, seiner besonderen Veranlagung und Neigung und der Auffassung seines Schriftstellerberufes entsprechend, dem Geschmack des gemeinen Volkes in weitgehendem Maße entgegen, mehr als seine Zeitgenossen.

IV. Murners Individualität.

Unsere Untersuchung ist an dem Punkte angelangt, wo eine ungefähre Abgrenzung von Murners Individualität auf Grund des Satirenstils versucht werden kann. Man müßte stilistisch farbenblind sein, wenn man in Murners Satiren nicht die schriftstellerische und menschliche Eigenart durchschimmern sähe. Sein Satirenstil tritt weit aus dem allgemeinen Charakter des volkstümlichen Zeitstils heraus. Bevor ich die Individualität unseres Satirikers beleuchte, führe ich die Punkte vor, an denen wir einen Ausdruck seiner Persönlichkeit nicht finden. Für die Berechtigung dieser Ausführungen spricht ihre Notwendigkeit. Denn eine große Zahl der schiefen Urteile, die über den Menschen Murner gefällt worden sind, beruht gerade auf groben Mißverständnissen der satirischen Ausdrucksformen seiner didaktischen und antireformatorischen Dichtungen. Der volkstümliche Stimmungsgehalt der Satiren kann keineswegs als unmittelbarer Ausfluß von Murners individueller Ethik betrachtet und für sittliche Werturteile ausgebeutet werden. Es ist überhaupt unstatthaft, für die Zeit des ausgehenden Mittelalters eine fest ausgeprägte individuelle Ethik willkürlich anzusetzen und darnach abzuurteilen. Eine individuelle Ethik gab es m. E.

---

[1]) Vgl. M. Osborn, Die Teufelsliteratur des 16. Jahrhunderts = Acta Germanica III 3 (Berlin 1893), S. 4 ff.

zu jener Zeit im gemeinen Volke noch nicht. Um 1500, als die Menschen anfingen den volkstümlichen Herdengeist zu verlieren und egozentrisch auf sich selbst zurückzugehen, entwickelt sie sich erst allmählich und unklar aus der stammestümlichen, konventionellen Ethik heraus. Bestimmtes wissen wir bis jetzt nicht. Sicheren Aufschluß vermag uns nur eine wissenschaftliche Volkskunde dieses Zeitraums zu bieten. So lange eine auf methodisch einwandfreiem Wege gewonnene Gradbestimmung ethischer Verhältnisse im Zeitalter Murners fehlt, schweben alle Verdammungsurteile, die auf Grund der stilistischen Form der Satiren über den mittelalterlichen Mönch und seine Sitten gefällt werden, vollständig in der Luft. Der derbe, uns unsympathische Stil Murners verträgt nur eine volkskundliche, historische Beurteilung, nie und nimmer aber eine ethische oder ästhetische moderne Einschätzung. Murners Sprache kann das Empfinden des gemeinen Mannes, auf den sie wirken wollte, nicht verletzt haben, denn sie war seinem Innersten wesensverwandt, sie war, wie ich zu zeigen versuchte, echt volkstümlich. Da gilt doch der Grundsatz, den der Schlettstadter Stadtbaumeister Stefan Ziegler als künstlerisches Glaubensbekenntnis damals neben dem Meisterzeichen an sein Haus einmeißelte: „Suum cuique pulchrum." Ich wage es nicht, Murners Sprache unflätig und frivol zu nennen, wenn J. Bolte, ein hervorragender Kenner der Volkssprache und des Volkstums jener Zeit, den viel stärkeren Ton, den Frey in seiner „Gartengesellschaft" anschlägt, nur „ein wenig frivol" nennt.[1]) Murners gröbste Witze sind bei ihrer gesunden Natürlichkeit doch noch lange nicht so ekelhaft wie unsere modernen Zoten mit ihrem niederträchtigen Gemisch von Parfüm und Gestank.

Man kann ferner aus der Mischung von Scherz und Ernst nicht auf einen schwankenden Charakter Murners schließen. Jene Zeit war ja ganz auf Extreme und Kontraste eingestellt, das Erhabenste und Niedrigste wurde ohne Bedenken nahe gerückt. Murners Individualität würde ungerecht werden, wer Spanier zustimmen wollte, der schreibt: „Es ist bezeichnend für Murners Charakter, daß bei ihm der Weg vom Erhabenen zum Lächerlichen

---

[1]) Vgl. Boltes Einl. zu der Ausg. von Freys Gartengesellschaft, Stuttg. Lit. Ver. 209. S. XXIX.

kürzer als ein Schritt ist." [1]) Das ganze Mittelalter zeigt dieses ernst-heitere Doppelgesicht. Das ist nicht einmal eine spezifisch elsässisch-alemannische Eigenheit. Die allerderbsten Späße finden sich inmitten religiöser und von tiefernstem Grundton getragener dramatischer Aufführungen. [2]) In der kirchlichen Ornamentik mischt sich bereits im 13. und 14. Jahrhundert eine Unmenge satirischer Drolerien derbster Art ein. Sogar in Gebetbüchern und Bibeln umrahmen ganz unpassende, oft geradezu ekelhafte Verzierungen und Randleisten fromme Bilder und ernste Darstellungen. Man vergleiche z. B. die Illustration der berühmten Wenzelsbibel. [3]) Was im ausgehenden Mittelalter in den Skulpturen der Dome, im Schnitzwerk der Chor- und Beichtstühle und in Fenstergemälden geleistet wurde, ist geradezu unglaublich. [4]) Solche Darstellungen störten den mittelalterlichen Kirchenbesucher nicht. Der fromme Beter konnte laut lachen, wenn auf einem Bilde der hl. Gangolph eine böse Frau zur Strafe sich höchst unanständig betragen läßt, und verehrte doch zugleich die Wunderkraft des Heiligen. Unter diesem Gesichtswinkel haben wir die Mischung von Scherz und Ernst in den Satiren zu betrachten.

Murners kräftige, volkstümliche Ausdrucksweise ist viel witziger und geistreicher, viel freudiger und heiterer als der Zeitstil. Esprit ist die starke Seite unseres Satirikers, nicht Gefühl; das Heitere und Fröhliche, das ein charakteristisches Merkmal franziskanischer Naturen zu sein scheint, ist trotz der vielen bitteren Erfahrungen zeitlebens der Grundton seiner Seelenstimmung gewesen. In Witz und Ironie ist Murner originell. Kein Zeitgenosse kommt ihm nur annähernd gleich, und kein Späterer hat ihn übertroffen. Murner selbst fühlt, daß er viel mehr Witz und Lachlust besitzt als seine Zeitgenossen. Sonst hätte er nicht in einem Briefe an den Reuchlinisten Keilbach bekannt: „ego, ut nosti, measpe natura non sum serius, sed in risum (etiam me de hoc dolente) pronissimus,

---

[1]) Z. f. d. Ph. 26, S. 224.

[2]) Vgl. K. Weinhold, Über das Komische im altdeutschen Schauspiel = Jahrbuch für Literaturgeschichte, hsg. von R. Gosche, Berlin 1865, S. 1 ff.

[3]) Vgl. A. Woltmann und K. Wörmann, Geschichte der Malerei Leipzig 1879, Bd. 1, S. 370; Hubert Janitschek, Geschichte der deutschen Malerei, Berlin 1890, S. 187 f.

[4]) Vgl. Scherer und Lorenz, Gesch. d. Els. 3. Aufl., S. 144.

estque animus ioci perquam ferax et fertilis“ (Arma patientiae 1511). Der witzige, ironische Gehalt von Murners Satiren ist keineswegs „das Haupterbe der quodlibetarischen Literatur“, wie M. Rieß[1]) meint, sondern ein aus dem elsässischen Volkscharakter herausgewachsenes, individuell gesteigertes, selbständiges und ureigenes Produkt, das nur im Ursprung mit dem Geiste des akademischen Quodlibets verwandt ist und wie dieses im alemannisch-elsässischen Volkscharakter wurzelt. Es ist ja bezeichnend, daß zwei Hauptvertreter dieser akademischen Scherzreden, Jodokus Gallus und Bartholomäus Gribus, Elsässer sind. Keiner von diesen reicht aber an Murner heran. Auch Geiler und Johannes Pauli können nicht auf die gleiche Stufe gestellt werden. Geiler, der wegen seines Strebens nach Volkstümlichkeit und wegen des lebendigen, derben Sprechtons Murner sonst sehr nahe steht, ist viel ernster als unser Bettelmönch. Dem Ordensgenossen Pauli fehlt bei aller Derbheit und Heiterkeit der sprühende Witz und die beißende Ironie.

Murners Witz ist objektiv und beruht hauptsächlich auf wirklichkeitsfreudiger, dissonierender Anschauung. Darum ist er echt volkstümlich, er stellt an den Verstand des Hörers nur geringe Anforderungen und verlangt lebhaftes inneres Schauen und rege Phantasietätigkeit, er appelliert weniger an das logische Denken, woran die Volksseele nicht gewöhnt ist, als an die visuelle Seelentätigkeit. Er neigt mehr zum Spott als zu harmloser Kritik. Zur Parodie und Travestie hätte sich Murner nicht geeignet. Zu belustigen, ohne zu spotten, war nicht seine Art. Hie und da erscheint sein Witz in gutmütig angehauchter Form, in der Regel aber ist er beißend-ironisch und stahlscharf, sodaß er sich einbohrt wie Messer- und Nadelstiche. Murner ist ein unübertrefflicher Meister der Ironie. Diese ist das am meisten hervorstechende charakteristische Merkmal seines Satirenstils. Darauf hat schon Kurz mit Recht hingewiesen. In der Einleitung zum LN (S. XXXVII) sagt er u. a.: „Überhaupt ist die Ironie ein Zug in den Murnerschen Dichtungen, der noch zu wenig hervorgehoben worden ist, der aber gewiß alle Beachtung um so mehr verdient, als er sich in den Erzeugnissen jener Zeit gar nicht so häufig findet.“ Den

[1]) a. a. O. S. 3b.

abstrakten Wortwitz liebt Murner nicht, aber in der Situations- und Anschauungskomik kann er sich kaum genug tun. In buntem Durcheinander weiß er ohne Monotonie zu wirken mit den drolligsten Situationen, mit mimischen Partien, mit grellen Kontrasten erhoffter und tatsächlich eintretender Ereignisse und Handlungen, mit unorganischem, kühnem Vereinigen des Widersinnigsten, mit maßlosen Verzerrungen und Übertreibungen, mit den wunderlichsten Metaphern, Bildern und Vergleichen. Vieles hiervon mag damals sprichwörtlich im Volke umgegangen sein. Die heutige elsässische Mundart ist ja noch überreich an volksläufigen derbwitzigen Floskeln und Redensarten. Die Hauptwirkung erzielt Murner aber doch erst durch das geschickte Hineinflechten in den Zusammenhang und durch das geistreiche, witzige Drehen, Wenden und Ausdeuten im Ganzen. Das brachte keiner so fertig wie Murner.

Es erhebt sich nun die für die Bewertung des Murnerschen Seelenlebens bedeutungsvolle Frage, ob diese Komik in den Satiren innere Berechtigung hat oder nicht, ob der Satiriker ein positives Ideal im Herzen trug und mit Lachen, Spotten und Schelten verfocht oder ob er nur ein oberflächlicher Possenreißer war, dem Menschenelend und Menschennot nie ans Herz rührten. Man hat ihn als einen solchen Menschen hingestellt, aber mit größtem Unrecht. Komik und Spott sind Murner nie reiner Selbstzweck, so sehr es ihm auch darum zu tun ist, zu ergötzen und zu unterhalten. Unser Bettelmönch kämpft gegen die Fehler und Sünden seiner Mitmenschen, schmeichelt ihnen aber nicht. Sein Witz übt bittere Satire, er ist gefährlich. Die Pfeile, die er abschießt, sitzen fest und verletzen. Murner mußte das sprachliche Narrenkleid anziehen, wenn er auf das gemeine Volk wirken und sich ihm nähern wollte. Es ist wahr, wenn er sagt: Wer dem vngelerten wil Schreiben, der můß schimpffen fil (SZ Entsch. 19 f.). Der Weisheit letzter Schluß in seinen Satiren ist ein „Erkenne dich selbst!" Der Dichter will das Gewissen erregen, er will haben, daß sich die Narren betroffen fühlen und aufgerüttelt werden: Wurff ich dich mit eim schelmen bein Vnd du woltest schnurren drab, So weiß ich, das ich troffen hab. Darumb ir mich loben solten, Habt ir vnbillich mich gescholten (NB 2_{110} ff.). Murner steht im Dienste einer mächtigen Zeitströmung. Er arbeitet, hingerissen vom großen

Ringen nach Individualität, unbewußt an der Basierung des Lebens auf das Gewissen des einzelnen, an der Begründung einer individuellen Ethik, die er selber noch nicht voll besitzt. Selbsterkenntnis und Selbstbeherrschung war seit den Tagen der ersten gedruckten Bilderbogen, die Sebastian Brant später zu einem revueartigen Ganzen vereinigte, der Zielpunkt der Didaktik. 1480 erschien in Heidelberg schon eine größere Schrift: „Nosce te ipsum", die Jodocus Gallus zugeschrieben wird, und Geiler stellte in der ersten Predigt über Brants NS die Forderung der Selbsterkenntnis klar und deutlich auf. Früher gipfelte die Lehrdichtung in der Ermahnung zu kluger Vorsicht, zum Maßhalten und zur Bedachtsamkeit in Wort und Tat. Es wurde eine praktisch-nüchterne, eudämonistische Moral gefordert, von einer höheren individuellen Ethik hatte man keine Ahnung. Der Grundton der mhd. Didaktik ist ein „Schicke dich in die Welt!" Erst im Freidank klingen die dumpfen Untertöne besser vernehmbar, Brant spricht im NS 58 $_{60}$ ff. die Forderung der Selbsterkenntnis ganz deutlich aus. Das Ringen nach Selbsterkenntnis ist in Murners Satiren wieder stärker entwickelt, es wird mit aller Wucht durch Spott und Hohn auf die Abkehr von der alten, konventionellen, seichten Moral und Lebensart hingearbeitet. Murner, Brant und Geiler stehen im Dienste der gleichen Zeittendenzen, sie arbeiten rastlos an der Zerstörung der alten Lebensanschauung und sind sich dessen nicht bewußt. Sie mahnen ja stets zur Rückkehr zu der alten guten Vätersitte. Erst die Zeit Fischarts ist sich über das Resultat einer langen Entwicklung klar geworden. Es ist bezeichnend, daß Fischart in seinem „Podagrammischen Trostbüchlein" das „Nosce te ipsum" mit 30 deutschen Sprichwörtern wiedergeben kann und noch ein etc. hinzufügt.[1]) Im Lichte dieser Entwicklung betrachtet hat die derbe Komik der Murnerschen Satiren innere Berechtigung; sie steht im Dienste der Erziehung des Volksgewissens. Das Individuum soll nicht mehr länger ungestört nach der alten Moral dahinleben, sondern soll durch Spott und Hohn aufgerüttelt werden und zur Erkenntnis der Lächerlichkeit der alten Lebensweise und Lebensanschauung gelangen, um zur Selbsterkenntnis und zu einer höheren

---

[1]) Vgl. W. Wackernagel, Johann Fischart von Straßburg und Basels Anteil an ihm. Straßburg 1874, S. 98 f.

Ethik vorschreiten zu können. Sarkastischer Spott, Hohn und ätzender Witz waren die geeignetsten Mittel, die in diesem grobianischen, schnell lebenden Zeitalter, dem das Sichbesinnen und Sichversenken so schwer fiel, zum Ziele verhelfen konnten. Ernste Reden fanden taube Ohren. Murner wußte das und räumte dem komischen und satirischen Elemente in seinen didaktischen Dichtungen den breitesten Raum ein. Dabei brachte er sein Persönlichstes, heitere Laune gepaart mit unübertrefflichem Witz und stechender Ironie zu voller Entfaltung.

Auch in anderer Hinsicht heben sich Murners Satiren stark von dem zeitgenössischen Schrifttum ab. Sie sind nicht in der Sprache des toten Buches geschrieben, sondern im Stil der lebendigen Rede. Hier wirkt sich das lebhafte Temperament und selbstbewußte Wesen des redegewandten Autors ungehemmt aus. Ungestüm und wuchtig macht sich da sein volles Herz Luft; alles, was es anstößt, wird gleich mit Hast und Eifer vorgenommen. Daher findet sich in seinem Stil auch viel Nachlässiges, Hartes und Unausgeglichenes. Unvermittelt wechseln in rascher Folge Personen, Szenen und Situationen, immer Neues fesselt Murners unruhigen Sinn und lebhaftes Empfinden. In ein und demselben Kapitel werden die verschiedensten Narrensorten behandelt,[1]) das Thema wird unermüdlich variiert, die Komposition ist abschweifend und zerfahren, der Stil sprunghaft, aber frisch, lebendig und dramatisch belebt. Er ist auch viel kecker und freimütiger als der Zeitstil. Wir bewundern besonders die furcht- und rücksichtslose Offenheit, die Beweglichkeit und Schlagfertigkeit der Invektive ebensosehr wie die geniale, aber ungezügelte Kraft der Indignation. Murner beseelt trotz der bewußten Anlehnung an Brant in hohem Grade die Freude eigenen Bildens, das drückende Gefühl mühsamen Nacharbeitens hat seine Feder nie gelähmt. Leicht und durchsichtig fließen seine Verse. Mit Recht kann er von sich sagen: Das ich aber rymen dicht, Der kan ich mich erweren nicht; Wenn ich schon anders reden sol, Wurdt mir der mundt der rymen fol; Rymen machen wurdt nit sur Eym, der das selb hat vôn natur (GM 5315 ff.). All die vielen Schmähungen, Anfeindungen

[1]) Geiler und Brant befassen sich in einem Abschnitt nur mit bestimmten Narrentypen. Diese Ordnung bewahrt Murner nicht. Vgl. Th. Maus a. a. O. S. 57.

und Verfolgungen vermochten den feurigen Kampfeseifer dieses von Natur nicht friedliebenden Mönches nicht im geringsten abzukühlen. Nie sank sein kecker Mut, nie rastete seine unverwüstliche Arbeitskraft. Erst in BT und BZ bemerken wir ein Abnehmen seiner frischen Kraft, hier zeigen sich bereits auch leise Spuren jener Trauer um eine hoffnungslos versinkende teuere Welt, die bei Wimpfeling, Brant und Geiler stets als dumpfer Grundton der Satire durchklingt. Zeitlebens hat Murner gegen weitverbreitete, unheilbar scheinende Schäden gekämpft ohne Anerkennung und dauernden, sichtbaren Erfolg; nur unsägliches Leid war der Lohn seiner selbstlosen Arbeit. Ein bewundernswerter Optimismus hat ihn aber stets von neuem auf den heißesten Kampfboden gerufen. So blieb er waffenfreudig bis zu seinem Lebensabend, den er in aller Stille in seiner Vaterstadt wie im Exil verbringen mußte.

Weiterhin muß die grelle und satte volkstümliche Färbung von Murners Sprache hervorgehoben werden. Es bekundet sich darin ein bewußtes Streben nach möglichster Volkstümlichkeit und lebendigster Anschaulichkeit, das schon den Zeitgenossen auffiel.[1]) Dieses Streben, volkstümliches Stilgut auf engstem Platze anzuhäufen und bei inniger Teilnahme am Leben des gemeinen Volkes die stammestümliche Lebensfülle mit allen Stimmungsnüancen in die volkstümliche Rede überfließen zu lassen, ist in seinem franziskanischen Wesen und in seiner persönlichen Berufsauffassung begründet. Unser Bettelmönch hatte klar erkannt, daß der Geist der Zeit mächtiger war als ernstes Predigerwort: Die welt wil han eyn schympfflich leer (GM 5286). Darum suchte er, als Narr und Weiser zugleich auftretend, nach Brants Methode durch populäre Narrendichtungen auf das Volk einzuwirken und die kräftige und schmackhafte Kost zu verabreichen, die es begehrte und auch verdauen konnte. Murner hatte Volksart in sich und hat sie geflissentlich gehegt. Er steigerte den überkommenen derben, volkstümlich-frischen Stil der freien, satirisch gefärbten Bettelmönchspredigt, vermischte ihn geschickt mit dem allgemeinen realistischen Zeitstil und spickte diese Mischung in ganz auffallender Weise mit den saftigsten Elementen und kräftigsten Reizmitteln der lebendigen Volkssprache.

---

[1]) Vgl. oben S. 134 f.

In dieser maßlosen, ungezügelten Sprache, die dem Volksgeschmack mehr als nötig entgegenkam, schleuderte der volksbeliebte Bettelmönch den Mahnruf zur Selbsterkenntnis in die laute, freudige Narrenwelt hinaus unter die Volksmassen, ehrlich bestrebt, wie als Prediger, so auch als satirischer Dichter das Predigeramt in der breiten Öffentlichkeit auszuüben und so im Geiste seines Ordens für das arme Volk zu wirken. Murners Worte sind nicht wirkungslos verhallt; seine saftigen Satiren liebte das Volk sicher nicht weniger als seine populären Predigten, zu denen der Andrang, wie wir wissen, außergewöhnlich groß war.[1]) Den eigentlichen Erfolg, den der Bußprediger im Narrenkleid durch Erregung des Gewissens und Anregung zur Besinnung erzielt hat und der gewiß größer war, als man gewöhnlich anzunehmen pflegt, können wir nicht ermessen, da er sich der Außenwelt entzieht. Wir wissen nur, daß Murner populär geworden ist wie kein anderer Prediger und Schriftsteller der Zeit. Es läßt sich begreifen, daß die Feinde, deren Zahl im eigenen wie im fremden Lager täglich wuchs, mit allen möglichen, meist ganz niederträchtigen Mitteln, den bedeutenden Einfluß zu untergraben suchten, den dieser streitbare Mönch durch die Kernkraft seiner volkstümlichen Sprache und die beißende Schärfe und Ironie seiner Satiren auf die große Masse des Volkes auszuüben vermochte.

---

[1]) In Luzern z. B. konnten die Kirchen die Menge der Zuhörer nicht fassen, sodaß er auf dem Fischmarkte predigen mußte, wo gewöhnlich auch die Fastnacht- und Osterspiele aufgeführt wurden. Vgl. B. Hidler, Doktor Thomas Murners Streithandel mit den Eidgenossen von Bern und Zürich, mit Urkunden. — Archiv für Schweizerische Geschichte X (1855), S. 275.

Schlußwort.

Unsere Untersuchung suchte Murners volkstümlichen Satirenstil als Ausdruck einer entschwundenen bürgerlichen Kultur und als „document humain" eines merkwürdigen elsässischen Bettelmönches zu verstehen und mußte den Urteilen über den liederlich arbeitenden, frivolen und oberflächlich fühlenden charakterlosen Possenreißer und windigen Popularitätshascher Murner mit starken Einschränkungen entgegentreten. Der für unser Empfinden wenig sympathische populäre Stil dieses Franziskanerschriftstellers verdient nichtsdestoweniger Achtung und Anerkennung. In Murners Stil ist das „Gemeine" — mit diesem Worte faßte Goethe alles Unkünstlerische zusammen — die eigentliche Lebensader, die dem Ganzen überindividuelles, frisches Leben spendet, eine geschichtliche Macht, welche die Forschung beachten muß. Es ist unserem welterfahrenen, vielgewanderten Bettelmönch zweifelsohne gelungen, die Stimmungen und das Kolorit einer stürmischen Wende- und Werdezeit voll zu erfassen und nach dem Bedürfnis breiter Volksschichten stilgerecht aus allen Bedingungen des Stoffes und des Zweckes natürlich und doch eigentümlich in seinen Satiren auszuprägen. Ihr Stil ist eine notwendige Vorbedingung für die besondere zeitgemäße Art der Ausübung und Erfüllung des franziskanischen Berufes, wie sie Murner als recht und notwendig erkannt und zeitlebens konsequent und energisch erstrebt hat. Wer die Sprache dieses Bettelmönches aus dem Bedürfnis, das ihn als Volksprediger unter die Massen des gemeinen Volkes rief und zum Satiriker gemacht hat, zu verstehen und die scharf ausgeprägte Originalität zu fassen vermag, kann ihm eine gewisse Sympathie nicht versagen, auch bei voller Erkenntnis der Schwächen und Verirrungen, die Murner selber in menschlicher Demut eingesteht, wenn er sagt: Ich bin ein mensch, des irr ich ouch (NB 97 58). Dieser Franziskaner ist doch mehr als ein leichtfertiger Literat und frecher

Raufbold; die Ehrlichkeit seiner Überzeugung läßt sich nicht bestreiten. Sie spricht auch aus der derben Realistik und sprühenden Ironie der Narrensprache seiner zügellosen Satiren, obschon sie hier weniger deutlich hervortreten kann als in den ernsteren Prosaschriften, die unseren Satiriker, wie E. Voß[1]) meint, überhaupt in einem günstigeren Lichte erscheinen lassen. Murner war „ein gelert, gscheid, erfaren, weltwys man“,[2]) trotz Doktorbarett und Mönchskutte ein Volksmann in echtem Sinne des Wortes mit allen Vorzügen und Fehlern eines solchen. Wie alle wahren Volksfreunde hat auch er sich den Mund nie stopfen lassen, wenn es galt, für Volk und Kirche einzutreten und im Geiste seines Ordens nach bestem Dafürhalten den guten Kampf zu kämpfen. Von blasser Menschenfurcht war Murner nie angekränkelt. Unentwegt hat er den Platz behauptet, auf den er sich durch höheren Willen hingestellt fühlte. Seine scharfen Worte schnitten ihm selbst oft ins Herz, aber er konnte sie nicht lassen und es blieb ihm das harte tragische Schicksal nicht erspart, daß er durch seine didaktischen Satiren den Neuerungen, die er bekämpfte, die Wege ebnete. Als miles christianus und getreuer Eckart der alten Kirche hat er unendlich viel gestritten und gelitten, stets beherrscht von einem feurigen Drang, der ihn gebieterisch antrieb. Diesem Imperativ konnte er nicht entrinnen, er mußte für eine bessere Ethik und für den alten Glauben kämpfen, wäre es auch gegen die Feindschaft der ganzen Welt gewesen.[3]) Wir stehen vor dem Problem, auf das Goethe oft hinwies, wenn ihm das Dämonische der Menschennatur vor Augen stand. Murners schicksalmäßig bestimmtes Wirken, das sich kämpfend durchsetzen mußte und die herbe Tragik seines Lebens heraufbeschwor, heischt von uns den Zoll der Achtung und Anerkennung. Verächtliche Gedanken bannt allein schon die alte römische Mahnung: „In magnis voluisse sat est.“ Viele Bettelmönche waren sich damals wie nach Kapuze und Kutte, so auch nach ihrem

---

[1]) S. III der Einleitung zu seiner Ausgabe der Schrift „An den großmächtigsten und durchlauchtigsten Adel deutscher Nation“ (Neudruck Nr. 153, Halle 1899).

[2]) Vgl. Salats Chronik, Archiv für die schweizerische Reformationsgeschichte I (1868), S. 239.

[3]) Vgl. die Schrift „Von Doctor Martino luters leren vnd predigen, hsg. von E. Voß a. a. O., p. 343; ferner oben S. 176 f.

Leben und Streben ähnlich. Ihre Namen sind vergesse. Thomas Murner aber erscheint als eine überragende, originelle Persönlichkeit. Er ist auf katholischer Seite unstreitig der talentvollste und populärste Literat des Reformationszeitalters, mit seine ruhelosen Kampfesnatur und buntschillernden Gedankenwelt die leidenvolle Verkörperung verschiedenartiger Strömungen einer an unausgetragenen Gegensätzen reichen Übergangszeit. Auf ihn paßt so recht C. F. Meyers Huttenwort:

„.... ich bin kein ausgeklügelt Buch,
Ich bin ein Mensch mit seinem Widerspruch."

FSC
www.fsc.org
MIX
Papier | Fördert gute Waldnutzung
FSC® C083411

Kolibri 360 GmbH
Ferdinand-Jühlke-Straße 7
99095 Erfurt, Deutschland
produktsicherheit@kolibri360.de